跨临界 CO_2 热力循环理论与控制

曹 锋 著

科学出版社

北 京

内 容 简 介

本书系统论述了跨临界 CO_2 热力循环的基础理论、系统设计方法、运行特性、性能提升策略及控制优化技术，深入分析了 CO_2 制冷剂的物性特点及其对跨临界热力循环性能的影响机理，剖析了系统关键部件的热力学模型和传热传质特性，阐述了影响系统性能的主要因素及其作用规律，提出了多种提升系统性能的新型循环方案，探索了多种先进控制策略在 CO_2 热力循环系统中的应用。全书理论分析与工程实践相结合，既有深入浅出的学理阐释，又有翔实可靠的实验数据，可为 CO_2 制冷及热泵技术的进一步研究提供系统性的理论指导。

本书可供高等院校制冷及低温工程、建筑环境与能源应用工程、新能源科学与工程等专业师生阅读，也可供制冷空调、热泵热水、烘干除湿、热管理等领域的科研人员和工程技术人员参考。同时，本书对节能减排、发展绿色经济的决策者和管理者也具有一定的参考价值。

图书在版编目（CIP）数据

跨临界 CO_2 热力循环理论与控制 / 曹锋著. -- 北京 : 科学出版社, 2025. 6. -- ISBN 978-7-03-081725-9

Ⅰ. TK123

中国国家版本馆 CIP 数据核字第 2025U5E934 号

责任编辑：杨 丹 罗 瑶 / 责任校对：高辰雷
责任印制：徐晓晨 / 封面设计：陈 敬

科 学 出 版 社 出版

北京东黄城根北街 16 号
邮政编码：100717
http://www.sciencep.com

北京中石油彩色印刷有限责任公司印刷
科学出版社发行 各地新华书店经销

＊

2025 年 6 月第 一 版 开本：720×1000 1/16
2025 年 6 月第一次印刷 印张：17 3/4
字数：354 000

定价：198.00 元

（如有印装质量问题，我社负责调换）

前　言

1993 年，Lorentzen G 教授提出跨临界 CO_2 热力循环技术以来，该技术在制冷、制热领域备受关注，多国科研单位和企业纷纷投入大量资源进行研究和开发。CO_2 作为天然工质，具有出色的单位容积制冷量/制热量、优异的换热性能和低温运行能力，其在水加热、冷冻冷藏、汽车空调等领域的广泛应用，对减少强温室气体排放、履行《〈关于消耗臭氧层物质的蒙特利尔议定书〉基加利修正案》等国际公约具有重要意义。尽管跨临界 CO_2 热力循环有着广泛的应用前景和重要的环保意义，但 CO_2 的临界温度低(30.98℃)且临界压力高(7.377MPa)，其在跨临界热力系统设计和控制方法方面依然存在诸多挑战和难题，包括循环参数的精确控制、系统运行的稳定性、热力循环效率的提高等方面。

本书作者及研究团队二十余年一直专注于跨临界 CO_2 热力循环在制冷/制热领域的性能强化和应用新技术研究，在跨临界 CO_2 热力循环热力学特性、部件设计优化、系统集成与控制等方面积累了丰富的理论和实验研究经验。本书全面论述了跨临界 CO_2 热力循环的理论、技术及应用，涵盖了系统设计理论、运行特性优化、性能提升、系统控制、应用和前景展望等内容。同时，本书吸收并融合了国内外研究进展，以保持内容的前沿性和时效性。

本书的大部分内容是作者与同事共同努力的成果，西安交通大学彭学院、贾晓晗、杨旭、殷翔、宋昱龙、王文毅、崔策等老师，为本书的出版做出了重要贡献，在此向他们表示衷心的感谢。期待本书的出版能够为跨临界 CO_2 热力循环系统的学术研究注入新的活力，为相关技术和产业的发展做出贡献。

限于作者水平，书中难免存在不足和疏漏之处，诚挚欢迎读者提出宝贵意见，以便在未来的修订中进一步完善。

曹　锋

2024 年 12 月于西安

扫码查看本书彩图

目　录

主要符号表

缩　　写

CFC	氯氟烃
COP	性能系数
ESC	极值搜索控制
GWP	全球增温潜能值
HCFC	氢氯氟烃
HFC	氢氟烃
HFO	氢氟烯烃
MPC	模型预测控制
ODP	消耗臭氧潜能值
PFAS	全氟和多氟烷基物质

变　　量

a	加速度
A	面积
c_p	定压比热容
D	直径
f	摩擦系数
Fr	弗劳德数
g	重力加速度
G	质量流速
h	比焓
H	厚度
I	内能
j	j 因子
L	管长
Le	刘易斯数
k	导热系数
m	质量
M	流量

Nu	努塞特数
P	压力
Pr	普朗特数
Q	换热量
r	热阻
Re	雷诺数
S	压缩机行程
T	温度
v	比体积
W	功率
We	韦伯数
Y	修正因子
Z	可压缩因子
α	对流换热系数
δ	管壁厚
ε	空泡系数
η	效率
θ	角度
κ	绝热指数
λ	曲柄连杆比
ρ	密度
μ	动力黏度
σ	表面粗糙度
ϕ	剪切应力因子
ω	曲柄旋转角速度

下　　标

c	压缩机
crit	临界状态
cv	控制容积
d	排气状态
E	蒸发器
f	翅片
gc	气体冷却器
H	制热
IHX	回热器

in	入口
is	等熵状态
li	外界往内部泄漏
lo	内部往外界泄漏
o	油膜
opt	最优状态
out	出口
p	活塞
r	制冷剂
sat	饱和状态
sh	过热状态
suc	吸气状态
v	容积
valve	气阀
w	水路
wall	壁面

第1章 绪 论

在全球经济快速发展、工商业技术不断迭代及未来颠覆性能源结构改革的推动下，能源利用效率和环境保护成为各国关注的焦点。传统制冷剂(如目前广泛使用的 R134a、R410A 等)的高全球增温潜能值(GWP)，促使各国加速推进制冷剂的替代和更新换代。在这一大背景下，跨临界 CO_2 热力循环技术凭借其极为广泛的温度适应性、优秀的能源利用效率及环保特性，迅速成为国际上备受推崇的技术创新方案，也为全球范围内的能源结构性改革提供了有力支持。

CO_2 作为一种天然制冷剂，具有零消耗臭氧潜能值(ODP=0)和极低的全球增温潜能值(GWP=1)，完美契合了全球环境法规的严格要求。CO_2 超宽的温度适应范围，从低至−30℃的制冷需求到高达 300℃以上的工业供热需求，都能够高效、稳定应对。因此，跨临界 CO_2 热力循环技术正在超市冷链、商用和工业热泵、数据中心冷却及能源密集型行业的余热回收等领域迅速推广应用。随着全球经济向绿色低碳经济的转型，CO_2 热力循环技术不仅在能源利用效率方面表现出显著优势，还在推动"碳中和"目标方面展现出巨大的潜力。

本书系统性地阐述了跨临界 CO_2 热力循环技术在制冷和热泵领域的前沿进展与未来趋势，不仅对该技术的基础原理、系统设计与优化进行了全面分析，还深入探讨了其在未来能源结构改革中的重要性。

1.1 制冷技术发展历史

制冷剂作为制冷设备的"血液"，其特性是制冷技术应用和发展的基础。全球范围内的制冷剂技术，已经经历了将近 200 年的发展历程，呈现出不断替代和完善的过程。在氯氟烃(CFC)和氢氯氟烃(HCFC)这类合成制冷剂出现之前，对制冷剂的要求仅是工业场景的功能实现；安全高效的合成制冷剂及制冷设备的发展有力推动了制冷技术的大规模应用，将制冷技术融入了社会生产的每一环节；然而，合成制冷剂大规模应用的同时催生了环境治理问题，根据保护臭氧层和温室气体减排的需要，对制冷剂又提出了绿色、环保的新要求。从历史上来看，制冷剂的重要发展和替代历程主要经历了氟利昂的发明，臭氧层空洞问题导致 CFC、HCFC 类制冷剂削减，氢氟烃(HFC)类制冷剂作为替代物的兴起，温室效应导致 HFC 类制冷剂削减这几个阶段。

1.1.1　氟利昂制冷技术

20 世纪初，制冷技术面临着巨大的挑战，第一代制冷剂，如氨、乙醚和二氧化碳的易燃性、毒性、高压特性等使其在家庭和工业应用中存在较大的安全隐患。随着工业化和城市化的推进，对更安全、稳定、高效的制冷剂的需求日益增长，科学家们开始探索合成以氟利昂为代表的第二代制冷剂。

20 世纪 20 年代，美国化学巨头杜邦公司的科学家们将目光投向氟化物，发现氟元素的引入不仅可以增强制冷剂分子的稳定性，还能赋予制冷剂非易燃性和低毒性等优点。1928 年，杜邦公司的研究团队成功合成出了氟利昂-12(CCl$_2$F$_2$)，这种无色无味的化合物展现出卓越的制冷性能，迅速吸引了制冷行业的广泛关注。随后，氟利昂家族不断壮大，氟利昂-11(CCl$_3$F)、氟利昂-113(C$_2$Cl$_3$F$_3$)等新成员相继问世，它们都具备优异的制冷特性，成为制冷行业的新宠。

随着含氯氟化物产品体系日臻完善，氟利昂类的制冷剂主要由两大类化合物构成：一类是 CFC，其分子仅包含氯原子和氟原子；另一类则是 HCFC，其分子中除了氯原子和氟原子外，还含有氢原子。得益于氟利昂卓越的稳定性，制冷系统的设计变得更加简洁，维护成本降低，操作安全性提高。氟利昂的问世掀起了制冷技术的一场革命，在家用冰箱、商用制冷设备、汽车空调等多个领域迅速获得广泛应用。20 世纪 30 年代末，氟利昂已然成为全球制冷行业的标准制冷剂，市场份额和影响力不断扩大，众多家电和工业设备的设计和制造也开始围绕氟利昂进行优化，力求发挥其最大潜力。

氟利昂的成功应用不仅得益于本身优良的性能，还在于制冷产业链的完善。制冷设备制造商、化学原料供应商及相关的维修服务行业相互促进，共同推动了制冷产业的快速发展。氟利昂的商业化加速了技术研发，催生了许多新型制冷设备的诞生。压缩机和冷凝器的设计不断优化，使整体系统的性能系数显著提高。行业分析表明，氟利昂的应用使制冷设备的能效提高了 20%～30%，在当时是一个显著的技术进步。

氟利昂快速占领市场标志着制冷行业从传统制冷剂向合成化学物质的转型，成功推动了整个制冷行业及技术在 20 世纪实现快速演变。然而，随着氟利昂在市场上的迅速扩张，其对环境的影响逐渐显露出来。1974 年，瑞士科学家 Molina 和 Rowland[1]发表了一项关键研究，揭示了氟利昂产物与平流层臭氧分子之间的催化循环链式反应，引发了国际社会的广泛关注，并迅速引起了媒体的报道和公众的担忧。随着对臭氧层破坏问题认识的加深，科学家们逐渐意识到，氟利昂及其他含氯化合物是南极等地区形成臭氧层空洞的重要影响因素[2]。

随后，多个国家和地区开始采取措施限制氟利昂的使用。1987 年，《关于消耗臭氧层物质的蒙特利尔议定书》(简称《蒙特利尔议定书》)的签署标志着国际社会在应对臭氧层破坏问题上的合作，旨在逐步削减包括氟利昂在内的对臭氧层有害的化学物质。此举不仅得到了发达国家的支持，发展中国家也承诺在一定期限内减少氟利昂的生产和消费。《蒙特利尔议定书》的实施成为全球范围内保护臭氧层的重要里程碑[3]。

1.1.2 HFC 制冷技术

为缓解制冷剂对臭氧层的破坏，氢氟烃(HFC)类第三代制冷剂逐渐在制冷行业得到推广应用。在我国，HFC 类制冷剂的规模化应用主要体现在替代 HCFC 类制冷剂和在特定领域直接替代 CFC 类制冷剂两个方面。HFC 类制冷剂具备优异的热力学特性和系统性能，且与传统制冷剂在物性和工作特性上较为接近，但其推广应用需要改变原有生产线，这成为制冷剂替代过程中的首要问题。我国分阶段实施了 HCFC 削减管理计划，通过改造近百条生产线，成功实现了削减目标。在产业需求和环保需求的双重驱动下，HFC 类制冷剂逐渐成为制冷行业的主流。

HFC 类制冷剂技术的规模化应用始于汽车空调领域，随后在工商制冷空调、房间空调器、泡沫、清洗等多个领域得到推广。截至 2022 年，我国工商制冷空调行业已改造数十条涉及 R32、R410A、R134a 等制冷剂的生产线，产品涵盖多种类型的制冷设备。房间空调器行业也改造了多条 R410A 生产线。随着 HCFC 类制冷剂的削减和变频空调技术的发展，R410A 在房间空调器行业的使用量持续增长。考虑到 R410A 的高 GWP，具有较低 GWP 的 R32 制冷剂随后在家用空调器行业得到规模应用。目前，我国大部分行业已完成向 HFC 类制冷剂的转变，但在部分商用冷冻和冷藏等成本敏感性较高的场合，HFC 类制冷剂的推广应用仍存在较大空间并面临降本压力。

从技术发展来看，早期 HFC 类制冷剂的推广应用，主要受限于压缩机技术发展，从 CFC、HCFC 类制冷剂到 HFC 类制冷剂的转变，适应新制冷剂的压缩机研究和技术开发是当时的重要方向之一[4]。不同 HFC 类制冷剂适宜的润滑油型号也有所不同，压缩机润滑油和油泵结构需发生改变，在保证润滑特性的前提下同时兼顾排温问题，从而保障寿命与可靠性；此外，适应更广范围应用的双级压缩机、补气压缩机等逐渐得到发展。随着更高效、可靠的压缩机成功研制，促进了 HFC 类制冷剂在各个行业的规模化推广应用。高效换热器也在这一阶段得到发展，我国汽车空调领域 HFC 类制冷剂推广应用中，微通道换热器获得成功产业化，在同等应用下，制冷系统可获得更好的性能和更小的空间占用，契合汽车空调领域轻量化需求。在其他领域 HFC 类制冷剂的推广中，高效换热器技术同样得到发展，以期获得更高效的系统性能，加快推广进程。

系统技术方面，一般 HFC 类制冷剂在低温下系统运行压力低，单位制冷或制热能量衰减明显，直接获得较低温冷源或较高温热源比较困难，部分产业场景应用受阻，为提升系统性能和拓展应用场景，制冷系统技术得到新的发展。针对大温差制冷制热技术，复叠系统技术获得发展，-120℃以下的深冷采用混合制冷剂自复叠系统技术，依靠非共沸混合制冷剂的温度滑移实现极低温制冷，其他温区的低温冷冻同样有采用自复叠系统技术，以其出色的制冷能力、简洁的结构设计、高度稳定的运行特性，逐渐拓展了应用范围。其中，改善换热器，利用喷射器，优化气液分离效率，充注、分离、节流装置的技术改良都是提高系统性能的关键技术，各组件位置的合理配置、多部件、多系统间耦合也都是影响自复叠系统性能的核心流程优化[5]。

在-25～0℃制冷或低温制热范畴，主要采用补气系统，分为带经济器和闪蒸罐的补气系统，以期提高低温下的压缩机单位容积吸气量，并缓解压缩机的运行热力学特性，提升综合性能，经济器和闪蒸罐类补气系统的应用差异主要体现在成本和控制稳定性上。成本敏感的场合为了节省换热器，多采用闪蒸罐类补气系统，补气压缩机技术，补气孔口、补气量调节及系统控制等制冷技术是影响应用的关键；此外，两相喷液、中间喷液技术能够显著降低压缩机的排气温度，并使得压缩过程接近等温，但其控制较难，可能出现液击现象。在更高温度的冷水获取上，如 0～30℃，主要采用工艺冷水机组即可，HFC 类制冷剂系统较容易实现；60℃左右的热源获取，一般直接采用单级热泵技术；更高温度的热源获取，HFC 类制冷剂系统一般较难实现。

在 HFC 类制冷剂的应用中，制冷技术无论从系统架构还是热力学特性、关键零部件设计、系统控制等方面均得到一定程度的发展，但更广范围的应用及其潜在的温室效应问题，使得 HFC 类制冷剂再一次被纳入削减替代的范畴。

1.2　下一代制冷剂替代选择及技术发展趋势

随着全球对环境保护和可持续发展的日益重视，寻找理想的新一代制冷剂已成为制冷行业的首要任务。理想的替代制冷剂应满足以下条件：零消耗臭氧潜能值(ODP)、尽可能低的全球增温潜能值(GWP)、优异的热力学性能、安全无毒及价格优势。然而，这些标准对制冷剂的选择而言存在一定的矛盾和挑战，目前尚无一种制冷剂能够完全满足理想制冷剂的所有特点。因此，新一代制冷剂的选择实际上是在各种限制条件下进行权衡的结果。

1.2.1　HFO 类制冷剂发展现状与局限性

氢氟烯烃(HFO)类制冷剂，如 R1234yf 和 R1234ze(E)因其优异的环保性能备受关注。这类物质分子结构中的不饱和双键使其在大气中易于降解，大气寿命较短，GWP 极低(<6)。同时，HFO 类制冷剂具有微弱的可燃性，在制冷剂安全等级中被评为 A2L(低毒性微可燃)。R1234yf 的热力学性能与传统制冷剂 R134a 相近，在欧洲汽车空调领域作为 R134a 的替代品得到良好发展。R1234ze(E)的临界温度高于 R134a，在热泵热水器和离心式冷水机组中展现出一定的应用潜力。

然而，HFO 类制冷剂也存在一些局限性。其汽化潜热和蒸发温度较低，系统循环中需要更大的制冷剂流量，导致系统压降增大。在房间空调器和热力循环系统中，HFO 类制冷剂的性能系数(COP)和容积制冷量往往会有所降低。为弥补这一缺陷，通常采用将 HFO 类制冷剂与其他容积制冷量较大的工质混合的方式，但这会提高混合制冷剂的 GWP，增加间接温室气体排放。此外，HFO 类制冷剂在生产过程中能耗较高，关键技术受国外专利保护，价格相对昂贵，经济性较差。

同时，HFO 属于全氟和多氟烷基物质(per-and polyfluoroalkyl substances，PFAS)，其具有极其稳定的化学结构。PFAS 具有独特的化学性质，在汽车、能源等行业应用广泛。然而近几十年，研究人员发现 PFAS 与癌症、激素功能紊乱及环境破坏等风险存在高度关联。随着这一研究的不断深入，欧盟组织及一些发达国家或地区计划出台一系列法规，用以限制此类物质的使用。

1.2.2 HC 类制冷剂的优势与应用前景

碳氢化合物(HC)类制冷剂，如异丁烷(R600a)、丙烯(R1270)和丙烷(R290)以其卓越的环保特性和热力学性能而备受青睐。其中，R600a 已在家用冰箱和冰柜领域得到广泛应用。R290 作为 R22 的替代物，近年来在房间空调器和热泵领域受到国际社会，尤其是欧洲制冷行业的高度关注。

R290 具有优于 R22 的热力学特性，如饱和蒸气压、汽化潜热、饱和液/气态黏度系数和导热系数等。此外，R290 还能与 R22 系统中的矿物油和多元醇酯(POE)等润滑油呈现良好的互溶性。这些特性使得 R290 在替代 R22 房间空调器时，可有效提高系统能效，降低能耗。然而，R290 绝热指数小，同时会导致 R290 油池过热度较低，高背压旋转压缩机油池中制冷剂溶解度大，R290/润滑油混合物的黏度小，进而影响曲轴/轴承系统润滑及系统可靠性[6]。此外，作为 A3 类(低毒性易燃)制冷剂，R290 应用的最大问题始终在于其易燃易爆特性。

1.2.3 CO₂ 制冷剂的历史演进与技术突破

CO_2 作为制冷剂使用的历史可以追溯到 1850 年，当时的美国发明家 Alexander 在其专利中首次提出了在蒸汽压缩循环制冷系统中采用 CO_2 作为制冷剂工质。1869 年，美国人 Lowe 更是首次成功研制出了 CO_2 制冷工质制冰机，揭开了 CO_2 作为制冷工质应用的历史篇章[7]。19 世纪末，英国的 J&E Hall 公司收购并改进了德国人 Franz Windhausen 的 CO_2 压缩机专利，系列机型于 1890 年开始投入生产[8]，并在船舶上得到了广泛应用。据统计，20 世纪初的船用制冷系统有 25%使用 CO₂ 蒸汽压缩循环制冷系统，37%采用氨吸收式制冷系统，37%采用空气循环制冷系统。20 世纪 30 年代，全球船舶中有 80%采用 CO₂ 制冷剂，20%采用氨制冷剂[9]。彼时属于第一代制冷剂的发展阶段，工质筛选要求主要是能在制冷设备上发挥制冷作用，应用场景主要为工业制冰及后期的家用冰箱。

由于 CO₂ 具有较低的临界温度(30.98℃)，加上当时的技术条件限制，CO₂ 系统采用亚临界循环，系统运行效率低、适应性受限。20 世纪 30 年代，随着氟利昂的兴起，CFC 类和 HCFC 类制冷剂凭借无毒、不可燃、热稳定性、化学性能稳定、无刺激性和不易爆炸等优越特性，迅速占领了市场。随后，由于臭氧层空洞治理的全球共识，氟利昂类制冷剂被削减，第三代制冷剂 HFC 逐渐得到推广应用。HFC 类制冷剂不含氯元素，无臭氧层破坏作用，其热物性和理化性质与 CFC 类和 HCFC 类制冷剂相近，系统运行特性也较为相近，逐渐获得产业推广。

在第二代至第三代制冷剂替代进程中，CO₂ 热力循环技术得到了突破性的发展，1990 年，前国际制冷学会主席 Lorentzen 等[10,11]针对汽车空调的应用场景，提出跨临界 CO₂ 热力循环，图 1-1 为 Lorentzen 教授手稿，突破了传统亚临界 CO₂ 热力循环受临界温度低限制而多场景应用受限的弊端，该循环高压侧为超临界放热过程，不涉及两相状态变化，其换热器也被定义为气体冷却器。相比亚临界 CO₂ 热力循环，跨临界 CO₂ 热力循环的应用范围和系统性能得到大幅改善，使得天然工质 CO₂ 在诸多应用领域获得新的机遇。Lorentzen[12]教授认为"CO₂ 是替代制冷剂中最理想的一种"。

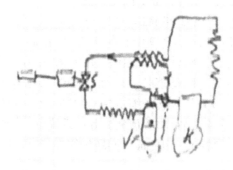

图 1-1　Lorentzen 教授的跨临界 CO₂ 热力循环系统手稿[10,11]

21 世纪初，天然工质 CO₂ 和 HFC 共同成为替代 CFC 类和 HCFC 类制冷剂的备选之一。然而，跨临界 CO₂ 热力循环系统(简称"跨临界 CO₂ 系统")具有较高的高压工作压力，系统和零部件特性与人工合成类工质差异较大，零部件研发技术难度、成本、可靠性等均受到挑战，导致在这一阶段跨临界 CO₂ 系统的应用推广较为缓慢。因跨临界 CO_2 系统优异的低温特性,其在热泵热水器、热泵采暖、商超冷冻冷藏等领域逐渐得到小批量推广应用,但总体进程仍受限。

针对 HFC 类制冷剂,其全球增温潜能值(GWP)仍然较高,因此随着人们对全球气候变暖的逐渐关注,HFC 类制冷剂的应用再一次受到冲击。当前,全球范围内正处于削减和替代 HFC 类制冷剂的关口,以缓解对全球气候变暖的影响。这一阶段,在前三代制冷剂发展的基础上,CO_2 与氢氟烯烃(HFO)类、HC类制冷剂一并被称为第四代制冷剂,得到发展和关注,也是当下最新一代的制冷剂。第四代制冷剂在兼顾制冷效果的同时,具有极低的全球增温潜能值(GWP)和消耗臭氧潜能值(ODP),是相对较为环保的制冷剂。图 1-2 比较了各种制冷剂的GWP 和 ODP,展示了各种制冷剂(包括第二代、第三代、第四代制冷剂)的环保属性,为选择和使用制冷剂提供了重要参考。

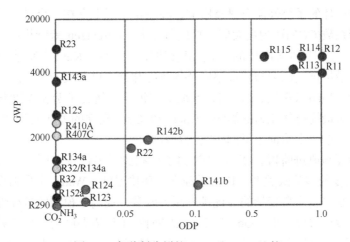

图 1-2 各种制冷剂的 GWP 和 ODP 比较

在此背景下,随着 20 世纪初至今跨临界 CO_2 系统基础技术发展和零部件配套的逐渐成熟,跨临界 CO_2 系统在更广的应用场景得到关注,主要体现在采暖热泵、热泵热水器、车辆热泵、工业制冷、商超冷冻冷藏、热泵烘干、储能领域高温热泵等,尤其适合低温热需求、制冷制热综合利用需求等场合。基于前期的跨临界 CO_2 系统应用基础和经验积累,跨临界 CO_2 系统产业链逐渐得到稳健发展,随着产业的成熟,天然工质 CO_2 预期在诸多领域得到推广应用,助力我国制冷行业绿色稳健转型。

1.3 跨临界 CO_2 热力循环发展的若干问题

跨临界 CO_2 热力循环技术虽然发展迅速,但仍面临诸多挑战。主要问题包括：热力循环特性及最优压力存在机理需要进一步阐述；关键部件，如压缩机、换热器、节流机构等需要进一步优化设计；跨临界系统运行特性，如回热器、除霜等需要深入研究；系统效率有待提高，特别是在高气体冷却器出口温度工况下；系统控制策略，尤其是集成排气压力等参数的最优控制需要进一步开发；新兴能源应用场景下跨临界 CO_2 系统架构有待拓展。为解决这些问题，本书系统介绍了跨临界 CO_2 热力循环的基本原理、特性分析、系统设计、性能优化和控制策略等内容，并探讨其在热泵热水器、汽车空调、商业制冷等领域的应用前景。

1.3.1 跨临界 CO_2 热力循环分析理论的适应性

跨临界 CO_2 热力循环因其高压侧位于超临界区，在放热过程中压力与温度相互独立，这一特性使其区别于传统制冷剂系统。大量研究表明，排气压力对跨临界 CO_2 热力循环的系统性能有显著影响，在特定工况下存在一个最优排气压力，使系统性能系数(COP)达到最大值。早期研究中，Lorentzen 等[10,11]指出最优排气压力主要由气体冷却器出口的 CO_2 温度决定。随后，Kauf[13]通过简化系统模拟，建立了最优排气压力与环境温度及气体冷却器出口温度的关系式。理论研究进一步深化，Liao 等[14]假设压缩机等熵效率恒定，研究了蒸发温度和气体冷却器出口温度对最优排气压力的影响。Chen 和 Gu[15]建立的关联式与 Kauf[13]的结果基本一致，进一步验证了早期研究的有效性。

实验验证与改进阶段，Qi 等[16]通过实验得到了最优排气压力与气体冷却器出口 CO_2 温度的多项式关系，该关系独立于环境温度。Wang 等[17]则提出了以环境温度和出水温度为自变量的最优排气压力函数，提高了模型的鲁棒性。在系统转化与控制策略研究方面，Ge 和 Tassou[18]研究了环境温度变化导致系统在亚临界和跨临界之间的转化，提出了分区域的最优排气压力控制策略。Shao 和 Zhang[19]发现最优排气压力始于临界点附近的亚临界区域，拓展了研究范围。

然而，这些研究成果在实际应用中面临适应性问题。Cecchinato 等[20]的模拟研究发现，在相同工况下，不同模型计算的最优排气压力存在显著差异，导致性能系数损失最高达 30.1%。这一问题的原因主要有两方面：一方面，系统的具体配置，如压缩机性能、换热器形式和面积等影响最优排气压力；另一方面，大多数研究假设气体冷却器出口温度恒定，忽视了传热夹点的影响。传热夹点即传热流体间温差最小的位置，在超临界 CO_2 气体冷却器中因 CO_2 比热容的非单调变化而存在。Fernandez[21]和 Chen[22]的研究指出夹点对最优排气压力和换热效率有显著影响，即使在低温条件下也存在最佳排气压力。这一发现强调了考虑传热夹点在跨临界 CO_2 系统优化中的重要性。

研究表明，CO_2 在临界点附近和超临界状态下的特殊热物理性质，以及气体冷却器中的传热夹点，是亚临界和跨临界 CO_2 热泵循环中影响最优排气压力存在的两个主要因素。针对这两个因素，本书第 2 章介绍了系统的研究方法：首先，建立考虑传热夹点的循环理论模型；其次，利用控制变量法全面研究影响亚临界和跨临界 CO_2 热泵循环最优排气压力和最优 COP 的关键参数；最后，提出用于判别 CO_2 热泵最优性能应运行于亚临界还是跨临界循环的分界线关联式。这些研究对深化 CO_2 热泵循环最优排气压力理论成因的认识具有重要意义，通过全面考虑系统配置、运行条件和传热特性，为跨临界 CO_2 热力循环的设计和控制提供了坚实的理论基础。

1.3.2　跨临界 CO_2 热力循环的部件设计

与传统的制冷剂(如 R134a、R410A 等)系统相比，跨临界 CO_2 系统的高工作压力和独特的热物理性质对系统部件的设计提出了特殊要求。各个关键部件，如压缩机、气体冷却器、蒸发器、电子膨胀阀和气液分离器的设计与优化，是确保系统稳定高效运行的基础。

压缩机是跨临界 CO_2 热力循环系统的核心部件，其功能是将 CO_2 压缩至超临界状态，图 1-3 为国产化的跨临界 CO_2 活塞压缩机。由于 CO_2 的临界压力高达 73.8bar($1bar=10^5Pa$)，跨临界 CO_2 系统的工作压力通常远高于传统制冷剂系统，压缩机设计需承受极高的压力和温度。Lorentzen[10]首次提出使用 CO_2 作为环保制冷剂以来，全球各地的研究人员广泛研究了使用 CO_2 作为制冷剂的压缩机和系统。在大多数研究中，压缩机模型通常被简化为示意性的三效率模型，如 Navarro-Esbrí 等的指示效率和容积效率模型[23, 24]、Pérez-Segarra 等的热力学效率模型[25, 26]、Winandy 等的简单稳态模型[27, 28]、Negrao 等的半经验模型[29]、Ndiaye 等的动态模型[30]等。需要注意的是，上述压缩机模型主要依赖于实验数据，而不是基于压缩机的详细工作过程建立的模型，因此本书有必要从压缩机工作过程的运动方程、热力方程等入手，详细介绍 CO_2 在压缩机中压缩过程的全部热力学表示方法。

图 1-3　国产化的跨临界 CO_2 活塞压缩机

气体冷却器、蒸发器、回热器等换热器部件是跨临界 CO_2 热力循环中的重要组成部分，图 1-4 为跨临界 CO_2 系统中常用的换热部件。其中，高压 CO_2 的放热过程在气体冷却器中实现，而低压 CO_2 的吸热过程在蒸发器中实现。与传统的亚临界循环不同，高压 CO_2 处于超临界状态，其放热过程不存在相变，而是可以被视为一种单相流体的冷却过程，其换热、流动状态的描述方法定然与传统亚临界冷凝过程存在较大差别[31-32]，其性能强化方法也与传统制冷剂换热器有所不同。蒸发器中仍然发生亚临界 CO_2 的相变过程，其流态分布与传统制冷剂循环类似[33]。

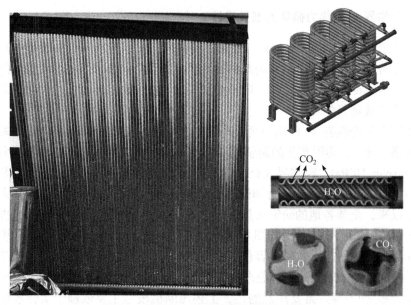

图 1-4　跨临界 CO_2 系统中常用换热部件

除此之外，跨临界 CO_2 热力循环中的膨胀机构、气液分离器等重要部件中也包含 CO_2 流体的各种热物理过程，准确刻画了各部件内 CO_2 流体的流动及换热过程后，才能将各部件首尾相连并最终实现跨临界 CO_2 热力循环的准确模拟。本书第 3 章将详细探讨跨临界 CO_2 热力循环中各部件及整体循环系统的性能模拟方法，这对于深化对跨临界 CO_2 热力循环及热力过程的认识有重要的促进作用。

1.3.3　跨临界 CO_2 热力循环的运行特性

除了关键部件的设计，跨临界 CO_2 热力循环系统的整体运行特性也对系统的能效、稳定性及长期性能产生深远影响。由于 CO_2 在跨临界循环中的物性变化显著，尤其在接近临界点时，其比热容、密度、黏度和导热系数等物性会发生剧烈变化，因此系统的运行控制变得更加复杂且精细。为了确保系统在不同温度和压力工况下持续稳定且高效地运行，必须对系统的运行特性进行优化和精确调控。

这些运行特性包括回热量、工质的充注量及系统的结霜与除霜行为等。

在提高跨临界 CO_2 热力循环系统性能的方法中，利用回热器在气体冷却器出口和吸气端实现热交换是最有效的方式之一。这种方式能够在不改变系统架构的前提下提高 CO_2 热力循环的性能。因此，回热器在跨临界 CO_2 系统中得到了广泛的应用[34]。回热率作为衡量系统能量回收和利用效率的重要参数，直接关系到系统的性能系数(COP)和能效水平。通过回热过程，可以有效利用压缩机排气中的部分热量，对回流的低温 CO_2 进行预热，减少系统对外界热源的需求，进而降低压缩机的能耗。回热率的优化可以提高热力循环系统的整体能效，尤其在低温环境下的供暖工况中，回热设计的合理性直接影响到系统的节能效果。然而，回热率过高可能会增加压缩机入口温度，进而影响压缩机的运行安全性。因此，如何根据 CO_2 的物性变化、系统运行工况及不同应用场景，动态调节和控制回热量，成为跨临界 CO_2 热力循环系统优化的重要方向。

制冷剂的充注量与制冷系统的工作特性和性能紧密相关。在最佳运行工况下，系统各部件所需的制冷剂需求量是确定的。当系统充注量过多时，多余的制冷剂会在储液器内积聚；当系统充注量不足以满足各部件所需的制冷剂需求量时，各部件的运行状态就会发生变化，系统将偏离最佳工作区域。由于 CO_2 在跨临界状态下的密度变化较大，充注量的控制比传统制冷剂系统更为复杂。充注量不足可能导致蒸发器换热效率低下，CO_2 无法充分气化，进而影响制热或制冷效果；过量充注则会导致系统压力过高，增加压缩机负担，降低系统能效，甚至可能带来安全隐患。因此，找到适合不同工况下的最佳充注量，是确保系统高效运行的关键。

结霜与除霜行为在跨临界 CO_2 热力循环系统中同样是运行特性优化的重点之一。特别是在冬季低温环境中运行时，蒸发器表面容易因为环境湿度的作用而结霜，图 1-5 为实验室中的翅片管式与微通道式跨临界 CO_2 系统结霜过程。结霜不仅会降低换热器的换热效率，还可能导致系统运行效率显著下降。长期结霜累积可能造成系统热力失衡，增加能源消耗。为此，如何高效地管理结霜过程并设计出优化的除霜策略，成为提升系统长期稳定性和效率的关键。常见的除霜方法包括热气旁通除霜、热气直通除霜和逆向除霜等[35]，但这些方法在应用过程中存在能耗增加、控制复杂性上升等问题。因此，除霜周期的动态调节、精准的霜层检测与智能控制系统的结合，成为未来除霜优化的研究方向之一，以确保跨临界 CO_2 热力循环系统在极端天气和高湿环境下仍能保持高效稳定运行。

本书第 4 章详细介绍了跨临界 CO_2 热力循环系统中具有通用性意义的最佳回热率、最优充注量标注方法，同时介绍并对比了不同除霜方法的性能优缺点，而以上所有运行优化特性在实际应用过程中又相互耦合，必须通过系统化的控制策略来实现最优性能表现，才能充分发挥跨临界 CO_2 热力循环技术的优势，满足多样化的应用需求。

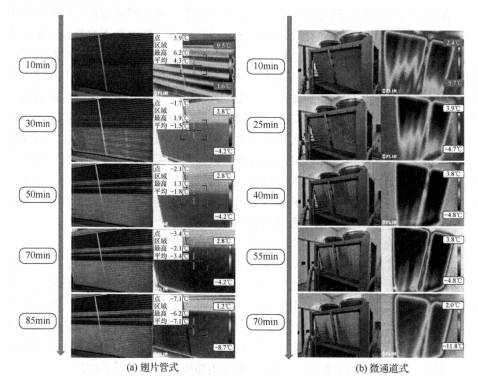

(a) 翅片管式　　　　　　　　　　　(b) 微通道式

图 1-5　翅片管式与微通道式跨临界 CO_2 系统结霜过程

1.3.4　跨临界 CO_2 热力循环的性能提升

　　天然工质 CO_2 具有良好的低温流动特性，非常适合寒冷地区的运行，且因超临界状态的 CO_2 存在巨大温度滑移，见图 1-6，跨临界 CO_2 热泵(简称"CO_2 热泵")展现出高出水温度的优势[36]。然而，随着热泵回水温度的升高，跨临界 CO_2 热力循环的阀前温度随之提高，由于超临界 CO_2 压力和温度是独立变量，在同等压力条件下，工质温度直接影响潜在换热量，造成高回水温度 CO_2 热泵性能衰减。同样地，在跨临界 CO_2 制冷系统、冷热综合系统中，随着高压侧温度升高、换热的恶化，循环性能衰减[37]，跨临界 CO_2 热力循环的制冷领域应用存在"CO_2 赤道"的说法[38]，以区分循环的适应区间。因此，在高回水热泵、高环境温度制冷等条件下的跨临界 CO_2 热力循环性能提升技术，是制约 CO_2 热力循环进一步广泛应用的关键之一。

　　机械过冷是一种较为常见的提升跨临界 CO_2 热力循环性能的手段，其通过过冷器将来自气体冷却器出口工质的温度进一步降低，以降低节流前的焓，提升系统性能[39]。机械过冷的具体实现包括通过第二类制冷剂系统实现过冷、并行式

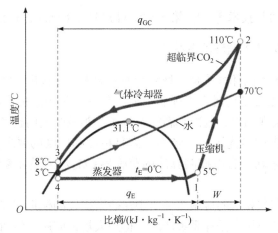

图 1-6 跨临界 CO_2 热泵热水器压焓图

q_E-蒸发器换热量；t_E-蒸发温度；q_{GC}-气体冷却器换热量；W-压缩机比功；
1-蒸发器出口；2-压缩机出口；3-气体冷却器出口；4-节流阀出口

CO_2 热力循环系统[40]、复合 CO_2 热力循环实现过冷[41]、热电制冷、磁制冷等，其基本原理都是进一步降低跨临界 CO_2 热力循环节流前的焓，以实现提升系统综合性能的目的。需要注意的是，作为过冷的子系统，其性能需着重考虑，以实现综合性能的提升。机械过冷循环的最优排气压力相较于常规跨临界 CO_2 热力循环也会发生变化，常规的最优排气压力预测公式往往不适用[42]。

此外，在冷热综合利用系统中，如商超冷冻冷藏，因工况一般较为稳定，喷射器在跨临界 CO_2 热力循环中的应用可以有效提升全工况的性能[43]，但在更宽的工况应用下，喷射器因工况适应性问题，其应用仍存在挑战。在商超冷冻冷藏的应用中，平行压缩系统依靠两类压缩机的平行压缩，实现不同的蒸发温度，以此提升综合系统性能，也是一种较为常见的技术手段[44]，在冷冻冷藏及多冷源需求的工业场合，具有广泛应用前景。

膨胀机技术通过回收节流过程的膨胀功，因跨临界 CO_2 热力循环的大压差节流，在跨临界 CO_2 热泵、冷热系统中，具有较大的应用潜力，可以改善系统性能[45]，而目前的膨胀机效率、压缩膨胀一体机设计运行、膨胀机系统适应性及控制等仍然存在挑战。涡流管可以将流体进一步分离为一股高温和一股低温工质，可起到进一步降低跨临界 CO_2 热力循环系统阀前温度的目的，进而提升综合性能[46]，与膨胀机类似，同样存在部件设计、系统适应性等技术挑战。

总之，跨临界 CO_2 热力循环系统性能提升方法研究聚焦在机械过冷、喷射器、膨胀机、涡流管等，机械过冷技术成熟度相对较高，喷射器、膨胀机、涡流管等技术因其工况适应性，仍面临技术挑战。实际应用中，跨临界 CO_2 热力循环系统性能提升可综合考虑各类系统性能提升方法的适应性，采取集成平行压缩、喷射器及热回收技术等[47]，第 5 章将对相关技术问题进行详细阐述。

1.3.5　跨临界 CO_2 热力循环的系统控制

跨临界 CO_2 热力循环系统是一种复杂的多输入、多输出、强耦合、时变、非线性系统，其性能会受到运行工况和负荷变化等多种因素的影响。随着跨临界 CO_2 热力循环系统在制热、制冷和新能源汽车等领域的应用越来越广泛，传统的拟合关联式和查表的最优压力已经不再满足精度和广度的要求。近年来，国内外学者一直在探索基于智能控制算法的跨临界 CO_2 热力循环系统最优排气压力控制。

目前，智能控制算法的应用主要集中在研究机构的模拟和实验研究中，尚未在实际的跨临界 CO_2 热力循环系统产品中得到大规模应用。然而，随着智能控制算法的不断发展和控制芯片性能的提升，以及传统控制策略的局限性，智能控制算法有望成为未来实现跨临界 CO_2 热力循环系统实时最优排气压力控制的有效策略。

本书第 6 章首先介绍了基于极值搜索控制(extremum seeking control，ESC)的自适应智能控制算法，其原理简图见图 1-7，这种算法适用于冷库、热水器等运行工况变化相对缓慢的跨临界 CO_2 热力循环系统场景。该算法在简单跨临界 CO_2 热力循环系统最优排气压力控制，以及复杂跨临界 CO_2 热力循环系统的多变量优化控制方面得到了有效验证。其次，为了改进传统极值搜索控制调试困难以及在变工况下跟随优化速度较慢的问题，进一步介绍了基于连续卡尔曼滤波器的相量预测(phasor estimator)极值搜索控制方法。最后，介绍了基于极值搜索控制方案和

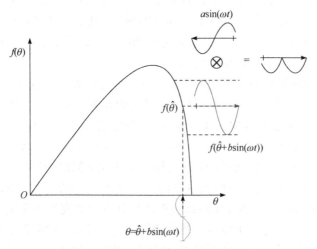

图 1-7　极值搜索控制原理示意简图

$b\sin(\omega t)$ -扰动信号；　θ -扰动后的系统输入；　$f(\hat{\theta}+b\sin(\omega t))$ -扰动后的系统输出；　$a\sin(\omega t)$ -解调信号

模型预测控制(model predictive control，MPC)相结合的混合方案，在系统数字化不可避免的场合能够有效解决 MPC 应用时的复杂建模问题，该算法能够有效应用于需要快速响应且运行工况变化剧烈的场合。其主要原理是通过构建面向控制的系统动态模型来预测系统未来有限时域内的动态行为，根据设定的目标方程及限制条件求解未来有限时域内的最优系统输入序列，系统仅实施最优控制序列中的第一个输入，此后重复该优化过程，实现系统全时域内的动态最优控制。第 6 章展示了不同智能控制算法在跨临界 CO_2 热力循环系统中的应用，旨在为实现最优排气压力基本控制及复杂跨临界 CO_2 热力循环系统中的多变量实时控制提供多种选择与方案。

1.3.6　跨临界 CO_2 热力循环的应用拓展

在《〈关于消耗臭氧层物质的蒙特利尔议定书〉基加利修正案》履约及我国"双碳"目标背景下，天然工质 CO_2 因其环保、低温性能优异等特性，在诸多领域具有广泛应用潜力。在交通载运装备领域，我国大力发展新能源汽车，但其仍普遍面临的低温续航、热系统工质不环保问题，给天然工质 CO_2 的发展和应用提供了良好的机遇[48,49]，在新能源客车、轨道交通及特种车辆领域存在同样的技术机遇。图 1-8 为系列 CO_2 汽车热管理系统台架及样车，随着产业化成本、系统可靠性、性能提升等问题的进一步解决，天然工质 CO_2 热力循环在交通载运装备领域有望逐步实现规模产业化。

图 1-8　系列 CO_2 汽车热管理系统台架及样车

面向工业发展需求，热泵技术得到大力发展以应对未来能源布局调整，跨临界 CO$_2$ 热力循环因其高温出水、出风能力，低温适应性等，在热泵热水器、供暖、烘干等领域将有望得到长久发展[50,51]，其高回水、高环境温度等性能提升技术发展，将助力跨临界CO$_2$热力循环在更广的领域得到应用。此外，冷冻冷藏领域的低碳化、冰雪事业的繁荣发展，也给跨临界 CO$_2$ 热力循环提供良好的技术和市场机遇[52]。跨临界CO$_2$热力循环兼顾低温性能和高温侧制热能力，契合商超的冷热综合需求，冰雪场馆的制冰、供热、浇冰等工艺需求，随着喷射器、膨胀机等性能提升技术发展，面向全行业节能环保和制冷剂替代背景，跨临界CO$_2$热力循环在商超、冰雪场馆展现巨大应用前景。储能技术在我国能源战略革命中占据重要地位，跨临界CO$_2$热力循环及超临界CO$_2$热力循环在储能环节应用[53,54]，相比其他方式，大大提高了能源利用效率，随着超临界CO$_2$热力循环的发展，可直接将被加热对象加热至几百摄氏度的温度范畴，满足更多储能应用场景。

　　总的来说，在我国能源改革、节能减碳大背景下，各类冷、热需求的场合，尤其是对高品位热源、大温差加热、低温应用等特殊场景，天然工质均展现巨大应用潜力，随着技术发展，其将得到更为广泛的应用，助力我国各行业低碳转型。本书第 7 章将具体阐述天然工质 CO$_2$ 在新兴能源场景下的应用前景。

参 考 文 献

[1] MOLINA M J, ROWLAND F S. Stratospheric sink for chlorofluoromethanes: Chlorine atom-catalysed destruction of ozone[J]. Nature, 1974, 249(5460): 810-812.

[2] FARMAN J C, GAEDINER B G, SHANKLIN J D. Large losses of total ozone in Antarctica reveal seasonal ClO$_x$/NO$_x$ interaction[J]. Nature, 1985, 315(6016): 207-210.

[3] UNITED NATIONS ENVIRONMENT PROGRAMME. The Montreal Protocol on Substances that Deplete the Ozone Layer [EB/OL]. https://ozone.unep.org/treaties/montreal-protocol.

[4] 张朝晖, 陈敬良, 高钰, 等.制冷空调行业制冷剂替代进程解析[J]. 制冷与空调, 2015, 15(1) :1-8.

[5] 刘阳, 冶文莲, 马青春, 等.自复叠制冷系统混合工质及流程优化研究进展[J]. 低温与超导, 2024,52(9):44-51.

[6] 雷博雯, 吴建华, 吴启航. R290 低压比热泵高补气过热度循环研究[J]. 化工学报, 2023, 74(5) :1875-1883.

[7] PEARSON A. Carbon dioxide-new uses for an old refrigerant [J]. International Journal of Refrigeration, 2005, 28(8): 1140-1148.

[8] CAVALLINI A, ZILIO C. Carbon dioxide as a natural refrigerant[J]. International Journal of Low-Carbon Technologies, 2007, 2(3): 225-249.

[9] 王如竹. 制冷学科进展研究与发展报告[M]. 北京: 科学出版社, 2007.

[10] LORENTZEN G. Trans-critical vapour compression cycle device: No19900003903[P]. 1990-09-07.

[11] LORENTZEN G, PETTERSEN J. A new, efficient and environmentally benign system for car air-conditioning[J]. International Journal of Refrigeration, 1993, 16(1): 4-12.

[12] LORENTZEN G. Revival of carbon dioxide as a refrigerant[J]. International Journal of Refrigeration, 1994, 17 (5): 292-301.

[13] KAUF F. Determination of the optimum high pressure for transcritical CO_2-refrigeration cycles[J]. International Journal of Thermal Sciences, 1999, 38(4): 325-330.

[14] LIAO S M, ZHAO T S, JAKOBSEN A. A correlation of optimal heat rejection pressures in transcritical carbon dioxide cycles[J]. Applied Thermal Engineering, 2000, 20(9): 831-841.

[15] CHEN Y, GU J. The optimum high pressure for CO_2 transcritical refrigeration systems with internal heat exchangers[J]. International Journal of Refrigeration, 2005, 28(8): 1238-1249.

[16] QI P C, HE Y L, WANG X L, et al. Experimental investigation of the optimal heat rejection pressure for a transcritical CO_2 heat pump water heater[J]. Applied Thermal Engineering, 2013, 56(1-2):120-125.

[17] WANG S, TUO H, CAO F, et al. Experimental investigation on air-source transcritical CO_2 heat pump water heater system at a fixed water inlet temperature [J]. International Journal of Refrigeration, 2013, 36(3): 701-716.

[18] GE Y, TASSOU S. Control optimisation of CO_2 cycles for medium temperature retail food refrigeration systems[J]. International Journal of Refrigeration, 2009, 32(6): 1376-1388.

[19] SHAO L, ZHANG C. Thermodynamic transition from subcritical to transcritical CO_2 cycle[J]. International Journal of Refrigeration, 2016, 64: 123-129.

[20] CECCHINATO L, CORRADI M, MINETTO S. A critical approach to the determination of optimal heat rejection pressure in transcritical systems[J]. Applied Thermal Engineering, 2010, 30(13): 1812-1823.

[21] FERNANDEZ N. Performance and Oil Retention Characteristics of a CO_2 Heat Pump Water Heater[D]. Maryland: University of Maryland, 2008.

[22] CHEN Y. Pinch point analysis and design considerations of CO_2 gas cooler for heat pump water heaters[J]. International Journal of Refrigeration, 2016, 69: 136-146.

[23] MENDOZA-MIRANDA J M, MOTA-BABILONA A, RAMÍREZ-MINGUELA J J, et al. Comparative evaluation of R1234yf, R1234ze and R450A as alternatives to R134a in a variable speed reciprocating compressor[J]. Energy, 2016, 114: 753-766.

[24] NAVARRO-ESBRÍ J, GINESTAR D, BELMAN J M, et al. Application of a lumped model for predicting energy performance of a variable-speed vapour compression system[J]. Applied Thermal Engineering, 2010, 30(4): 286-294.

[25] PÉREZ-SEGARRA C D, RIGOLA J, SORIA M, et al. Detailed thermodynamic characterization of hermetic reciprocating compressors[J]. International Journal of Refrigeration, 2005, 28(4): 579-593.

[26] PÉREZ-SEGARRA C D, RIGOLA J, OLIVA A. Modeling and numerical simulation of the thermal and fluid dynamic behavior of hermetic reciprocating compressors-part 1: Theoretical basis[J]. HVAC&R Research, 2003, 9(2): 215-235.

[27] WINANDY E, SAAVEDRA C, LEBRUN J. Experimental analysis and simplified modelling of a hermetic scroll refrigeration compressor[J]. Applied Thermal Engineering, 2002, 22(2): 107-120.

[28] WINANDY E, SAAVEDRA C, LEBRUN J. Simplified modelling of an open-type reciprocating compressor[J]. International Journal of Thermal Sciences, 2002, 41(2): 183-192.

[29] NEGRAO C O R, ERTHAL R H, ANDRADE D E V, et al. A semi-empirical model for the unsteady-state simulation of reciprocating compressors for household refrigeration applications[J]. Applied Thermal Engineering, 2011, 31(6-7): 1114-1124.

[30] NDIAYE D, BERNIER M. Dynamic model of a hermetic reciprocating compressor in on-off cycling operation (Abbreviation: Compressor dynamic model) [J]. Applied Thermal Engineering, 2010, 30(8-9): 792-799.

[31] DANG C B, HIHARA E. In-tube cooling heat transfer of supercritical carbon dioxide. Part 2. Comparison of numerical calculation with different turbulence models[J].International Journal of Refrigeration, 2004, 27(7):748-760.

[32] DANG C B, HIHARA E. In-tube cooling heat transfer of supercritical carbon dioxide. Part 1. Experimental measurement[J].International Journal of Refrigeration, 2004, 27(7):736-747.

[33] CHENG L X, RIBATSKI G, WOJTAN L, et al. New flow boiling heat transfer model and flow pattern map for carbon dioxide evaporating inside horizontal tubes[J].International Journal of Heat and Mass Transfer, 2006, 49(21-22):4082-4094.

[34] 李东哲, 殷翔, 宋昱龙, 等. 跨临界 CO_2 热泵中间换热器对系统性能的影响研究[J]. 压缩机技术, 2016(4):6-11.

[35] QU M, LI T, DENG S, et al. Improving defrosting performance of cascade air source heat pump using thermal energy storage based reverse cycle defrosting method[J]. Applied Thermal Engineering, 2017, 121: 728-736.

[36] YANG W, CAO X, HE Y, et al. Theoretical study of a high-temperature heat pump system composed of a CO_2 transcritical heat pump cycle and a R152a subcritical heat pump cycle[J]. Applied Thermal Engineering, 2017, 120: 228-238.

[37] FEELY R A, WANNINKHOF R, TAKAHASHI T, et al. Influence of El Niño on the equatorial Pacific contribution to atmospheric CO_2 accumulation[J]. Nature, 1999, 398(6728): 597-601.

[38] GE Y T, TASSOU S A. Thermodynamic analysis of transcritical CO_2 booster refrigeration systems in supermarket[J]. Energy Conversion and Management, 2011, 52(4): 1868-1875.

[39] 宋昱龙. 空气源跨临界 CO_2 热泵系统在高回水温度条件下的热力性能及优化方法的研究[D]. 西安: 西安交通大学, 2019.

[40] HE Y J, CHENG J H, CHANG M M, et al. Modified transcritical CO_2 heat pump system with new water flow configuration for residential space heating[J]. Energy Conversion and Management, 2021, 230: 113791.

[41] CAO F, CUI C, WEI X, et al. The experimental investigation on a novel transcritical CO_2 heat pump combined system for space heating[J]. International Journal of Refrigeration, 2019, 106: 539-548.

[42] SONG Y, CAO F. The evaluation of optimal discharge pressure in a water-precooler-based transcritical CO_2 heat pump system[J]. Applied Thermal Engineering, 2018, 131: 8-18.

[43] ELBEL S, HRNJAK P. Experimental validation of a prototype ejector designed to reduce throttling losses encountered in transcritical R744 system operation[J]. International Journal of Refrigeration, 2008, 31(3): 411-422.

[44] ENGINEERING TOMORROW. Making the case for CO_2 refrigeration in warm climates[R/OL]. [2016-02-01]. https://www. danfoss.com/en/service-and-support/case-stories/dcs/making-the-case-for-co2-refrigeration-in-warm-climates/.

[45] WANG H, SONG Y, QIAO Y, et al. Rational assessment and selection of air source heat pump system operating with CO_2 and R407C for electric bus[J]. Renewable Energy, 2022, 182: 86-101.

[46] SARKAR J. Cycle parameter optimization of vortex tube expansion transcritical CO_2 system[J]. International Journal of Thermal Sciences, 2009, 48(9): 1823-1828.

[47] GULLO P, TSAMOS K M, HAFNER A, et al. Crossing CO_2 equator with the aid of multi-ejector concept: A comprehensive energy and environmental comparative study [J]. Energy, 2018, 164: 236-263.

[48] 王从飞, 曹锋, 李明佳, 等.碳中和背景下新能源汽车热管理系统研究现状及发展趋势[J].科学通报, 2021, 66(32):4112-4128.

[49] WANG A, YIN X, JIA F, et al.　Driving range evaluation based on different cabin thermal management goals of CO_2 heat pumps for electric vehicles[J]. Journal of Cleaner Production, 2023, 382: 135201.

[50] 刘圣春, 马一太, 管海清. CO_2 空气源热泵热水器的研究现状及展望[J].制冷与空调, 2008(2):4-12.

[51] HIROSHI M H, TETSUYA M T, KAZUAKI M K, et al. Development of CO_2 compressor and its application system[C]. Beijing: 7th International Energy Agency Heat Pump Conference, 2002.

[52] 刘楷, 李敏霞, 田华, 等. CO_2 跨临界直冷冰场在 2022 年北京冬奥会首都体育馆的运用[J]. 制冷技术, 2022, 42(5): 68-72.

[53] MERCANGOZ M, HEMRLE J, KAUFMANN L, et al. Electrothermal energy storage with transcritical CO_2 cycles[J]. Energy, 2012, 45(1): 407-415.

[54] CAHN R P, NICHOLSON E W. Thermal energy storage by means of reversible heat pumping utilizing industrial waste heat: US19770773705[P]. 2024-04-24.

第 2 章　跨临界 CO_2 热力循环

本章将深入探讨 CO_2 作为制冷剂的独特性质及其在跨临界热力循环系统中的应用特性。为了更深入地理解这一技术，本章将构建一个跨临界 CO_2 热力循环系统的理论模型，从理论层面分析最优排气压力存在的原因，揭示其背后的机理。此外，还将探讨跨临界 CO_2 热力循环系统中各工况参数对系统最优排气压力的影响，从而优化跨临界 CO_2 热力循环系统的性能。总的来说，本章的目标是基于理论层面对 CO_2 制冷剂和跨临界 CO_2 热力循环系统的稳态特性进行深入探讨，为理解和优化 CO_2 热力循环系统提供理论基础和指导。

2.1　CO_2 制冷剂的物性及热力运行特性

2.1.1　CO_2 制冷剂的物性

CO_2 作为大气中天然存在的工质，其占大气体积的 0.04%，相当于 $370mg \cdot L^{-1}$。与其他工质相比，CO_2 的三相点比较高，临界点较低，图 2-1 为 CO_2 的相态图[1]。CO_2 的三相点温度为 $-56.6℃$、压力为 0.52MPa[2]。当 CO_2 液体从压力高于三相点的状态开始降压时，就会形成干冰。这种情况在 CO_2 热力循环系统的充注过程和排放过程均有可能发生，容易导致安全事故。

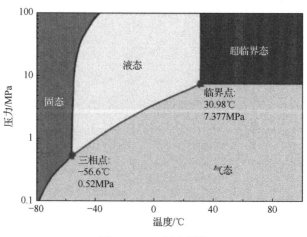

图 2-1　CO_2 相态图[1]

CO$_2$ 临界点的温度为 30.98℃、压力为 7.377MPa，低于常规制冷剂的冷凝温度。在高于临界点时，CO$_2$ 处于超临界状态，此时 CO$_2$ 的放热过程不会发生相变。在跨临界 CO$_2$ 热力循环系统中，高压放热过程就发生在超临界状态。

与常规工质相比，跨临界 CO$_2$ 热力循环系统最显著的区别在于压缩机排气压力要高很多。图 2-2 为工质压力特性对比，相对于普通制冷剂 2～3MPa 的排气压力，跨临界 CO$_2$ 热力循环系统的最高压力更高，为 8～12MPa[3]，这对管路及部件的承压能力都提出了更高的要求。

图 2-3 为工质饱和密度对比，CO$_2$ 的密度比常规制冷剂大很多，从而使得 CO$_2$ 热力循环系统单位容积制冷/制热量是常规工质的 5～10 倍[4,5]。图 2-4 为工质单位容积制冷量对比，在 0℃ 时，CO$_2$(R744) 的单位容积制冷量是 R22 和 NH$_3$(R717) 的 5 倍[5,6]。此外，图 2-5 为工质表面张力对比，CO$_2$ 表面张力比常规制冷剂小，传热性能也优于常规工质，这就意味着采用小排量压缩机和小尺寸换热器等部件可以达到相同的制冷/制热效果，从而大大降低机组结构尺寸、管路

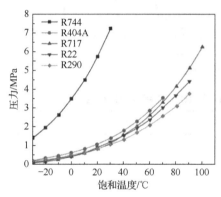

图 2-2 工质压力特性对比[3]

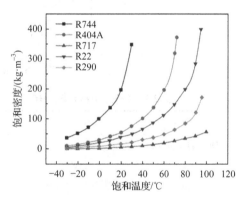

图 2-3 工质饱和密度对比[4]

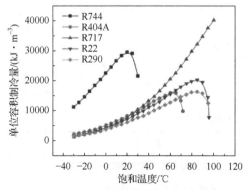

图 2-4 工质单位容积制冷量对比[5]

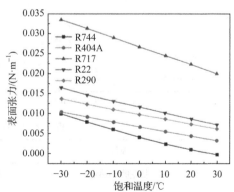

图 2-5 工质表面张力对比[5]

尺寸和机房面积，图 2-6 为系统管径对比。这有助于降低机组成本，提高经济性。表 2-1 提供了 CO_2、HFO 类、HC 类、NH_3 与 HFC 类制冷剂的综合对比情况，表 2-2 列出了 CO_2 制冷剂的特点[7]。

管路类型	制冷剂		
	R404A	丙二醇	CO_2
液体管路	内径D=25mm	内径D=60mm 厚度h=20mm	内径D=17mm 厚度h=10mm
吸气管路	内径D=50mm 厚度h=15mm	内径D=60mm 厚度h=20mm	内径D=20mm 厚度h=10mm

图 2-6　系统管径对比

表 2-1　CO_2、HFO 类、HC 类、NH_3 与 HFC 类制冷剂的综合对比[7]

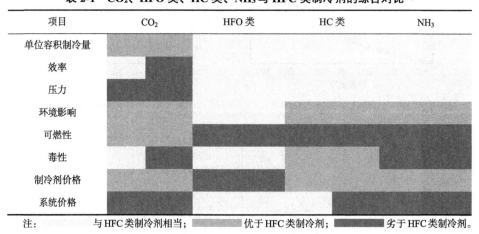

项目	CO_2	HFO 类	HC 类	NH_3
单位容积制冷量				
效率				
压力				
环境影响				
可燃性				
毒性				
制冷剂价格				
系统价格				

注：□ 与 HFC 类制冷剂相当；▨ 优于 HFC 类制冷剂；■ 劣于 HFC 类制冷剂。

表 2-2　CO_2 制冷剂的特点[7]

序号	项目	CO_2 适应性
1	制冷量/制热量	比常规制冷剂高得多的单位容积制冷量/制热量
2	效率	依赖于系统设计及环境温度
3	运行条件	运行和维持压力明显高于其他制冷剂

续表

序号	项目	CO₂ 适应性
4	环境特性	ODP=0，GWP=1
5	系统配件适应性	与常规制冷剂不同，但逐步研发可以使用
6	技术人员适应性	需要逐步培训掌握 CO_2 不同的运行特性
7	造价	CO_2 比其他制冷剂便宜，但系统配件价格高
8	安全性	低毒、不可燃；高压及其带来的相关危害
9	应用性	高压及跨临界特性使系统变得复杂
10	组分	单一工质，两相区不存在温度滑移
11	直接替换可行性	高压不可直接替换

2.1.2　CO₂ 制冷剂热力运行特性

CO_2 的安全性主要体现为以下两个方面：一方面，CO_2 运行压力比较高，且容易形成干冰，具有堵塞系统的危险；另一方面，CO_2 浓度高时会造成人员窒息。因此，在进行 CO_2 热力循环系统的设计和运行时，必须充分考虑这些安全性问题，以确保系统的安全和稳定运行。

1) 高压

CO_2 热力循环系统配件、管路系统及备用工具等都与系统压力密切相关。为了确保系统安全可靠运行，系统的承压能力应高于系统的最大工作压力。同时，为了防止故障导致系统压力超过系统承压能力而造成损坏，需要设置安全阀。当系统处于停机状态时，通常会设置压力维持辅助机组，应用冷却系统并降低系统压力，以防止系统压力过高。

CO_2 热力循环系统压力范围如表 2-3 所示[8]。

表 2-3　CO₂ 热力循环系统压力范围[8]

序号	项目	数值/MPa(g)
1	环境温度 10℃饱和压力	4.4
2	环境温度 30℃饱和压力	7.11
3	低温蒸发器	1~1.5
4	中温蒸发器	2.5~3
5	复叠系统低温级冷凝器	3~3.5
6	复叠系统高压保护	3.6
7	复叠系统安全阀设置	4

续表

序号	项目	数值/MPa(g)
8	气体冷却器压力	9
9	跨临界系统高压保护	10.8～12.6
10	跨临界系统安全阀设置	12～14

注：g 表示表压。

2) 液体膨胀

CO_2 的膨胀系数远高于其他制冷剂，图 2-7 为 CO_2 封闭液体压力温度图[9]，其展示了液体膨胀对压力的影响[9]。例如，20℃的温升下，−10℃的封闭 CO_2 液体的压力会从状态 1 的 4.4MPa(g)升高到状态 2 的 24MPa(g)。这种情况极易在液体管路中发生，可能会导致系统损坏。根据经验，温度每升高 1℃，液体压力会升高 1MPa。因此，在设计时需要考虑温升对液体膨胀的影响，并在液体容易封闭的区域合理设置泄压阀，从而能够及时释放封闭液体膨胀引起陡升的压力，确保系统的安全稳定运行。

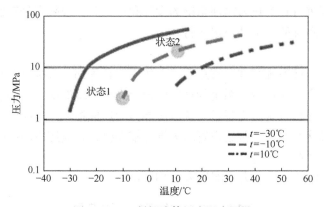

图 2-7　CO_2 封闭液体压力温度图[9]

3) 干冰

当 CO_2 压力和温度低于三相点(0.52MPa，−56.6℃)时，CO_2 制冷系统有可能形成干冰(固态 CO_2)。图 2-8 为 CO_2 相分布图，如图所示，如果安全阀释放压力设定在气体侧 3.5MPa 或更低，当 CO_2 的压力在泄压管内降低到三相点的 0.52MPa 后，如果继续降压，CO_2 会变成气体。如果安全阀释放压力设定在气体侧 5MPa，当 CO_2 的压力降低到三相点的 0.52MPa 后，就会有 3%的干冰形成。在这种情况下，如果泄压管路复杂，干冰就很有可能堵塞泄压管道，导致无法泄压。因此，系统设计时，应避免安全阀连接泄压管路，而是让安全阀直接泄压到大气中。如果安全阀设置在液体侧 2MPa，随着压力释放低于三相点，就会有 50%的干冰形成，造成泄压管堵塞的概率非常大。因此，这种情况下建议将泄压管路连接到高于三相点压力的地方，以防止干冰形成。

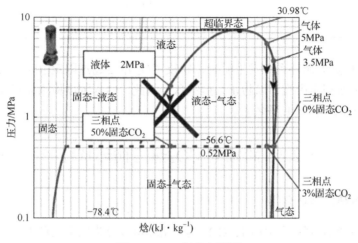

图 2-8　CO₂ 相分布图[10]

根据以上分析，针对 CO₂ 热力循环系统充注过程，应始终从 CO₂ 气体开始充注，直到系统压力达到 0.52MPa 后才开始液相充注。同样，过滤器更换等操作时，如果将液态 CO₂ 直接排放，液态 CO₂ 释放到大气压力会立刻形成干冰，并且温度会急剧下降，有可能导致材料损坏。因此，禁止将液态 CO₂ 直接排放到大气中。

4) 窒息

CO₂ 无味且密度大于空气，具有窒息性。与 HFC 类制冷剂相比，CO₂ 引起窒息的限值较低。例如，CO₂ 的窒息限值为 0.1kg · m⁻³，而 R404A 的窒息限值为 0.48kg · m⁻³[11]。表 2-4 列出了不同 CO₂ 浓度下的危害性[12]。

表 2-4　不同 CO₂ 浓度下的危害性[12]

CO₂ 浓度/%	后果和症状
2	呼吸频率增加 50%
3	该条件下最多能待 10min；呼吸频率增加一倍
5	呼吸频率增加 300%，1h 后出现头痛和流汗的症状（大部分人能够承受，但是身体负担加重）
8	短时间暴露极限
8～10	10～15min 后出现头痛，伴头晕、耳鸣、血压升高、脉搏升高、恶心等症状

CO_2 浓度/%	后果和症状
10～18	几分钟后，出现类似癫痫的抽筋症状，失去意识，并且休克(血压骤降)，呼吸新鲜空气可迅速恢复
18～20	出现类似中风的症状

当 CO_2 热力循环系统发生泄漏，导致 CO_2 浓度超过限定值时，必须及时发出警报并采取相应措施，以防止人员窒息。因此，CO_2 浓度检测装置及排风系统是 CO_2 热力循环系统必备装置。

2.2　跨临界 CO_2 热力循环特性

2.2.1　CO_2 热力循环介绍

根据系统运行的压力区间，CO_2 热力循环可以分为以下三种类型：第一种是超临界循环，其高低压侧均运行在临界压力之上，这种循环中压力和温度之间不存在——对应的关系；第二种为跨临界循环，其高压侧运行在临界压力之上，低压侧运行于亚临界区域，高压侧 CO_2 制冷剂的换热为类显热换热，而低压侧 CO_2 的换热为潜热交换；第三种为亚临界循环，其高低压均运行在临界压力以下，在该循环下，冷凝压力小于临界压力 7.377MPa。

图 2-9 为 CO_2 热力循环系统的流程图。CO_2 热力循环系统通常包含五个主要部件：压缩机、气体冷却器(冷凝器)、回热器、膨胀阀和蒸发器。相比采用传统制冷剂，CO_2 热力循环系统跨临界运行时，热汇高温高压侧换热器中的超临界 CO_2 的放热过程为类显热换热，不经历相变冷凝过程。因此，这个高压侧换热器称为气体冷却器。循环回热器的存在使得气体冷却器出口的超临界 CO_2 工质可以和蒸发器出口的 CO_2 进行换热。这不仅能够降低气体冷却器出口的 CO_2 温度，减小节流损失，还能使蒸发器进出口焓差增大，增加压缩机吸气的过热度，防止带液压缩。除了上述主要部件外，CO_2 热力循环系统通常也需要其他的功能性部件。例如，气液分离器，可起到避免压缩机吸气带液及储存 CO_2 的作用；压缩机变频器，用于实现压缩机的容量调节；水泵及风机，驱动热源或热汇侧流体与 CO_2 换热。

图 2-10 展示了跨临界 CO_2 热力循环在跨临界运行时的压焓图和温熵图。跨临界 CO_2 热力循环可以分为六个过程：1-2，压缩机中的非等熵压缩过程；2-3，气体冷却器中的无相变的超临界放热过程；3-4，回热器中的过冷；4-5，膨胀阀中的节流膨胀过程；5-6，蒸发器中的亚临界吸热过程；6-1，回热器中的过热。

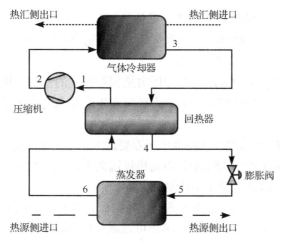

图 2-9　CO_2 热力循环系统的流程图

1-压缩机吸气口；2-压缩机排气口；3-气体冷却器出口；4-回热器高压侧出口；5-蒸发器进口；6-蒸发器出口

在循环中，低温低压的 CO_2 过热气体进入压缩机，被压缩为高温高压的超临界状态，在超临界区内 CO_2 通过类显热放热以加热热汇工质，如水、空气等，得到冷却后的超临界 CO_2 进入回热器与蒸发器出来的低温低压 CO_2 换热，在降低了气体冷却器出口 CO_2 温度的同时提高了 CO_2 制冷剂的过热度；经回热器冷却后的超临界 CO_2 进入膨胀节流装置节流至低压两相后，进入蒸发器；在蒸发器内 CO_2 吸收低品位热能后，以两相或过热状态进入回热器，获得再次过热，换热完成后的 CO_2 连同润滑油一起进入压缩机，完成一个循环。以上描述了跨临界 CO_2 热力循环的全过程阶段，包括压缩、放热、过冷、节流膨胀、吸热和过热等过程。

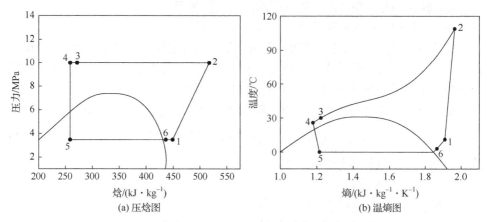

图 2-10　跨临界 CO_2 热力循环系统的压焓图和温熵图

跨临界 CO_2 热力循环的基本特征可总结如下：

(1) 蒸发温度低于 30.98℃，从而对低温低压侧的介质温度提出了限制条件。

(2) 排气压力要高于 7.377MPa。

(3) 气体冷却器内 CO_2 的温度和压力是相互独立的，在放热过程中存在温度滑移，该温度滑移使得跨临界 CO_2 热力循环在生产热水时换热温差匹配良好，制热性能优越。

(4) 跨临界 CO_2 热力循环的高低压压差要远大于采用常规制冷剂循环的压差。

(5) 由于 CO_2 的单位容积制冷量/制热量远大于常规制冷剂，因此系统的体积相对减小了很多，这使得整个系统更加紧凑。

(6) CO_2 具有较好的流动和传热物性。因此，相对于采用常规制冷剂循环系统，跨临界 CO_2 热力循环系统的换热器可以减小体积和流通通道的尺寸。

(7) 跨临界 CO_2 热力循环系统运行压力高，因此出于安全性考虑，对系统部件耐压要求也相应提高。

2.2.2　跨临界 CO_2 热力循环的理论模型

本小节将介绍在考虑逆流气体冷却器中的传热夹点时，跨临界 CO_2 热力循环的理论模型建立方法及其计算流程[13]。在建立理论循环模型的过程中，作出如下假设：

(1) 过热度、传热夹点温差、蒸发温度等设为定值，不考虑实际的换热过程和换热器的几何参数特性，目的在于突出研究工况参数对系统性能影响的研究；

(2) 假定系统运行为绝热过程，不考虑系统各部件与外部环境的换热；

(3) 假定 CO_2 在换热器、管道内的流动过程为等压流动；

(4) 假定 CO_2 在膨胀阀的节流为等焓节流过程。

跨临界 CO_2 热力循环系统的流程图、压焓图和温熵图如图 2-9 和图 2-10 所示。首先，为了考虑传热夹点在气体冷却器中的存在及其影响，建立了基于有限容积模型的逆流气体冷却器简化模型，如图 2-11 所示。

对于整个气体冷却器来说，CO_2 和水之间的热平衡表示为式(2-1)：

$$Q_{gc} = m_r(h_{r,in} - h_{r,out}) = m_w c_{pw}(T_{w,out} - T_{w,in}) \qquad (2-1)$$

式中，Q_{gc} —— 气体冷却器总换热量，kW；

$\qquad m_r$ —— CO_2 质量流量，$kg \cdot s^{-1}$；

$\qquad h_{r,in}$ —— CO_2 进口焓，$kJ \cdot kg^{-1}$；

$\qquad h_{r,out}$ —— CO_2 出口焓，$kJ \cdot kg^{-1}$；

$\qquad m_w$ —— 水质量流量，$kg \cdot s^{-1}$；

$\qquad c_{pw}$ —— 水的定压比热容，$kJ \cdot kg^{-1} \cdot K^{-1}$；

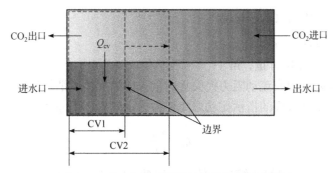

图 2-11　逆流气体冷却器的简化模型示意图
Q_{cv}-控制容积内换热量；CV1-控制容积 1；CV2-控制容积 2

$T_{w,out}$ —— 出水温度，℃；

$T_{w,in}$ —— 进水温度，℃。

在本模型中，气体冷却器被分割成一系列的控制容积(control volume)。在每个控制容积中，可以对 CO₂ 和水的温度变化进行计算和确定。每个控制容积的范围从进水口到换热器内部的一个边界。控制容积中的换热量占整个气体冷却器换热量的比例定义为系数 f_{cv}，随着控制容积的右侧边界从进水口逐渐向出水口移动，f_{cv} 从 0 变化为 1，因此控制容积中的换热量表示为式(2-2)：

$$Q_{cv} = f_{cv}Q_{gc} \tag{2-2}$$

式中，Q_{cv} —— 控制容积内换热量，kW。

控制容积右侧边界上 CO₂ 和水的状态可以基于换热平衡得到：

$$Q_{cv} = m_r(h_{r,cv} - h_{r,out}) = m_w c_{pw}(T_{w,cv} - T_{w,in}) \tag{2-3}$$

式中，$h_{r,cv}$ —— 控制容积右边界 CO₂ 焓，$kJ \cdot kg^{-1}$；

$T_{w,cv}$ —— 控制容积右边界水温，℃。

在得到了边界上 CO₂ 和水的状态后，可以确定此时两者之间的温差。这样，传热夹点就可以通过寻找所有控制容积中的温差最小值来确定。

在实际压缩过程中，由于压缩机气缸中有余隙容积存在，气体在吸气阀、排气阀及通道处有热量交换及流动阻力，气体在压缩机封闭容积与气缸壁间隙处有泄漏等，这些因素都会使压缩机的输气量减少，制冷量下降，消耗的功增大。

各种损失引起的压缩机输气量的减少可用容积效率 η_v 表示，定义实际输气量与理论输气量之比为

$$\eta_v = \frac{q_{v_s}}{q_{v_h}} = \frac{q_{v_s}}{NV} \tag{2-4}$$

式中，q_{v_s} —— 压缩机的实际输气量，$m^3 \cdot s^{-1}$；

　　　q_{v_h} —— 压缩机的理论输气量，$m^3 \cdot s^{-1}$；

　　N—— 转速，$r \cdot s^{-1}$；

　　V—— 压缩机排量，m^3。

　　因偏离等熵过程及流动阻力损失等因素，压缩气体所消耗的功为指示功，理论比功与实际压缩过程的指示比功之比称为指示效率，用 η_i 表示：

$$\eta_i = \frac{w_0}{w_i} \tag{2-5}$$

式中，w_0 —— 理论等熵压缩过程的指示比功，$kJ \cdot kg^{-1}$；

　　w_i —— 实际压缩过程的指示比功，$kJ \cdot kg^{-1}$。

　　此外，为了克服机械摩擦和带动辅助设备(如油泵等)，压缩机实际消耗的比功较指示比功大，两者的比值称为压缩机的机械效率 η_m：

$$\eta_m = \frac{w_i}{w_s} \tag{2-6}$$

所以，压缩机实际消耗的比功为

$$w_s = \frac{w_i}{\eta_m} = \frac{w_0}{\eta_i \eta_m} = \frac{w_0}{\eta_k} \tag{2-7}$$

式中，η_k —— 压缩机的轴效率。

$$\eta_k = \eta_i \eta_m \tag{2-8}$$

　　在跨临界 CO_2 热泵应用中，压缩机多为封闭式压缩机，压缩机消耗的比功用电动机的输入比功 w_{eL} 表示。实际循环的性能系数 COP 为单位制热量 q_r 与电动机的输入比功 w_{eL} 之比，又称为能效比，用 EER 表示，即

$$COP = EER = \frac{q_r}{w_{eL}} = \frac{q_r}{\dfrac{w_0}{\eta_{eL}}} = COP_0 \eta_{eL} \tag{2-9}$$

式中，η_{eL} —— 电效率。

$$\eta_{eL} = \eta_i \eta_m \eta_{m0} \tag{2-10}$$

式中，η_{m0} —— 电动机效率。

　　循环中 CO_2 的质量流量为

$$m_r = q_{v_s} \rho_1 \tag{2-11}$$

式中，ρ_1 —— 压缩机吸气口 CO_2 的密度，$kg \cdot m^{-3}$。

　　循环制热量为

$$Q_H = m_r q_r = m_r(h_2 - h_3) \tag{2-12}$$

式中，h_3 —— 气体冷却器出口 CO_2 的焓，$kJ \cdot kg^{-1}$；

h_2 —— 气体冷却器入口 CO_2 的焓，$kJ \cdot kg^{-1}$。

蒸发器从空气侧吸收的热量为

$$Q_E = m_r(h_6 - h_5) = m_r(h_6 - h_4) \tag{2-13}$$

式中，h_6 —— 蒸发器出口处 CO_2 的焓，$kJ \cdot kg^{-1}$；

h_5 —— 蒸发器进口处 CO_2 的焓，$kJ \cdot kg^{-1}$；

h_4 —— 回热器高压出口 CO_2 的焓，$kJ \cdot kg^{-1}$。

回热器换热量为

$$Q_{IHX} = m_r(h_3 - h_4) = m_r(h_1 - h_6) \tag{2-14}$$

回热器中热量从气体冷却器出口的超临界 CO_2 中传递到蒸发器出口的亚临界 CO_2。回热器的换热器效率取决于其结构尺寸，定义为低压侧制冷剂的实际温升和可能的最大温升之比。理论上来说，当逆流回热器的换热面积无限大时，低压出口的 CO_2 温度可以被加热到高压侧的进口温度，此时回热器效率为 1。回热器效率计算式为

$$\eta_{IHX} = \frac{T_1 - T_6}{T_3 - T_6} \tag{2-15}$$

式中，T_1 —— 压缩机吸气口 CO_2 的温度，℃；

T_6 —— 蒸发器出口处 CO_2 的温度，℃；

T_3 —— 气体冷却器出口 CO_2 的温度，℃。

根据式(2-1)～式(2-15)，当系统的工况参数、过热度、回热器、排气压力、传热夹点温差等确定后，通过迭代求解确定气体冷却器出口温度和水路流量，进而可对系统的性能参数进行计算。值得指出的是，虽然本节的跨临界 CO_2 热力循环理论模型是在热泵热水器应用场景下建立的，但也可应用于其他类似的采用逆流气体冷却器的情况。简化的逆流气体冷却器模型同样可以用于运行压力为亚临界压力时的冷凝器计算。

2.3　跨临界 CO_2 热力循环最优排气压力存在机理

跨临界 CO_2 热力循环中的最优排气压力是优化循环性能非常重要的因素，因此被广泛研究。本节首先介绍了跨临界 CO_2 热力循环最优排气压力的存在机理，并在 2.2 节建立的跨临界 CO_2 热力循环理论模型的基础上，进一步研究了跨临界 CO_2 热力循环中的各参数对系统最优排气压力和 COP 的影响。

2.3.1　超临界和临界点附近 CO_2 的物性

在忽略制冷剂压力损失的情况下，采用常规制冷剂的热力循环系统在冷凝器内的冷凝过程中，两相区内单位干度的变化引起的焓差基本是一致的。对于跨临界 CO_2 热力循环系统来说，当高压侧的压力在超临界或临界压力附近时，放热过程中单位压力变化造成的焓差则是非均等的变化过程，这个特性是跨临界 CO_2 热力循环系统运行中存在最优排气压力的一个重要原因。

图 2-12 为排气压力对气体冷却器出口焓的影响，其展示了气体冷却器出口温度为 35℃时排气压力对气体冷却器出口焓的影响情况。从跨临界 CO_2 热力循环压焓图中可以看到，在临界点附近及临界点以上的区域内，等温线比较平缓，同样压力变化导致的焓差更大，而在距离临界点较远的区域，等温线比较竖直，压力变化导致的焓差不大。跨临界 CO_2 热力循环中，随着排气压力的升高，在理论计算固定的压缩机指示效率、蒸发温度及过热度下，压缩机比功随排气压力升高的增加值是一个基本固定的数值。气体冷却器进出口焓差的增加值随着压缩机排气压力的升高则是一个先逐步增加，达到最大之后又初步缩小的过程，这对气体冷却器的制热量产生了影响，并影响 COP 变化。

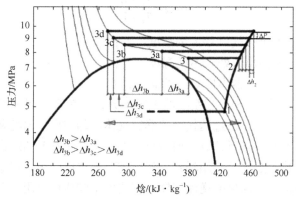

图 2-12　排气压力对气体冷却器出口焓的影响
ΔP-压差；Δh_i-i 对应的焓差

图 2-13 为不同气体冷却器出口温度下 COP 随排气压力的变化情况，其展示了不同气体冷却器出口温度下，跨临界 CO_2 热力循环 COP 随排气压力的变化情况。从图中可以看出，当气体冷却器出口温度大于 CO_2 的临界温度 30.98℃时，COP 的变化曲线上存在一个排气压力使得系统性能达到最优。当气体冷却器出口温度为 25℃和 28℃时，COP 的变化曲线呈现单调变化的趋势，随着排气压力的升高，COP 逐渐降低，即不存在最优排气压力。实际上，由于在临界点附近的亚临界压力下，同样存在等温线上焓差显著的情况，所以在部分低于临界温度的气体冷却器出口温度下，也存在最优排气压力，后续会对其进行讨论。

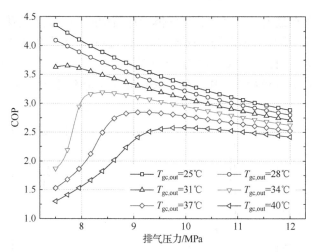

图 2-13　不同气体冷却器出口温度下 COP 随排气压力的变化情况

$T_{gc,out}$-气体冷却器出口温度

2.3.2　跨临界 CO₂ 热力循环中的高压侧换热夹点

在跨临界 CO₂ 热力循环的高压侧，超临界 CO₂ 和热汇侧工质之间进行热量交换，对最优排气压力有着重要影响。关于 CO₂ 和热汇工质换热对最优排气压力的影响，相关文献研究相对较少，因此值得深入探索和研究。

在 CO₂ 热泵热水器的应用场景中，热汇侧工质是水。由于跨临界 CO₂ 热力循环在高压侧的超临界放热过程中伴随着温度滑移现象，因此在应用于热泵热水器场景时，CO₂ 和热水之间的换热温差匹配性良好，可以获得很优越的性能，尤其适合于一次直接加热且出水温度较高的模式。在 CO₂-水换热器中，进水温度对气体冷却器出口的 CO₂ 温度具有很大的影响，进水温度越低，气体冷却器出口的 CO₂ 温度一般也随之降低。在一次直接加热模式中，进水温度为自来水温度，通常低于 CO₂ 的临界温度。因此，在 CO₂ 热泵热水器运行时经常会遇到进水温度较低的工况，同时也是气体冷却器出口温度较低的工况，在此情况下的最优排气压力研究对工程实践具有重要意义。根据 2.3.1 小节的内容可知，基于超临界 CO₂ 物性对最优排气压力的解释在气体冷却器出口温度较低时无效。但是，低进水温度条件下的实验结果显示，此时同样存在最优排气压力[14]，因此需要进一步分析最优排气压力的存在机理。

传热过程的夹点被定义为换热工质之间存在最小换热温差的位置。当制冷剂的焓随着温度的变化呈现非线性变化时，如非共沸混合物制冷剂，常常可以在冷凝或者蒸发过程中发现传热夹点现象。对于 CO₂ 热泵热水器气体冷却器中的 CO₂ 而言，其定压比热容是非单调变化的。图 2-14 为一定压力下超临界 CO₂ 定压比热容随温度的变化情况。在一定压力下，随着温度的升高，CO₂ 的定压比热容先增大后减小，存在最大值。因此，在气体冷却器中的 CO_2 温度变化是非线性的。当 CO_2 的定压比热容小于水的定压比热容时，CO_2 温度变化比水温变化快；反之，当 CO_2 的定压比热容大于水的定压比热容时，CO_2 的温度变化比水温变化慢。所以，在 CO_2 气体冷却器中，传热夹点的存在是不可避免的。

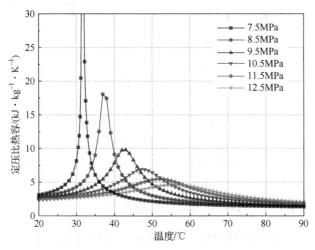

图2-14　一定压力下超临界 CO_2 定压比热容随温度的变化情况

图2-15为逆流式 CO_2 气体冷却器内换热过程示意图，其展示了在特定水侧温度下可能存在于逆流式的 CO_2 气体冷却器内的典型换热区段[14]。在换热过程中，CO_2 定压比热容从气体冷却器进口开始逐渐升高到最大值，之后又逐渐降低。因此，图2-15曲线中的 CO_2 放热冷却的温度变化过程显示出了明显的非线性，基于水和 CO_2 之间定压比热容的不同关系，可以将换热过程分为几个不同的区段。

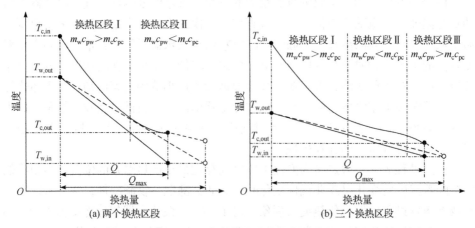

图2-15　逆流式 CO_2 气体冷却器内换热过程示意图[14]

m_w-水的质量；c_{pw}-水的定压比热容；m_c-CO_2的质量；c_{pc}-CO_2的定压比热容；Q_{max}-最大的理论换热量

当气体冷却器的出水温度非常高或者进水温度较高时，只有换热区段 I 存在。此时，水的定压比热容始终大于 CO_2 的定压比热容。在这种情况下，CO_2 的出口温度可能没有达到假临界区，传热夹点可能位于换热过程的热端或者冷端，即既有可能位于气体冷却器的出水端，也可能位于进水端。随着出水温度逐渐降低，换热区段 I 和换热区段 II 都会出现。如图 2-15(a)所示。在这种情况下，CO_2 的定压比热容从小于水的定压比热容变为大于水的定压比热容。此时，传热夹点位于气体冷却器的内部。当水和 CO_2 的温度变化曲线相切时，传热过程存在一个最大的理论换热量 Q_{max}，如图 2-15(a)中的虚线所示。此时，限制换热的因素就是气体冷却器内部存在的传热夹点。当出水温度进一步降低，如图 2-15(b)所示，换热区段 III 出现，在该段中 CO_2 的定压比热容再一次小于水的定压比热容。在这个情况下，传热夹点移动到了换热的冷端。

图 2-16 为气体冷却器内可能存在的夹点位置。在换热过程中，夹点 1、2、3 分别位于换热过程的热端、中段和冷端。传热夹点位置的温差由换热器的换热效率决定，在理想情况下，当气体冷却器的换热器效率为 1 时，夹点温差为 0K。可以看到，当传热夹点位于气体冷却器的冷端时，气体冷却器出口温度最低。在 CO_2 热泵循环中，CO_2 在气体冷却器出口温度对系统性能有很大影响。一般来说，气体冷却器出口温度越低，性能越好。由于传热夹点的存在，在一定压力下气体冷却器出口温度无法降低到接近进水的温度。此时，为了提高系统性能 COP，就需要继续提高排气压力以减小超临界 CO_2 的定压比热容变化程度和削弱 CO_2 温度曲线的非线性，同时提高排气温度，避免传热夹点位于换热器的中段，因此存在最优排气压力。

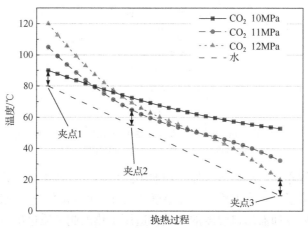

图 2-16　气体冷却器内可能存在的夹点位置

在跨临界 CO_2 热力循环中，CO_2 在气体冷却器出口的温度对系统性能有很大影响。一般来说，气体冷却器出口温度越低，性能越好。从图 2-16 可以看出，由于夹点的存在，在一定压力下气体冷却器出口温度无法降低到接近进水的温度。此时，为了提高系统 COP，就需要继续提高排气压力，同时提高排气温度，避免传热夹点位于换热器的中段，因此存在最优排气压力。

图 2-17 展示了蒸发温度 0℃，进水温度 10℃，出水温度 70℃的工况下，跨临界 CO₂ 热力循环考虑传热夹点和固定气体冷却器出口温度时性能 COP 的变化情况。为了更好地体现传热夹点对系统性能的影响，在图中同时以虚线展示了固定气体冷却器出口温度下的结果，气体冷却器出口温度高于进水温度 4℃。可以看出，当考虑固定气体冷却器出口温度时，随着排气压力的升高，制热量逐渐下降，功率逐渐升高，COP 逐渐下降。观察考虑传热夹点之后的结果可以看出，随着排气压力的升高，系统的功率仍然线性升高，但是制热量变为先快速升高，之后缓慢下降。COP 随着排气压力先升高后降低的现象说明，受传热夹点的影响，最优排气压力在低进水温度工况下存在。传热夹点的作用机理主要是影响气体冷却器出口温度向进水温度的逼近，并在进水温度较低时影响显著，后文将进行详细讨论。

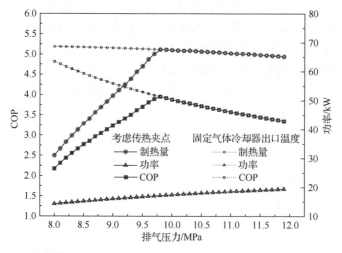

图 2-17　考虑传热夹点和固定气体冷却器出口温度时性能 COP 的变化情况
蒸发温度 0℃，进水温度 10℃，出水温度 70℃

　　根据本节的介绍，将逆流气体冷却器中的传热夹点考虑到跨临界CO₂热力循环系统中，解决了低进水温度下存在最优排气压力的问题。总的来说，在理论分析中，固定气体冷却器出口温度的假设，适用于热汇侧工质进出口温差较小的情况，如CO₂制冷系统和冷风机。在气体冷却器中热汇侧工质进口温度低且进出口温度变化较大的情况，如热水器和热风机等场合，则需要考虑气体冷却器中的传热过程才可以更大程度地对最优排气压力进行分析和研究。

2.4　CO₂ 热力循环的最优排气压力和性能的影响因素

在讨论了最优排气压力的存在机理之后，本节对 CO₂ 热力循环中各个参数对于 CO₂ 在亚临界和跨临界循环运行下的最优排气压力和 COP 的影响规律进行了研究。本节分别讨论固定气体冷却器/冷凝器出口温度和考虑传热夹点下的最优排气压力的情况。

2.4.1　固定气体冷却器/冷凝器出口温度工况

2.4.1.1　气体冷却器出口温度的影响

图 2-18 为不同气体冷却器出口温度下 COP 随着排气压力的变化情况。可以看出，当气体冷却器出口温度为 25℃时，排气压力从亚临界升高到超临界，COP 不断下降。当气体冷却器出口温度升高之后，COP 曲线呈现先增加后降低的趋势，即出现了一个最优排气压力。在气体冷却器出口温度为 29℃时，最优排气压力为 7.16MPa，低于 CO₂ 的临界压力；当气体冷却器出口温度为 33℃和 37℃时，最优排气压力分别为 8.21MPa 和 9.29MPa，高于 CO₂ 的临界压力。最优排气压力随着气体冷却器出口温度的增加而升高。此外，也可以看出，系统 COP 随着气体冷却器出口温度的升高而逐渐降低。

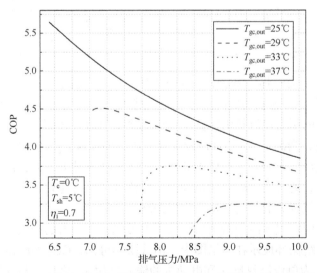

图 2-18　不同气体冷却器出口温度下 COP 随着排气压力的变化

T_e-蒸发温度；T_{sh}-过热度

图 2-19 详细展示了不同气体冷却器出口温度下最优排气压力和扩展饱和压力的变化情况。图 2-19 中 P_{sat} 表示根据 Shao 和 Zhang[15]所提出的方法,将亚临界下的蒸发温度所对应的饱和压力和超临界下的假临界温度所对应的压力结合在一起之后,所得出的扩展饱和压力,在计算中,将扩展饱和压力作为排气压力迭代的最小值,计算式表达为

$$\ln P_{sat} = 16.3253 - \frac{6537.26}{T + 512.713} \tag{2-16}$$

式中,T —— CO_2 饱和温度或假临界温度,℃;

P_{sat} —— 扩展饱和压力。

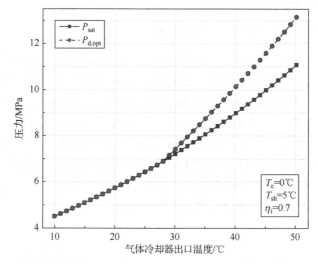

图 2-19 不同气体冷却器出口温度下的最优排气压力和扩展饱和压力的变化情况

可以看出,当气体冷却器出口温度较低时,扩展饱和压力和最优排气压力 $P_{d,opt}$ 的曲线重合,这表明此时不存在最优排气压力。为了优化系统性能,应尽可能使高压侧的压力接近热汇侧温度对应的冷凝压力。然而,随着气体冷却器出口温度的升高,当高于 28℃时,最优排气压力曲线和扩展饱和压力曲线开始分离,而且最优排气压力高于扩展饱和压力的幅度越来越大。尤其值得注意的是,在两条曲线刚分离时的一段温度范围内,最优排气压力还处于亚临界压力状态,这说明最优排气压力的优化是从亚临界循环开始的。

为了分析固定气体冷却器出口温度下的最优排气压力的产生机理,将不同排气压力下的系统循环展示在压焓图中。由式(2-9)可知,CO_2 实际循环的性能系数 COP 可以定义为单位制热量 q_r 和电动机的输入比功 w_{eL} 之比,与气体冷却器和压缩机的进出口焓差之间的关系表达为式(2-17):

$$\text{COP} = \frac{q_r}{w_{eL}} = \frac{h_{gc,in} - h_{gc,out}}{\dfrac{w_i}{\eta_m \eta_{m0}}} = \frac{h_{gc,in} - h_{gc,out}}{h_{comp,out} - h_{comp,in}} \eta_m \eta_{m0} \tag{2-17}$$

式中，q_r —— 气体冷却器的单位制热量，$kJ \cdot kg^{-1}$；

$\quad\quad w_{eL}$ —— 压缩机电动机的输入比功，$kJ \cdot kg^{-1}$；

$\quad\quad h_{gc,in}$ —— 气体冷却器进口 CO_2 焓，$kJ \cdot kg^{-1}$；

$\quad\quad h_{gc,out}$ —— 气体冷却器出口 CO_2 焓，$kJ \cdot kg^{-1}$；

$\quad\quad h_{comp,out}$ —— 压缩机出口 CO_2 焓，$kJ \cdot kg^{-1}$；

$\quad\quad h_{comp,in}$ —— 压缩机进口 CO_2 焓，$kJ \cdot kg^{-1}$；

$\quad\quad \eta_m$ —— 压缩机的机械效率；

$\quad\quad \eta_{m0}$ —— 电动机效率。

图 2-20 为压焓图中气体冷却器出口温度 21℃时不同压力下的系统循环，当排气压力升高时，单位制热量和指示比功都呈现相应增大的趋势。此时，更新的性能系数 COP_{new} 可以基于压焓图中的示意表示为式(2-18)：

$$\text{COP}_{new} = \frac{q_{r,new}}{w_{eL,new}} = \frac{q_r + \Delta q + \Delta w}{\dfrac{w_i + \Delta w}{\eta_m \eta_{m0}}} = \frac{q_r + \Delta q + \Delta w}{w_i + \Delta w} \eta_m \eta_{m0} \tag{2-18}$$

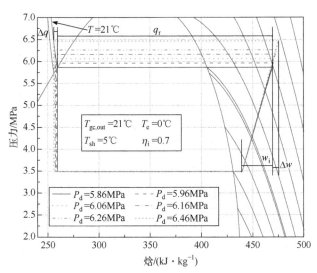

图 2-20　压焓图中气体冷却器出口温度 21℃时不同压力下的系统循环

P_d-排气压力

从数学角度来看，若想要使得排气压力升高之后的系统性能系数 COP_{new} 大于排气压力升高之前的系统性能系数 COP，即 $\text{COP}_{new} > \text{COP}$ 成立，则需要满足

不等式(2-19):

$$\frac{\Delta q + \Delta w}{\Delta w} > \frac{q_{\mathrm{r}}}{w_{\mathrm{i}}} \tag{2-19}$$

如图 2-20 所示，超临界 CO_2 的等温线在气体冷却器出口温度为 21℃时接近线性变化，气体冷却器出口的 CO_2 焓随着排气压力升高的变化很小。因此，比换热量增量 Δq 很小，同时因为低气体冷却器出口温度下的 COP 较大，不等式(2-19)无法满足，导致 $COP_{new} \leqslant COP$，即低气体冷却器出口温度下，随着排气压力的升高，系统 COP 降低，符合图 2-19。

图 2-21 和图 2-22 分别为气体冷却器出口温度为 29℃和 37℃时不同压力下的系统循环。与上述讨论类似，排气压力对于 COP 的影响取决于不等式(2-19)的结果。可以看出，随着排气压力的逐渐提升，气体冷却器出口 CO_2 的焓一开始的变化比较明显，这是因为此时等温线存在非线性，而且这种非线性在 37℃时更加明显。此时，叠加上本身循环 COP 较低这个因素，不等式(2-19)成立，因此排气压力的升高会改善系统的 COP。但是，当排气压力进一步提高之后，已获得改善提高的 COP 和减小的 Δq 使得不等式(2-19)不成立，这导致了 COP 衰减。气体冷却器出口温度为 29℃时，等温线焓在亚临界压力下变化比较明显，因此此时最优排气压力为亚临界压力。

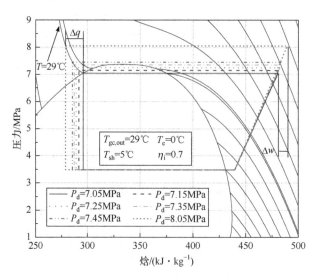

图 2-21　压焓图中气体冷却器出口温度 29℃时不同压力下的系统循环

2.4.1.2　蒸发温度的影响

在充分理解固定气体冷却器出口温度下最优排气压力的形成及其原理之后，

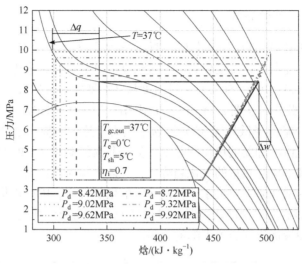

图 2-22　压焓图中气体冷却器出口温度 37℃时不同压力下的系统循环

进一步分析了其他参数对最优排气压力($P_{d,opt}$)和最优 COP(COP_{opt})的影响。

图 2-23 为不同蒸发温度下的最优排气压力和最优 COP 情况。随着蒸发温度的升高，最优排气压力会略微降低。当气体冷却器出口温度为 50℃时，蒸发温度从−10℃升高到 5℃，最优排气压力降低了 0.66MPa。根据之前对最优排气压力机理的分析，蒸发温度升高时最优排气压力降低是因为蒸发温度升高提高了系统的 COP。为了满足比制热量增量大于比功增量的需求，就需要更显著的气体冷却器出口焓差，而这将发生在更低的压力下。从图 2-23(b)中可以看出，蒸发温度的升高会提高最优 COP，而这种提升在气体冷却器出口温度较低时更为显著，因为此时蒸发温度的升高对降低系统功率的效果更加明显。

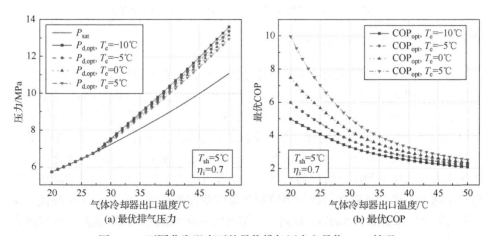

图 2-23　不同蒸发温度下的最优排气压力和最优 COP 情况

2.4.1.3　过热度的影响

图 2-24(a)和(b)分别为不同过热度对最优排气压力和最优 COP 的影响。可以看出,当气体冷却器出口温度较高时,过热度的升高会导致最优排气压力降低。当气体冷却器出口温度为 50℃时,过热度从 0℃增加到 15℃,最优排气压力降低了 0.57MPa。此外,从图 2-24(b)中可以看出,当气体冷却器出口温度较低时,过热度的增大会略微降低最优 COP。这是因为过热度的提高会同时增加压缩机的指示比功和气体冷却器的单位制热量,但是其最终对于 COP 的改善情况,取决于指示比功和单位制热量的变化趋势。在气体冷却器出口温度低时,亚临界循环下指示比功的增加幅度要大于单位制热量的增加幅度,因此最优 COP 有所下降。在气体冷却器出口温度较高时,过热度的升高则会提升最优 COP,这也是过热度升高会使最优排气压力下降的原因。

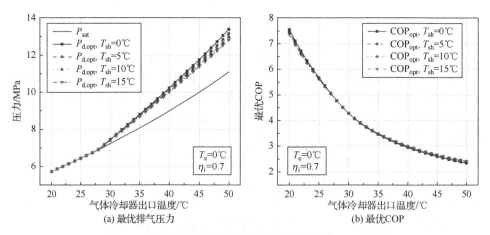

图 2-24　不同过热度下的最优排气压力和最优 COP 情况

2.4.1.4　压缩机指示效率的影响

为了研究压缩机指示效率对系统性能的影响,计算中设定了不同的指示效率进行对比。图 2-25 展示了压缩机指示效率对最优排气压力和最优 COP 的影响。可以看到,压缩机指示效率的提高对于最优排气压力基本没有影响,但使最优 COP 随之升高。与蒸发温度和过热度不同,压缩机指示效率对于最优 COP 的改善并没有引起最优排气压力的显著变化,其原因是压缩机指示效率的变化影响了排气压力增加带来的压缩机比功增量 Δw 的提升幅度。压缩机指示效率越高,比功增量越小,这对气体冷却器的单位制热量的变化率造成了影响,并最终使得排气压力提升带来的 $(\Delta q + \Delta w)/\Delta w$ 提高。压缩机指示效率提高,COP 提高,排气压力提升带来的 $(\Delta q + \Delta w)/\Delta w$ 也提高,并最终使得最优排气压力变化不大。

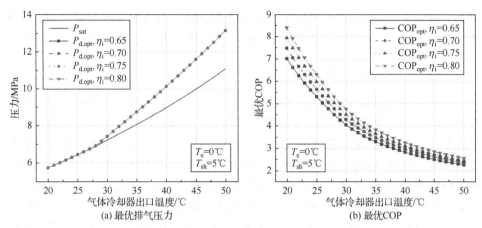

图 2-25　不同压缩机指示效率下的最优排气压力和最优 COP 情况

2.4.1.5　回热器效率的影响

在之前的参数分析中，主要探讨了无回热器的情况。图 2-26 展示了回热器效率对于最优排气压力和最优 COP 的影响。总的来说，回热器效率的影响和过热度的影响趋势很相似，随着回热器效率的增大，最优排气压力会有所下降。在气体冷却器出口温度为 50℃时，回热器效率从 0 增加到 0.6，最优排气压力降低了 0.74MPa。类似地，回热器效率的增加在气体冷却器出口温度较低时，略微使最优 COP 下降，而在气体冷却器出口温度较高时，则使得最优 COP 增加。

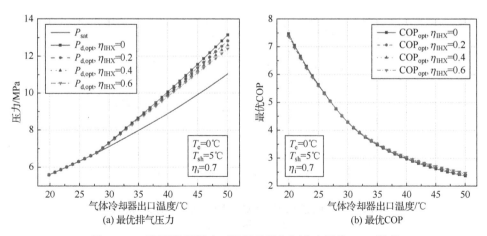

图 2-26　不同回热器效率下的最优排气压力和最优 COP 情况

2.4.2　考虑传热夹点的实际换热工况

本节在 2.2 节所建立的考虑气体冷却器传热夹点的 CO_2 热力循环理论模型的基

础上，研究了不同参数对最优排气压力和最优 COP 的影响情况，分析了不同参数相应影响的原因，进一步丰富了对于 CO_2 热力循环最优排气压力的理解和认识。

2.4.2.1　进水温度的影响

在 CO_2 热力循环应用于热泵热水器时，进水温度 $T_{w,in}$ 对于系统的性能具有显著的影响。为了更直观地展示这种影响，图 2-27 为在不同进水温度下，CO_2 热泵热水器热力循环的 COP 随着排气压力的变化情况。如图 2-27 所示，随着进水温度的升高，COP 逐渐降低。最优排气压力随着进水温度的升高而增大，而最优排气压力下的 COP 则随着进水温度的升高而降低。相比进水温度为 21℃时，进水温度升高到 33℃时，最优排气压力增加了 0.43MPa，而最优 COP 下降了 0.68，降幅达到 18.0%。在每个工况下的 COP 曲线都可以基于最优点分为两段：最优点左侧的 COP 改善段和右侧的 COP 衰减段。可以发现，在所有曲线中，随着排气压力的增加，COP 改善段上的 COP 的增长速度要高于衰减段上 COP 的降低速度。同时，随着进水温度的升高，衰减段的降低速度逐渐减慢。因此，进水温度越高，最优点附近的 COP 越接近最大值，这意味着此时的性能优化更易实现，排气压力的控制误差范围可以更大。

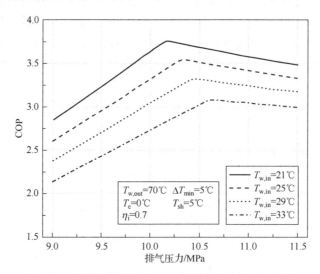

图 2-27　不同进水温度下 COP 随排气压力的变化情况

ΔT_{min}-传热夹点温差

图 2-28 为不同进水温度下的最小排气压力和最优排气压力变化情况，其展示了随着进水温度的变化最优排气压力和最小排气压力的变化情况。为了更好地说明引入气体冷却器中传热夹点对结果的影响，图中还展示了固定气体冷却器出口温度时的结果，气体冷却器出口温度的取值为进水温度加上传热夹点温差

(5℃)。为了实现一定的出水温度，基于换热过程的匹配，排气温度就必须高于气体冷却器出水温度。因此，排气压力需要相应提高以提供足够的排气温度。在特定工况下，过低的排气压力将无法达到所需的出水温度。在理论模型计算时，排气压力是从扩展饱和压力开始逐渐增大的，图 2-28 中的 $P_{d,min}$ 表示满足足够排气温度的最低排气压力和扩展饱和压力两者中较大的值，指出了计算时开始增大的最小排气压力。从图 2-28 可以发现，最小排气压力 $P_{d,min}$ 在进水温度较高时与扩展饱和压力完全重合，而在进水温度较低时，要明显高于扩展饱和压力，而且此时最小排气压力基本保持不变。

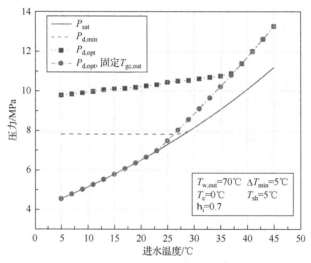

图 2-28　不同进水温度下的最小排气压力和最优排气压力变化情况

通过对比固定气体冷却器出口温度和考虑传热夹点时的最优排气压力，可以发现考虑传热夹点后，最优排气压力始终高于最小排气压力，并随着进水温度的升高而不断增大。在进水温度较低时，最优排气压力的增长趋势相对平缓，当进水温度高于 35℃后，两种最优排气压力以更快的增长速度互相重合。这是因为在进水温度较低时，水侧的温升较大，传热夹点对于气体冷却器的制热能力产生了较大影响。当进水温度较高时，水侧温升减小，传热夹点更易移动到冷端附近。此时，超临界 CO₂ 的物性对于气体冷却器的制热量和最优排气压力起到决定性作用。

图 2-29 为进水温度为 15℃时不同排气压力下 CO₂ 热泵热水器热力循环的压焓图和温熵图。可以看到，随着排气压力的升高，气体冷却器出口的温度和焓在初期显著降低，而后温度稳定在 20℃，等温线接近线性垂直，焓差不大。排气压力上升初期的气体冷却器出口焓的快速减小正是此时 COP 增大的原因。从温熵图中可以看出，在气体冷却器出口焓差明显的压力(9.11MPa、9.41MPa 和

9.71MPa)下，传热夹点位于换热过程的中部，这限制了 CO_2 的放热，使得气体冷却器出口温度无法冷却到接近进水温度。当排气压力继续升高之后，传热夹点都位于了冷端，此时气体冷却器出口温度最为接近进水温度，且无法进一步降低，这导致气体冷却器的比换热量无法继续显著增大。

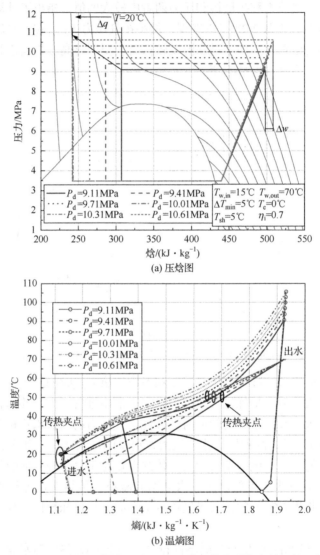

(a) 压焓图

(b) 温熵图

图 2-29　进水温度为 15℃时不同排气压力下 CO_2 热泵热水器热力循环的压焓图和温熵图

图 2-30 为进水温度为 35℃时不同排气压力下 CO_2 热泵热水器热力循环的压焓图和温熵图。可以看到，与进水温度为 15℃时的情况类似，当排气压力初步上升时，气体冷却器出口焓迅速减小，而当排气压力继续增加时，出口焓的变化

较小。然而，从温熵图中可以看出，传热夹点最初位于换热过程的中部，随着排气压力的上升，夹点移至冷端。与进水温度 15℃的情况不同的是，排气压力上升过程中，气体冷却器出口温度变化并不大，此时焓差主要是因为超临界 CO_2 物性的变化。结合上述结果可以得出，传热夹点对于低进水温度下的最优排气压力起到主要作用，而超临界 CO_2 的特性则在高进水温度下产生显著的影响。

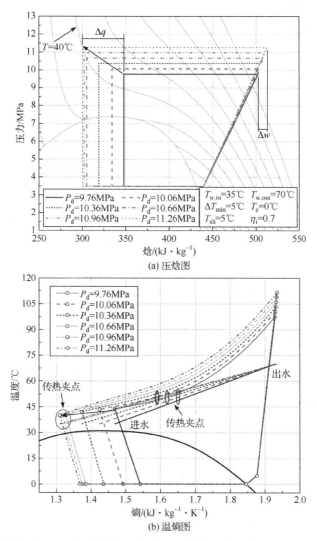

图 2-30 进水温度为 35℃时不同排气压力下 CO_2 热泵热水器热力循环的压焓图和温熵图

2.4.2.2 出水温度的影响

在 CO_2 热泵热水器热力循环中，出水侧与气体冷却器的进口侧(压缩机的排气侧)直接换热，因此对气体冷却器中的换热过程产生重大影响，进而会影响整个系统的性能。图 2-31 展示了不同出水温度下的最小排气压力、最优排气压力和最优 COP 的情况。可以看出，当进水温度较低时，随着出水温度的升高，最小排气压力和最优排气压力都不断增加。在出水温度一开始仅为 30℃时，最优排

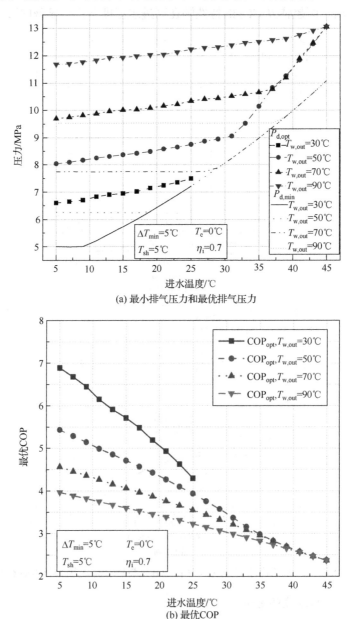

(a) 最小排气压力和最优排气压力

(b) 最优COP

图 2-31　不同出水温度下最小排气压力、最优排气压力和最优 COP 的情况

气压力初期还处于亚临界状态。当进水温度较高时，不同出水温度下的最小排气压力和最优排气压力会相互重合。这表明，出水温度对于 CO_2 热泵热水器热力循环的最优排气压力影响主要在低进水温度(水侧温升较大的工况)下发挥作用。在较高进水温度的工况下，为了达到最优工况，在排气压力从最小排气压力(此时也为扩展饱和压力)的提升过程中，排气温度较高，足以满足换热的需要。此时，最优排气压力是由超临界 CO_2 的物性决定的。此外，从最优 COP 方面来看，出水温度的升高会使得最优 COP 在进水温度较低时显著地下降，这是因为更高的出水温度提升了最优排气压力，并增大了压缩机的功率。当进水温度较高时，不同出水温度下的最优 COP 则完全一致，这是因为此时最优排气压力完全一致。

图 2-32 为不同进水温度和出水温度下的最优排气压力，从图中可以看出，进水温度和出水温度对于最优排气压力起到了显著的影响作用。在较低的进水温度和出水温度的情况下，最优排气压力可以为亚临界压力，最优循环为亚临界循环；在较高的进出水温度条件下，最优排气压力则为超临界压力，此时的循环为跨临界循环。图 2-32 清楚地展示 CO_2 热泵热水器运行于亚临界循环和跨临界循环的分界情况，图中的白色部分为进水温度和出水温度之间的温差小于 $5℃$ 而不予计算的区域。可以看出，随着进水温度和出水温度的升高，最优排气压力不断增加，而且存在一个分界线。当进出水温度对应区域的坐标在分界线之下时，CO_2 的最优运行模式为亚临界循环。图 2-32 中，该分界线的表达式为式(2-20):

$$T_{w,out} = -0.4964 T_{w,in} + 44.449 \tag{2-20}$$

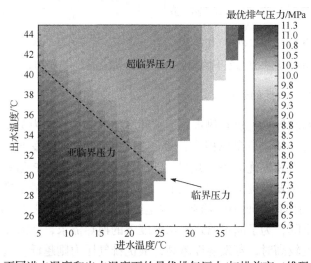

图 2-32　不同进水温度和出水温度下的最优排气压力(扫描前言二维码查看彩图)

2.4.2.3 传热夹点温差的影响

气体冷却器中传热夹点温差$\Delta T_{\min}$取决于换热器的换热面积或换热器效率，换热器效率越高，传热夹点温差越小。理论上，当换热面积无限大或换热器效率为 1 时，传热夹点温差为 0。图 2-33 展示了不同传热夹点温差下的最小排气压力、最优排气压力和最优 COP 的情况。传热夹点温差增加，最小排气压力和最优排气压力都随之增加，最优 COP 则随之减小。在达到最优排气压力对应的工况时，气体冷却器放热过程的传热夹点已经处于冷端位置。传热夹点温差越大，在相同的进水温度下，会导致气体冷却器出口温度越高，这使得在高进水温度下的最优排气压力相应增加。在低进水温度的情况下，最优排气压力的增加则是因为传热夹点温差的增大会强化其对于传热过程的限制作用，因此需要更高的排气压力才可以让传热夹点移动到冷端，达到性能的优化。

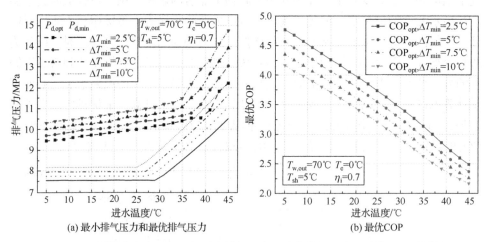

(a) 最小排气压力和最优排气压力　　　　(b) 最优COP

图 2-33　不同传热夹点温差下的最小排气压力、最优排气压力和最优 COP 的情况

2.4.2.4 蒸发温度的影响

在空气源跨临界CO₂热泵热水器中，环境空气作为热源为蒸发器提供热量，因此蒸发温度与环境温度息息相关。图 2-34 展示了不同蒸发温度下最小排气压力、最优排气压力和最优 COP 的情况。可以看到，最优 COP 随着蒸发温度的上升明显提高。在蒸发温度上升的情况下，进水温度较低时，最小排气压力和最优排气压力都呈现出逐渐增加的趋势。这是因为蒸发温度上升会使压缩机压比下降，排气温度下降，为了满足给定出水温度下的换热需求，就需要更高的排气压力。当进水温度较高时，蒸发温度越高，最优排气压力则越低，这和固定气体冷却器出口温度时的结果一致，此时蒸发温度提升、COP 的改善使得更低压力下等温线上出现更明显的焓差，才能对性能进行优化。

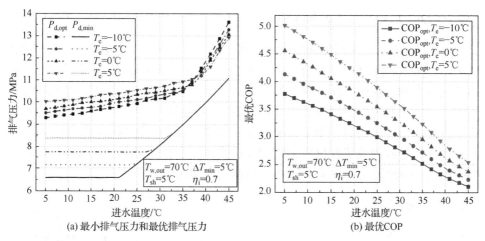

(a) 最小排气压力和最优排气压力　　　　　　(b) 最优COP

图 2-34　不同蒸发温度下的最小排气压力、最优排气压力和最优 COP 的情况

2.4.2.5　过热度的影响

图 2-35 展示了不同过热度下最小排气压力、最优排气压力和最优 COP 的情况。可以看出，随着过热度的升高，最小排气压力和最优排气压力都呈现下降趋势。此外，在过热度从 0℃升高到 5℃时，最优排气压力的下降幅度要大于过热度从 10℃提升到 15℃的情况。这意味着过热度越大，最优排气压力的减小幅度越小。过热度的提升会导致压缩机的吸气温度和排气温度升高，这有助于气体冷却器内的超临界 CO₂ 在更低的压力下完成充分的换热，并促使传热夹点移动至冷端。在最优 COP 方面，过热度的提升使得最优 COP 在任何进水温度下都略有提升，这与固定气体冷却器出口温度的情况有所不同。

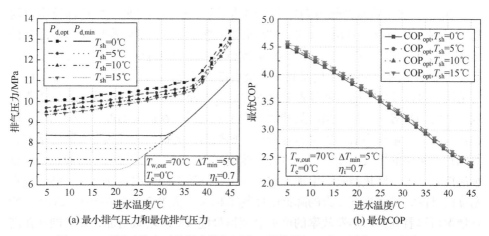

(a) 最小排气压力和最优排气压力　　　　　　(b) 最优COP

图 2-35　不同过热度下的最小排气压力、最优排气压力和最优 COP 的情况

2.4.2.6　压缩机指示效率的影响

图 2-36 展示了不同压缩机指示效率下最小排气压力、最优排气压力和最优 COP 的情况。可以发现，在进水温度较低时，随着压缩机指示效率的提高，最小排气压力和最优排气压力都有所升高。这是因为指示效率的提高会减小排气温度，这意味着需要更高的压力才可以有足够的温度来满足传热夹点向冷端移动。在进水温度较高时，指示效率对于最优排气压力的影响相对较小。虽然指示效率提升导致的最优排气压力增加会提高压比，但是其起到了减少压缩机功率的作用，因此最优 COP 都随着指示效率的增加而提高。

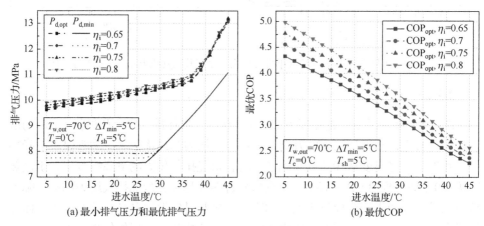

(a) 最小排气压力和最优排气压力　　　　　　(b) 最优COP

图 2-36　不同压缩机指示效率下最小排气压力、最优排气压力和最优 COP 的情况

2.4.2.7　回热器效率的影响

在 CO_2 热泵热水器热力循环中，回热器起到的作用是使气体冷却器出口的超临界制冷剂与蒸发器出口的亚临界制冷剂进行换热，得到高压侧的过冷和低压侧的过热气体。在本小节之前的参数分析中，主要探讨的是无回热器的情况。图 2-37 展示了不同回热器效率下最小排气压力、最优排气压力和最优 COP 的情况。可以发现，随着回热器效率的提高，最小排气压力和最优排气压力都呈现出下降的趋势。而且，当回热器效率大于 0 之后，在进水温度升高的初期，最小排气压力会略有降低。进水温度升高，回热器所能提供的过热度会随之增加，所以达到足够的排气温度所需的压力会相应减小。对于最优排气压力而言，在进水温度较低时，回热器效率增加导致的最优排气压力降低幅度非常小，随着进水温度的升高，最优排气压力的降低幅度越来越大。从图 2-37(b) 的最优 COP 的变化情况可以看到，回热器效率的增加会使得最优 COP 略微增加，而且同样在进水温度低时，最优 COP 的提升幅度也很小，这是因为此时回热器能发挥的过热过冷作用相对有限。

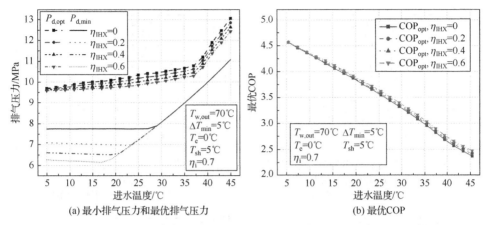

(a) 最小排气压力和最优排气压力　　　　　　(b) 最优COP

图 2-37　不同回热器效率下最小排气压力、最优排气压力和最优 COP 的情况

　　为了更直观地展示回热器在 CO_2 热泵循环中的应用及其产生的影响，图 2-38 展示了回热器效率为 0 和 0.5 时的热泵循环在温熵图中的情况。从图 2-38(a)可以观察到，排气压力为 8.5MPa 和 9.0MPa 时，CO_2 和水之间的温差先减小后增大，传热夹点大致位于曲线的中间部分。然而，当排气压力进一步增加到 10.0MPa 和 10.5MPa 时，CO_2 和水之间的温差变化更加复杂，夹点出现在了冷端。此外，虽然排气压力为 9.5MPa 时的温差在接近冷端时也有所减小，但传热夹点仍然在曲线内部。同时，气体冷却器出口温度随着排气压力的增加而降低，然后保持不变。

　　从图 2-38(b)中可以明显看出，在低排气压力下使用回热器会降低气体冷却器出口温度。例如，在排气压力为 8.5MPa 时，图 2-38(b)中的气体冷却器出口温度为 31.8℃，图 2-38(a)中的气体冷却器出口温度为 36.7℃，结合回热器的过冷作用，此时 COP 提高了 26.3%。随着排气压力的增加，气体冷却器出口温度表现出先下降后保持不变的趋势，这与未使用回热器的情况相同。采用回热器之后，降低的气体冷却器出口温度和回热器的过冷作用使得气体冷却器的进出口焓差增大，从而导致低排气压力下的 COP 提高。此外，图 2-38(b)中的排气温度随着排气压力的增加先出现波动而后增大。这是因为在气体冷却器出口温度降低的情况下，回热器的换热量受到影响，并相应地影响了压缩机吸气温度。

　　当进水温度为 40℃时，同样存在传热夹点，如图 2-38(c)所示。此时，气体冷却器出口温度的变化很小，这表明传热夹点的影响较小。比较图 2-38(c)和图 2-38(d)中的气体冷却器出口温度，可以看出使用回热器引起的变化并不明显。因此，进水温度为 40℃时回热器对最优排气压力的减小和最优 COP 的改善主要是因为过冷作用。

　　当排气压力高于最优排气压力时，传热夹点位于冷端，即气体冷却器出口温度接近进水温度。因此，可以通过使传热夹点位于冷端来实现 COP 的优化。从

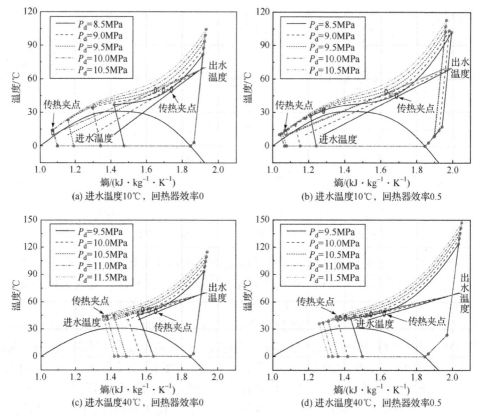

图 2-38　回热器对 CO_2 热泵热水器热力循环的影响(蒸发温度 0℃，出水温度 70℃)

图 2-38 可以看出，冷端传热夹点的获得方法有两种：①提高排气压力；②使用回热器提高排气温度。比较有无回热器的情况，可以看出在相同的排气压力下，使用回热器引起的排气温度升高，使得传热夹点移动到冷端。此外，虽然图 2-38(b) 中排气压力为 9.5MPa 时的传热夹点仍然在内部，但是与图 2-38(a) 的情况相比，气体冷却器出口的温差明显减小，表明传热夹点已有向冷端移动的趋势。

经过上述的讨论和分析可以发现，回热器对应最优排气压力的降低在进水温度较低时是因为其对蒸发器出口制冷剂的过热作用，而在进水温度较高时，回热器对应最优排气压力的降低则是因为其对气体冷却器出口的过冷作用。图 2-39 展示了回热器导致的最优排气压力降低值随着进水温度的变化情况。ΔP_{opt} 表示使用回热器导致的最优排气压力降低值。由于回热器的应用提高了排气温度，使得在较低的排气压力下可以获得位于冷端的传热夹点。因此，回热器的效率越高，其提升的排气温度越多时，最优排气压力降低值越大。虽然在不同的工况下变化趋势略有不同，但是随着进水温度的升高，回热器导致的最优排气压力的降低值都在不断增加。这是因为更大的进水温度可以得到更大的气体冷却器出口和蒸发器出口的换热温差，使得回热器可以造成更大的过热度，排气温度的提升幅度更大。

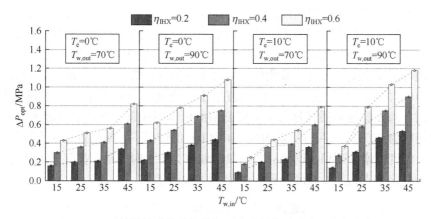

图 2-39　回热器导致的最优排气压力降低值随进水温度的变化

图 2-40 为回热器导致的最优排气压力降低值随着出水温度的变化情况图。从图中可以看出，出水温度越高，回热器导致的最优排气压力降低值越大。这是因为随着出水温度的增加，需要更高的排气温度来满足气体冷却器中的换热。因此，当出水温度较高时，回热器带来的排气温度升高可以产生更大的影响，使最优排气压力降低更多。此外，可以看到，当蒸发温度为 10℃，进水温度为 15℃时，其最优排气压力的降低值明显小于其他工况条件，这是因为在这种情况下，蒸发温度较高而气体冷却器出口温度较低，两者之间的温差较小。

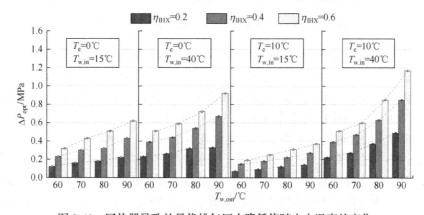

图 2-40　回热器导致的最优排气压力降低值随出水温度的变化

图 2-41 展示了回热器导致的最优排气压力降低值随蒸发温度的变化情况。一方面，蒸发温度升高，排气温度随之降低。因此，当蒸发温度较高时，需要提高排气压力以提升排气温度，保证传热温差。此时，由于蒸发温度的升高和排气

温度的降低，回热器效率增高，排气温度可以满足气体冷却器中的换热需求，这意味着此时回热器可以使最优排气压力降低值更大。另一方面，蒸发温度的增加又会减少回热器中的过热。因此，回热器提升的排气温度幅度相应减弱，这又使得回热器导致的最优排气压力降低值趋于减小。在这两方面的综合作用下，蒸发温度对于回热器导致的最优排气压力降低值的影响是复杂的。进水温度为 15℃ 时，随着蒸发温度的升高，最优排气压力降低值首先略有变化，随着蒸发温度升高到 10℃ 之后，最优排气压力降低值减小。当进水温度为 40℃，出水温度为 70℃ 时，蒸发温度对最优排气压力降低值的影响不显著。当进水温度为 40℃，出水温度为 90℃ 时，回热器效率为 0.4 和 0.6 的情况下，最优排气压力降低值随着蒸发温度的增加而稳步增加；当回热器效率为 0.2 时，最优排气压力降低值没有显著变化，直到蒸发温度升到 10℃ 之后才显著增加。

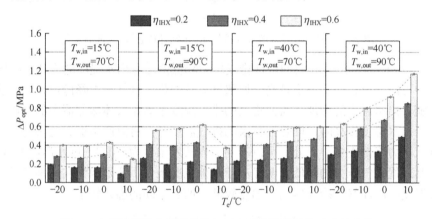

图 2-41　回热器导致的最优排气压力降低值随蒸发温度的变化

综合分析图 2-39、图 2-40 和图 2-41，在多种工况条件下(蒸发温度 -20～10℃，进水温度 15～45℃，出水温度 60～90℃，回热器效率 0.2～0.6)，当回热器效率为 0.2 时，最优排气压力降低值的变化范围是 0.07～0.53MPa；当回热器效率为 0.4 时，最优排气压力降低值的变化范围是 0.15～0.90MPa；当回热器效率为 0.6 时，最优排气压力降低值的变化范围是 0.19～1.18MPa。

通过本节的研究发现，进水温度、出水温度是影响最优排气压力最主要的因素。同时，传热夹点温差、蒸发温度、过热度、压缩机指示效率和回热器效率也对最优排气压力具有不同程度的影响。图 2-32 中区分 CO_2 热泵热水器热力循环的最优排气压力是处于亚临界压力区还是超临界也会受到这些参数的影响。综合本节的计算结果，并考虑上述参数，拟合的分界线关联式表示为式(2-21)：

$$T_{w,out} = -0.551T_{w,in} - 1.522\Delta T_{min} - 0.075T_e + 0.163T_{sh}$$
$$- 0.465\eta_i + 0.748\eta_{IHX} + 50.822 \tag{2-21}$$

式中，$T_{w,out}$ —— 出水温度，℃；

$\quad\quad T_{w,in}$ —— 进水温度，℃；

$\quad\quad \Delta T_{min}$ —— 传热夹点温差，℃；

$\quad\quad T_e$ —— 蒸发温度，℃；

$\quad\quad T_{sh}$ —— 过热度，℃；

$\quad\quad \eta_i$ —— 压缩机指示效率；

$\quad\quad \eta_{IHX}$ —— 回热器效率。

参 考 文 献

[1] WELLS S L, DESIMONE J. CO_2 technology platform: An important tool for environmental problem solving[J]. Angewandte Chemie International Edition, 2001, 40(3): 518-527.

[2] 王铁. CO_2 制冷剂的特性与应用[J]. 日用电器, 2021(7): 128-131.

[3] BANSAL P. A review-Status of CO_2 as a low temperature refrigerant: Fundamentals and R&D opportunities[J]. Applied Thermal Engineering, 2012, 41: 18-29.

[4] LI P, CHEN J, NORRIS S. Review of flow condensation of CO_2 as a refrigerant[J]. International Journal of Refrigeration, 2016, 72: 53-73.

[5] KIM M H, PETTERSEN J, BULLARD C W. Fundamental process and system design issues in CO_2 vapor compression systems[J]. Progress in Energy and Combustion Science, 2004, 30(2): 119-174.

[6] CHO H, RYU C, KIM Y, et al. Effects of refrigerant charge amount on the performance of a transcritical CO_2 heat pump[J]. International Journal of Refrigeration, 2005, 28(8): 1266-1273.

[7] CICONKOV R. Refrigerants: There is still no vision for sustainable solutions[J]. International Journal of Refrigeration, 2018, 86: 441-448.

[8] KAUF F. Determination of the optimum high pressure for transcritical CO_2-refrigeration cycles[J]. International Journal of Thermal Sciences, 1999, 38(4): 325-330.

[9] LI X, LI G, YU W, et al. Thermal effects of liquid/supercritical carbon dioxide arising from fluid expansion in fracturing[J]. SPE Journal, 2018, 23(6): 2026-2040.

[10] SAWALHA S. Safety of CO_2 in large refrigeration systems[R]//Natural Refrigerants: Sustainable Ozone- and Climate-Friendly Alternatives to HCFCs. Stockholm: Royal Institute of Technology, 2008.

[11] ALBA C G, ALKHATIB I I I, LLOVELL F, et al. Hunting sustainable refrigerants fulfilling technical, environmental, safety and economic requirements [J]. Renewable and Sustainable Energy Reviews , 2023,188: 113806.

[12] DILSHAD S, KALAIR A R. Review of carbon dioxide (CO_2) based heating and cooling technologies: Past, present, and future outlook[J]. International Journal of Energy Research, 2020, 44(3): 1408-1463.

[13] 叶祖樑. 基于螺旋凹槽套管式换热器的跨临界二氧化碳热泵系统热力性能研究[D]. 西安: 西安交通大学, 2022.

[14] CHEN Y. Optimal heat rejection pressure of CO_2 heat pump water heaters based on pinch point analysis[J]. International Journal of Refrigeration, 2019, 106: 592-603.

[15] SHAO L, ZHANG C. Thermodynamic transition from subcritical to transcritical CO_2 cycle[J]. International Journal of Refrigeration, 2016, 64: 123-129.

第 3 章　跨临界 CO_2 热力循环系统设计理论

本章旨在阐述跨临界 CO_2 热力循环中各系统部件，包括 CO_2 往复压缩机、气体冷却器、蒸发器、回热器、电子膨胀阀和气液分离器的基本工作原理、部件设计计算模型及系统仿真方法。

3.1　CO_2 往复压缩机

往复压缩机是一种在工业领域广泛使用的容积式压缩机，它具有广泛的应用范围和高压力适应能力，尤其适用于高压和低温环境。本部分将详细探讨 CO_2 往复压缩机的数学模型，该模型包括 CO_2 往复压缩机的几何运动模型、热力过程模型、以及轴承和活塞环组的摩擦功耗模型。通过将气体的压缩热力过程模型与气阀动力模型、气体泄漏模型结合在一起，可以得出气缸内实际气体压力随曲柄转角变化的曲线关系。同时，通过求解轴承和活塞环组的摩擦功耗模型，可以得出压缩机的整体性能参数和效率。

3.1.1　几何运动模型

曲柄连杆机构是往复压缩机的基本结构单元，图 3-1 为曲柄连杆运动示意图，如图所示，活塞上止点为运动起始点。活塞位移 x_c、速度 U_c 及加速度 a 可以表示成曲柄转角 θ 的函数，表示为式(3-1)～式(3-3)：

$$x_c = \frac{S_c}{2}\left[1 - \cos\theta + \frac{\lambda_c}{4}(1 - \cos 2\theta)\right] \tag{3-1}$$

$$U_c = \frac{S_c}{2}\omega_c\left[\sin\theta + \frac{\lambda_c}{2}\sin 2\theta\right] \tag{3-2}$$

$$a = \frac{S_c}{2}\omega_c^2[\cos\theta + \lambda_c\cos 2\theta] \tag{3-3}$$

式中，S_c——压缩机行程，m；

　　　ω_c——曲柄旋转角速度，$rad \cdot s^{-1}$；

　　　λ_c——曲轴旋转半径和连杆长度比。

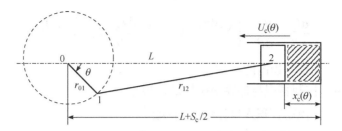

图 3-1　曲柄连杆运动示意图

r_{01}-曲柄长度；r_{12}-连杆长度；0-主轴承；1-曲柄销；2-活塞销

某一曲柄转角时，气缸内的容积 V_c 通过式(3-4)计算：

$$V_c = A_c \cdot x_c + V_{c\_0} \tag{3-4}$$

式中，V_{c_0} —— 余隙容积，m^3；

　　　A_c —— 活塞上端面面积，m^2。

余隙容积通过式(3-5)计算：

$$V_{c\_0} = \alpha_c \cdot A_c \cdot S_c \tag{3-5}$$

式中，α_c —— 相对余隙容积。

3.1.2　热力过程模型

在图 3-1 阴影所示的控制容积中，假设制冷剂气体热力学性质处处相同，忽略动能和势能。CO_2 热物性用 Span 和 Wagner[1] 提出的状态方程确定。

根据质量守恒方程，制冷剂在气缸控制容积中的质量变化可以表示为式(3-6)：

$$\frac{dm_c}{d\theta} = \sum \frac{dm_{c\_i}}{d\theta} - \sum \frac{dm_{c\_e}}{d\theta} \tag{3-6}$$

式中，m_{c_i} —— 进入气缸控制容积的质量，kg；

　　　m_{c_e} —— 离开气缸控制容积的质量，kg。

控制容积中的制冷剂比容由式(3-7)计算：

$$\frac{dv_c}{d\theta} = \frac{1}{m_c} \frac{dV_c}{d\theta} - \frac{V_c}{m_c^2} \frac{dm_c}{d\theta} \tag{3-7}$$

将式(3-4)代入式(3-7)，得

$$\frac{dv_c}{d\theta} = \frac{A_c}{m_c} \frac{dx_c}{d\theta} - \frac{A_c \cdot x_c + V_{c\_0}}{m_c^2} \frac{dm_c}{d\theta} \tag{3-8}$$

根据热力学第一定律，能量守恒方程表示为式(3-9)：

$$\frac{dI_c}{d\theta} = \frac{dQ_c}{d\theta} + \left(\sum \frac{dm_{c\_i}}{d\theta} h_{c\_i} - \sum \frac{dm_{c\_e}}{d\theta} h_{c\_e} \right) - \frac{dW_c}{d\theta} \qquad (3\text{-}9)$$

式中，I_c —— 控制容积内能，kJ；

$\quad\quad Q_c$ —— 控制容积与外界交换热量，kJ；

$\quad\quad h_{c\_i}$ —— 控制容积入口比焓，$kJ \cdot kg^{-1}$；

$\quad\quad h_{c\_e}$ —— 控制容积出口比焓，$kJ \cdot kg^{-1}$；

$\quad\quad W_c$ —— 控制容积对外做的功，kJ。

利用式(3-6)～式(3-8)，式(3-9)可以表示成控制容积内制冷剂温度计算的函数形式：

$$\frac{dT_c}{d\theta} = \frac{\left[\dfrac{m_c}{V_c}\left(\dfrac{\partial h_c}{\partial v_c}\right)_T - \left(\dfrac{\partial p_c}{\partial v_c}\right)_T \right]\left(\dfrac{1}{m_c}\dfrac{dV_c}{d\theta} - \dfrac{V_c}{m_c^2}\dfrac{dm_c}{d\theta} \right) - \dfrac{1}{V_c}\left[\sum\dfrac{dm_{c\_i}}{d\theta}\left(h_{c\_i} - h_c\right) + \dfrac{dQ_c}{d\theta} \right]}{\left(\dfrac{\partial p_c}{\partial T_c}\right)_v - \dfrac{m_c}{V_c}\left(\dfrac{\partial h_c}{\partial T_c}\right)_v}$$

$$(3\text{-}10)$$

式(3-10)为关于控制容积内制冷剂温度 T_c 的一阶微分方程，为求解该方程还需结合控制容积传热模型、阀片运动模型和泄漏模型。

3.1.2.1　传热模型

Annand [2]给出了制冷剂气体与气缸之间的换热系数。Todescat 等将该换热系数乘以了一个等于 3 的因子[3,4]，如式(3-11)所示：

$$h_{c\_heat} = 3 \times 0.7 \times \frac{k_c}{D_c}\left(\frac{\rho_c U_c D_c}{\mu_c} \right)^{0.7} \qquad (3\text{-}11)$$

式中，h_{c_heat} —— 对流换热系数，$W \cdot m^{-2} \cdot K^{-1}$；

$\quad\quad k_c$ —— 制冷剂气体导热系数，$W \cdot m^{-1} \cdot K^{-1}$；

$\quad\quad D_c$ —— 活塞直径，m；

$\quad\quad \rho_c$ —— 制冷剂气体密度，$kg \cdot m^{-3}$；

$\quad\quad \mu_c$ —— 制冷剂气体动力黏度，$Pa \cdot s$。

进而得到瞬时换热量，表示为式(3-12)：

$$\dot{Q}_c = h_{c\_heat} A_{c\_heat}\left(T_c - T_{c\_wall} \right) \qquad (3\text{-}12)$$

式中，T_{c_wall} —— 气缸壁面温度，℃；

$\quad\quad A_{c\_heat}$ —— 换热面积，m^2。

在压缩机运行过程中，尽管气缸壁面温度 T_{c_wall} 在不同的工况下可能会略有变化，但这种变化幅度较小，并且对整个压缩机性能的影响可以忽略不计。因此，可以假设气缸壁面温度基本保持恒定。需要注意的是，实际情况下，气缸壁面温度可能会在吸气温度和排气温度的算术平均值附近波动，这取决于压缩机的运行工况。

3.1.2.2　阀片运动模型

图 3-2 为吸气阀及排气阀处 CO_2 气体流动示意图。考虑气体流经气阀阀座及阀隙时间很短，忽略摩擦，因此可假设为等熵可压缩流动，则质量流量表示为式(3-13)：

$$\dot{m}_{c\_valve} = C_{c\_valve} A_{cv\_flow} \sqrt{2\rho_{high} p_{high}} \sqrt{\frac{\kappa}{\kappa-1}\left[\left(\frac{p_{low}}{p_{high}}\right)^{\frac{2}{\kappa}} - \left(\frac{p_{low}}{p_{high}}\right)^{\frac{\kappa+1}{\kappa}}\right]} \qquad (3-13)$$

式中，　C_{c_valve} —— 质量流量修正系数，吸气阀质量流量修正系数为 0.58，排气阀质量流量修正系数为 0.60；

　　　　A_{cv_flow} —— 流通面积，m^2；

　　　　κ —— 绝热指数。

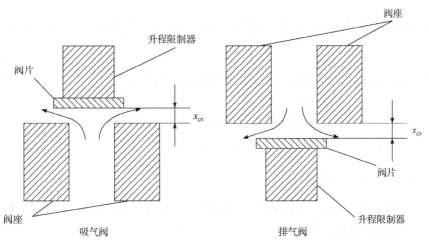

图 3-2　吸气阀及排气阀处 CO_2 气体流动示意图
x_{cv}-阀片与阀座之间的距离

气阀阀片逐渐打开时，其受力分为两种情况：压力主导和气体质量流量主导。在压力主导区域，阀片的运动主要受到气阀两侧压力差的影响，而在气体质量流量主导区域，阀片的运动主要受通流质量流量的影响。这两个区域之间存在一个过渡位置，当阀片与阀座的距离低于该过渡位置时，阀片处于压力主导区域。过渡位置可以通过式(3-14)计算得到：

$$x_{cv\_tr} = \frac{1}{4} \frac{D_{cv\_port}^2}{D_{c\_valve}} \tag{3-14}$$

式中，D_{cv_port} —— 阀孔直径，m；

　　　　D_{c_valve} —— 阀片直径，m。

在压力主导区域，气阀通流面积由 A_{c_valve} 确定：

$$A_{c\_valve} = \pi \cdot D_{c\_valve} \cdot x_{cv} \tag{3-15}$$

当阀片与阀座的距离大于该过渡位置时，为气体质量流量主导区域，流通面积确定为

$$A_{cv\_port} = \frac{\pi}{4} D_{cv\_port}^2 \tag{3-16}$$

阀片的运动过程可以用如下所示的单自由度模型描述：

(1) 压力主导区域：

$$m_{cv\_equivalent} \ddot{x}_{cv} + k_{spring} x_{cv} = \left(p_{high} - p_{low} \right) A_{c\_valve} + \frac{1}{2} C_{D\_cv} \rho_{cv\_th} V_{cv\_th}^2 A_{c\_valve} \tag{3-17}$$

(2) 气体质量流量主导区域：

$$m_{cv\_equivalent} \ddot{x}_{cv} + k_{spring} x_{cv} = \rho_{cv\_th} \left(V_{cv\_th} - \dot{x}_{cv} \right) A_{cv\_port} + \frac{1}{2} C_{D\_cv} \rho_{cv\_th} V_{cv\_th}^2 A_{c\_valve} \tag{3-18}$$

式中，$m_{cv\_equivalent}$ —— 阀片-弹簧系统等效质量[5]，kg；

　　　　k_{spring} —— 弹簧刚度，N·m；

　　　　C_{D_cv} —— 阻力系数，取值为 1.17；

　　　　V_{cv_th} —— 阀孔喉部的气体流速，m·s^{-1}。

3.1.2.3 泄漏模型

通过活塞环开口泄漏的 CO_2 气体用等熵可压缩孔口流动模型描述。泄漏的质量流量可用式(3-19)计算得到：

$$\begin{cases} \dot{m}_{gap} = C_{gap} A_{gap} p_1 \sqrt{\frac{2}{ZRT_1}} \sqrt{\frac{\kappa}{\kappa-1} \left[\left(\frac{p_2}{p_1} \right)^{\frac{2}{\kappa}} - \left(\frac{p_2}{p_1} \right)^{\frac{\kappa+1}{\kappa}} \right]}, \frac{p_2}{p_1} > 0.54 \\[4mm] \dot{m}_{gap} = C_{gap} A_{gap} p_1 \sqrt{\frac{\kappa}{ZRT_1}} \sqrt{\left(\frac{2}{\kappa+1} \right)^{\frac{\kappa+1}{\kappa-1}}}, \frac{p_2}{p_1} \leqslant 0.54 \end{cases} \tag{3-19}$$

式中，C_{gap} —— 流量系数，0.86；

$\quad\quad A_{gap}$ —— 泄漏面积，m^2；

$\quad\quad R$ —— 理想气体常数，$8.314 J \cdot mol \cdot K^{-1}$；

$\quad\quad Z$ —— 可压缩因子，由求解气体状态方程[6]得到；

$\quad\quad p_2$ —— 流道出口压力，MPa；

$\quad\quad p_1$ —— 流道进口压力，MPa。

3.1.3　摩擦功耗模型

在半封闭往复压缩机中，摩擦功耗主要源于活塞环与气缸壁面之间、曲轴主轴承处及曲柄销轴承处，这些摩擦中的润滑油可被视为不可压缩牛顿流体。

3.1.3.1　活塞环与气缸壁面之间的摩擦功耗

图 3-3 为活塞环-气缸壁面润滑示意图。如图所示，活塞环与气缸壁面之间接触表面的粗糙度对润滑性能有很大的影响，尤其是在上止点和下止点附近。因此，研究表面粗糙度对润滑性能的影响显得很有必要。在研究中，使用了 Patir 和 Cheng[7]提出的修正雷诺方程来考察这种影响。考虑到二氧化碳-烷基萘润滑油混合物的密度受二氧化碳溶解度的影响微乎其微，因此可以将活塞环与气缸壁面之间的润滑油膜视为等温不可压缩的牛顿流体。接触表面被假定为各向同性，这意味着方向排列因子为 1。在这种情况下，可以将修正雷诺方程转化为一维方程，表示为式(3-20)：

$$\frac{d}{dx}\left(\phi_x H_o^3 \frac{dp_o}{dx}\right) = 6\mu_o U_c \left(\frac{dH_{o\_T}}{dx} + \sigma \frac{d\phi_s}{dx}\right) + 12\mu_o \frac{dH_{o\_T}}{dt} \tag{3-20}$$

式中，H_o —— 油膜厚度，m；

$\quad\quad \phi_x$，ϕ_s —— 压力流因子和剪切流因子；

$\quad\quad \mu_o$ —— 润滑油动力黏度，$Pa \cdot s$；

$\quad\quad H_{o\_T}$ —— 局部油膜厚度，m；

$\quad\quad U_c$ —— 活塞运动速度，$m \cdot s^{-1}$。

对于各向同性接触表面，局部油膜厚度 H_{o_T} 可以用油膜厚度与复合表面粗糙度 σ 之间的比值 $\frac{H_o}{\sigma}$ 表示为

$$H_{o\_T} = \frac{H_o}{2}\left[1 + \mathrm{erf}\left(\frac{H_o}{\sqrt{2}\sigma}\right)\right] + \frac{\sigma}{\sqrt{2\pi}}e^{\left(H_o^2/2\sigma^2\right)} \tag{3-21}$$

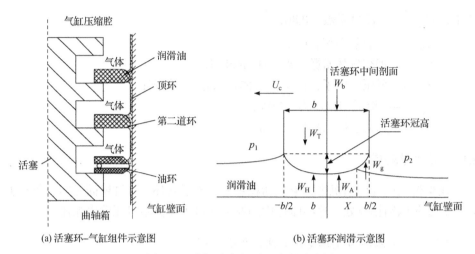

(a) 活塞环-气缸组件示意图　　　　(b) 活塞环润滑示意图

图 3-3　活塞环-气缸壁面润滑示意图

W_b-活塞环背面气体压力；W_T-活塞环张力；W_H-油膜作用在活塞环端面上产生的力；
W_A-表面接触力；W_g-油膜出口未湿润区的气体压力；b-活塞环厚度；X-油膜位置

式中，$\text{erf}\left(\dfrac{H_o}{\sqrt{2}\sigma}\right)$—— 误差函数。

压力流因子 ϕ_x 和剪切流因子 ϕ_s 也可以用式(3-22)和式(3-23)表示成 $\dfrac{H_o}{\sigma}$ 的函数：

$$\phi_s = \begin{cases} 1.899\left(\dfrac{H_o}{\sigma}\right)^{0.98} \mathrm{e}^{-0.92\left(\frac{H_o}{\sigma}\right)+0.05\left(\frac{H_o}{\sigma}\right)^2}, \dfrac{H_o}{\sigma} \leqslant 5 \\ 1.126\mathrm{e}^{-0.25\left(\frac{H_o}{\sigma}\right)}, \dfrac{H_o}{\sigma} > 5 \end{cases} \tag{3-22}$$

$$\phi_x = 1 - 0.90\mathrm{e}^{-0.56\left(\frac{H_o}{\sigma}\right)} \tag{3-23}$$

对公式(3-20)进行一次积分，可得到油膜压力梯度：

$$\frac{\mathrm{d}p_o}{\mathrm{d}x} = 6\mu_o U_c \left(\frac{H_{o\_T}}{\phi_x H_o^3} + \frac{\sigma\phi_s}{\phi_x H_o^3}\right) + 12\mu_o \frac{\mathrm{d}H_{o\_T}}{\mathrm{d}t} \frac{x}{\phi_x H_o^3} + \frac{C_1}{\phi_x H_o^3} \tag{3-24}$$

进而，得到油膜中的压力分布：

$$p_o = 6\mu_o U_c \left(\int_{-\frac{b}{2}}^{x} \frac{H_{o\_T}}{\phi_x H_o^3} \mathrm{d}x + \sigma\int_{-\frac{b}{2}}^{x} \frac{\phi_s}{\phi_x H_o^3} \mathrm{d}x\right)$$

$$+ 12\mu_o \frac{\mathrm{d}H_{o\_T}}{\mathrm{d}t}\int_{-\frac{b}{2}}^{x} \frac{x}{\phi_x H_o^3} \mathrm{d}x + C_1\int_{-\frac{b}{2}}^{x} \frac{1}{\phi_x H_o^3} \mathrm{d}x + C_2 \tag{3-25}$$

若确定了积分常数 C_1、C_2 及油膜挤压速度 $\dfrac{\mathrm{d}H_{o\_T}}{\mathrm{d}t}$，油膜中沿活塞环厚度方向的压力分布即可确定。在油膜进口采用充分润滑边界条件：

$$x = -\frac{b}{2}, p = C_2 = p_1 \tag{3-26}$$

在出口采用不考虑重新形成油膜的修正雷诺边界条件：

$$x = x_C, \frac{\mathrm{d}p_o}{\mathrm{d}x} = 0, C_1 = -6\mu_o U_c \left[H_{o\_T}(x_C) + \sigma\phi_s(x_C) \right] - 12\mu_o \frac{\mathrm{d}H_{o\_T}}{\mathrm{d}t} x_C \tag{3-27}$$

$$p_o = 6\mu_o U_c \left(\int_{-\frac{b}{2}}^{x_C} \frac{H_{o\_T}}{\phi_x H_o^3} \, \mathrm{d}x + \sigma \int_{-\frac{b}{2}}^{x_C} \frac{\phi_s}{\phi_x H_o^3} \, \mathrm{d}x \right) + 12\mu_o \frac{\mathrm{d}H_{o\_T}}{\mathrm{d}t} \int_{-\frac{b}{2}}^{x_C} \frac{x}{\phi_x H_o^3} \, \mathrm{d}x$$

$$+ C_1 \int_{-\frac{b}{2}}^{x_C} \frac{1}{\phi_x H_o^3} \, \mathrm{d}x + p_1 = p_2 \tag{3-28}$$

$$C_1 = \frac{p_2 - p_1 - 6\mu_o U_c \left(\int_{-\frac{b}{2}}^{x_C} \frac{H_{o\_T}}{\phi_x H_o^3} \, \mathrm{d}x + \sigma \int_{-\frac{b}{2}}^{x_C} \frac{\phi_s}{\phi_x H_o^3} \, \mathrm{d}x \right) - 12\mu_o \frac{\mathrm{d}H_{o\_T}}{\mathrm{d}t} \int_{-\frac{b}{2}}^{x_C} \frac{x}{\phi_x H_o^3} \, \mathrm{d}x}{\int_{-\frac{b}{2}}^{x_C} \frac{1}{\phi_x H_o^3} \, \mathrm{d}x}$$

$$\tag{3-29}$$

利用公式(3-27)和公式(3-29)，并假设：

$$J_1 = \int_{-\frac{b}{2}}^{x_C} \frac{H_{o\_T}}{\phi_x H_o^3} \, \mathrm{d}x, J_2 = \int_{-\frac{b}{2}}^{x_C} \frac{\phi_s}{\phi_x H_o^3} \, \mathrm{d}x, J_3 = \int_{-\frac{b}{2}}^{x_C} \frac{x}{\phi_x H_o^3} \, \mathrm{d}x, J_4 = \int_{-\frac{b}{2}}^{x_C} \frac{1}{\phi_x H_o^3} \, \mathrm{d}x \tag{3-30}$$

可以得到油膜挤压速度：

$$\frac{\mathrm{d}H_{o\_T}}{\mathrm{d}t} = \frac{p_2 - p_1 - 6\mu_o U_c (J_1 + \sigma J_2) + 6\mu_o U_o \left[H_o(x_C) + \sigma\phi_s(x_C) \right] \cdot J_4}{12\mu_o (J_3 - x_C \cdot J_4)} \tag{3-31}$$

将公式(3-31)代入公式(3-27)和公式(3-29)，得到积分常数 C_1。由该积分常数和油膜挤压速度，通过公式(3-28)，即可得到油膜压力。

若油膜出口分离点超过活塞环厚度，采用充分润滑边界条件，即

$$x = \frac{b}{2}, p_o = 6\mu_o U_c \left(\int_{-\frac{b}{2}}^{\frac{b}{2}} \frac{H_{o\_T}}{\phi_x H_o^3} \, \mathrm{d}x + \sigma \int_{-\frac{b}{2}}^{\frac{b}{2}} \frac{\phi_s}{\phi_x H_o^3} \, \mathrm{d}x \right) + 12\mu_o \frac{\mathrm{d}H_{o\_T}}{\mathrm{d}t} \int_{-\frac{b}{2}}^{\frac{b}{2}} \frac{x}{\phi_x H_o^3} \mathrm{d}x$$

$$+ C_1 \int_{-\frac{b}{2}}^{\frac{b}{2}} \frac{1}{\phi_x H_o^3} \, \mathrm{d}x + p_1 = p_2 \tag{3-32}$$

$$C_1 = \frac{p_2 - p_1 - 6\mu_\mathrm{o} U_\mathrm{c}\left(\int_{-\frac{b}{2}}^{\frac{b}{2}} \frac{H_{\mathrm{o\_T}}}{\phi_\mathrm{x} H_\mathrm{o}^3}\,\mathrm{d}x + \sigma\int_{-\frac{b}{2}}^{\frac{b}{2}} \frac{\phi_\mathrm{s}}{\phi_\mathrm{x} H_\mathrm{o}^3}\,\mathrm{d}x\right) - 12\mu_\mathrm{o}\dfrac{\mathrm{d}H_{\mathrm{o\_T}}}{\mathrm{d}t}\int_{-\frac{b}{2}}^{\frac{b}{2}} \frac{x}{\phi_\mathrm{x} H_\mathrm{o}^3}\,\mathrm{d}x}{\displaystyle\int_{-\frac{b}{2}}^{\frac{b}{2}} \frac{1}{\phi_\mathrm{x} H_\mathrm{o}^3}\,\mathrm{d}x} \tag{3-33}$$

公式(3-33)中，通过改变油膜挤压速度，得到积分常数 C_1，从而确定油膜压力。

活塞环与气缸壁面之间的接触可以采用 Greenwood 和 Tripp[8]提出的模型描述，此处为计算简便考虑，采用 Hu 和 Zhu[9]提出的接触模型。

$$p_\mathrm{C} = K'E'F_{2.5}\left(\frac{H_\mathrm{o}}{\sigma}\right) \tag{3-34}$$

$$K' = \frac{8\sqrt{2}}{15}\pi\left(N\beta'\sigma\right)\sqrt{\frac{\sigma}{\beta'}} \tag{3-35}$$

$$E' = \frac{2}{\dfrac{1-v_1^2}{E_1} + \dfrac{1-v_2^2}{E_2}} \tag{3-36}$$

$$F_{2.5}\left(\frac{H_\mathrm{o}}{\sigma}\right) = \begin{cases} A\left(\Omega - \dfrac{H_\mathrm{o}}{\sigma}\right)^Z, & \dfrac{H_\mathrm{o}}{\sigma} \leqslant \Omega \\[2mm] 0, & \dfrac{H_\mathrm{o}}{\sigma} > \Omega \end{cases} \tag{3-37}$$

式中，A，Ω，Z——常数，相关取值见文献[9]。

油膜出口分离点位置及无分离点时的油膜挤压速度，可以由活塞环径向受力平衡分析得到。活塞环背面气体压力 W_b 及活塞环的张力 W_T 之和必须与油膜作用在活塞环端面上产生的力 W_H、表面接触力 W_A 及油膜出口未湿润区的气体压力 W_g 之和平衡，即

$$W_\mathrm{b} + W_\mathrm{T} = W_\mathrm{H} + W_\mathrm{A} + W_\mathrm{g} \tag{3-38}$$

活塞环张力相对较小，此处可忽略。

活塞环与气缸壁面之间的摩擦力由润滑油黏性剪切力及表面之间的接触力形成，用式(3-39)表示：

$$F_\mathrm{f} = \mathrm{sign}(U_\mathrm{c})\left(\int_{-\frac{b}{2}}^{\frac{b}{2}}\left\{\frac{\mu_\mathrm{o}\,|U_\mathrm{c}|}{H_\mathrm{o}}\left[(\phi_\mathrm{f} - \phi_\mathrm{fs}) + 2V_\mathrm{r1}\phi_\mathrm{fs}\right]\right\}\mathrm{d}x + \mu_\mathrm{f} W_\mathrm{A}\right) \tag{3-39}$$

式中，V_r1——表面粗糙度变化比值；

μ_f —— 活塞环与气缸壁面之间的摩擦系数。

剪切应力因子表示为式(3-40)：

$$\phi_{fs} = \begin{cases} \left[\left(\frac{\sigma_1}{\sigma} \right)^2 - \left(\frac{\sigma_2}{\sigma} \right)^2 \right] \cdot \left[11.1 \left(\frac{H_o}{\sigma} \right)^{2.31} e^{-2.38\frac{H_o}{\sigma} + 0.11\left(\frac{H_o}{\sigma} \right)^2} \right], 0.5 \leqslant \frac{H_o}{\sigma} \leqslant 7 \\ 0, \dfrac{H_o}{\sigma} > 7 \end{cases} \quad (3\text{-}40)$$

$$\phi_f = \begin{cases} \dfrac{35}{32} z \left(\left(1 - z^2 \right)^3 \ln \dfrac{z+1}{\varepsilon^*} + \dfrac{1}{60} \{ -55 + z[132 + z(345 + z\{-160 + z[-405 + z(60 + 147z)]\})]\} \right), \dfrac{H_o}{\sigma} \leqslant 3 \\ \dfrac{35}{32} z \left\{ \left(1 - z^2 \right)^3 \ln \dfrac{z+1}{z-1} + \dfrac{z}{15} \left[66 + z^2 \left(30z^2 - 80 \right) \right] \right\}, \dfrac{H_o}{\sigma} > 3 \end{cases}$$

$$(3\text{-}41)$$

$$z = H_o / (3\sigma), \varepsilon^* = (\sigma / 100) / (3\sigma) = 1/300 \quad (3\text{-}42)$$

活塞环与气缸壁面之间的瞬时摩擦功耗用式(3-43)计算：

$$P_f = F_f \cdot U_c \quad (3\text{-}43)$$

式中，F_f —— 摩擦力。进而，可以通过式(3-44)得到曲轴旋转一周，活塞环与气缸壁面之间的摩擦功耗：

$$P_{r\_c} = \left(\int_0^{2\pi} P_f \frac{d\theta}{n \cdot 2\pi / 60} \right) \cdot \frac{n}{60} \quad (3\text{-}44)$$

式中，n —— 压缩机转速，$r \cdot s^{-1}$。

3.1.3.2　曲柄连杆机构的力及力矩分析

图 3-4 为曲柄连杆机构所受力及力矩示意图。在膨胀及吸气过程中，连杆力计算如式(3-45)所示：

$$F_1 = \left(m_p a - G_p - F_{cyl} + F_f + F_{case} \right) / \cos\beta \quad (3\text{-}45)$$

式中，m_p —— 活塞质量，kg；

a —— 加速度，$m \cdot s^{-2}$；

G_p —— 活塞重力，N；

F_{cyl} —— 气缸中的气体压力，N；

F_f —— 摩擦力，N；

F_{case} —— 活塞下方的气体压力，N。

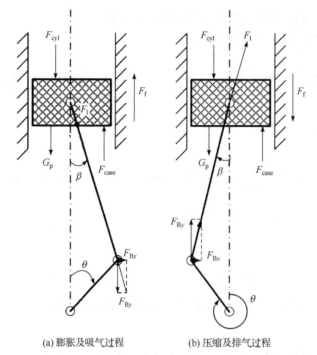

(a) 膨胀及吸气过程　　　　　(b) 压缩及排气过程

图 3-4　曲柄连杆机构所受力及力矩示意图

F_l-连杆力；F_{Bx}-x 方向上 F_B 的分力；F_{By}-y 方向上 F_B 的分力

类似地，压缩及排气过程中，连杆力由式(3-46)确定：

$$F_l = \left(m_p a - G_p - F_{cyl} - F_f + F_{case} \right) / \left(-\cos\beta \right) \tag{3-46}$$

由式(3-45)和式(3-46)得到曲柄销轴承 x 方向和 y 方向所受的力分别如下：

(1) 膨胀及吸气过程：

$$F_{Bx} = F_l \times \sin\beta, \quad F_{By} = F_l \times \cos\beta \tag{3-47}$$

(2) 压缩及排气过程：

$$F_{Bx} = F_l \times \mathrm{fabs}\left(\sin\beta \right), \quad F_{By} = F_l \times \cos\beta \tag{3-48}$$

压缩机曲轴在活塞上行程和下行程所受的力如图 3-5 所示。曲轴的尺寸如图 3-6 所示。由于压缩机中有两个气缸，因此考虑两种情形：①左气缸处于上行程，右气缸处于下行程；②左气缸处于下行程，右气缸处于上行程。

轴承 D 和轴承 E 上的所受载荷用式(3-49)和式(3-50)计算：

$$F_{(D,E)x} = A \times \left(B \times F_{Bx2} + C \times F_{Bx1} \right) \tag{3-49}$$

$$F_{(D,E)y} = A \times \left(B \times F_{By1} + C \times F_{By2} + D \times G_{cs} + E \times G_m \right) \tag{3-50}$$

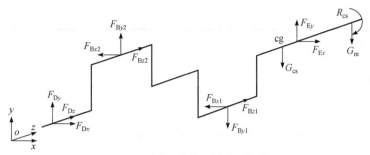

(a) 左气缸上行程，右气缸下行程

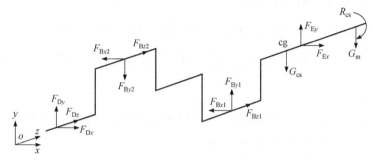

(b) 左气缸下行程，右气缸上行程

图 3-5　曲轴受力及力矩示意图

cg-重心；G_{cs}-曲轴重力；R_{cs}-曲轴周向力；G_m-电机重力

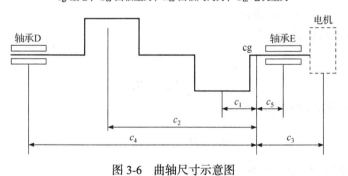

图 3-6　曲轴尺寸示意图

其中，A、B、C、D、E 为系数，其取值参照表 3-1。

表 3-1　式(3-49)、式(3-50)中系数取值

情形		A	B	C	D	E
左气缸上行程，右气缸下行程	F_{Dx}		c_5+c_2	c_5+c_1	—	—
	F_{Ex}	$\dfrac{1}{c_4+c_5}$	c_4-c_2	c_4-c_1	—	—
	F_{Dy}		c_5+c_1	$-(c_5+c_2)$	c_5	c_5-c_3
	F_{Ey}		c_4-c_1	c_2-c_4	c_4	c_4+c_3

续表

情形		A	B	C	D	E
左气缸下行程，右气缸上行程	F_{Dx}		c_5+c_2	c_5+c_1	—	—
	F_{Ex}	$\dfrac{1}{c_4+c_5}$	c_4-c_2	c_4-c_1	—	—
	F_{Dy}		c_5+c_2	$-(c_5+c_1)$	c_5	c_5-c_3
	F_{Ey}		c_4-c_2	$-(c_4-c_1)$	c_4	c_4+c_3

3.1.3.3 轴承处的摩擦功耗

曲轴主轴承及曲柄销轴承处的摩擦功耗采用回归方法计算[10]：

$$P_{\text{bearing}} = 3.9307 \times 10^3 \times v_{1,\text{oil}}^{-0.706} v_{2,\text{oil}}^{1.577} L_{\text{bearing}}^{0.477} D_{\text{journal}}^{2.240} N_{\text{j}}^{1.287} c^{-0.249} T_{\text{sup}}^{-0.204} \times \left(1+\ln W^*\right)^{1.324}$$

(3-51)

式中，$v_{1,\text{oil}}$，$v_{2,\text{oil}}$ —— 润滑油在 37.8℃ 和 93.3℃ 的运动黏度，$\text{mm}^2 \cdot \text{s}^{-1}$；

L_{bearing} —— 轴承轴向长度，m；

D_{journal} —— 曲轴轴颈直径，m；

N_{j} —— 曲轴转速，$\text{r} \cdot \text{s}^{-1}$；

c —— 轴承间隙，m；

T_{sup} —— 润滑油供油温度，℃。

无量纲承载能力 W^* 为

$$W^* = \frac{W_t \bar{c}^2}{\mu U_{\text{cir}} L_{\text{bearing}} R_{\text{journal}}^2}$$

(3-52)

轴承承受的综合载荷 W_t 为

$$W_t = \sqrt{F_x^2 + F_y^2 + F_z^2}$$

(3-53)

轴承间隙 c 由式(3-54)确定：

$$c = R_{\text{bush}} - R_{\text{journal}}$$

(3-54)

3.1.3.4 压缩机性能参数及效率

基于上述模型，压缩机轴功可以用式(3-55)确定：

$$W_{\text{shaft}} = W_{\text{ind}} + P_{\text{f}} + P_{\text{bearing}}$$

(3-55)

式中，W_{ind} —— 压缩机实际循环指示功，W；

P_{f} —— 活塞环与气缸壁面之间的瞬时摩擦功耗，W；

P_{bearing} —— 曲轴主轴承以及曲柄销轴承处的摩擦功耗，W。

压缩机输入电功率由式(3-56)计算得到：

$$P_{\text{input}} = \frac{W_{\text{shaft}}}{\eta_{\text{m0}}} \tag{3-56}$$

式中，η_{m0} —— 电动机效率。

在给定 CO_2 往复压缩机的几何参数时，通过上述部件模型的数值计算能够得到压缩机的容积效率 η_{v}、指示效率 η_{i}、机械效率 η_{m}、电动机效率 η_{motor}，从而对压缩机在系统仿真中的宏观性能参数进行预测。

在给定容积、转速等客观参数的情况下，系统中的压缩机模型依据吸气口的热力学状态计算质量流量，如式(3-57)所示：

$$\dot{m} = \rho_{\text{s}} N V \eta_{\text{v}} \tag{3-57}$$

式中，ρ_{s} —— 吸气密度，$\text{kg} \cdot \text{m}^{-3}$；

$\quad\quad N$ —— 压缩机转速，$\text{r} \cdot \text{s}^{-1}$；

$\quad\quad V$ —— 压缩机排量，cm^3。

基于排气压力，压缩机出口处比焓为

$$h_2 = h_1 + \frac{h_{2\text{s}} - h_1}{\eta_{\text{i}}} \tag{3-58}$$

式中，$h_{2\text{s}}$ —— 等熵压缩时的排气口焓，$\text{kJ} \cdot \text{kg}^{-1}$；

$\quad\quad h_1$ —— 吸气口处焓，$\text{kJ} \cdot \text{kg}^{-1}$；

$\quad\quad \eta_{\text{i}}$ —— 指示效率。

封闭式压缩机的输入功率为

$$P_{\text{input}} = \frac{\dot{m}(h_2 - h_1)}{\eta_{\text{m}} \eta_{\text{m0}}} \tag{3-59}$$

式中，$\dot{m}$ —— 质量流量，$\text{kg} \cdot \text{s}^{-1}$。

3.2　气体冷却器

3.2.1　气体冷却器基本形式

3.2.1.1　平直套管式气体冷却器

由于 CO_2 在气体冷却器内的换热方式和 CO_2 大温差的温度分布限制，平直套管式气体冷却器成为理想的气体冷却器形式。平直套管式气体冷却器由管径较大的壳管和单根或多根换热管组成。壳管内套装单根或多根换热管，根据换热量需求，可以将套装后的单组平直套管式气体冷却器并联形成多组套管的形式，多数单组平直套管式气体冷却器被加工成为螺旋形。作为气体冷却器，平直套管式气体冷却器中水与 CO_2 之间采用逆流换热方式，水在壳管侧流动，CO_2 在换热管内流动。图 3-7 展示了单组平直套管式气体冷却器的具体结构及微元段内介质的流动形式。

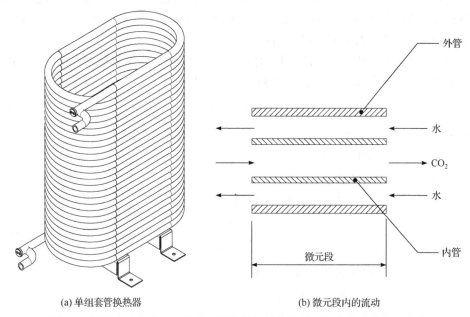

(a) 单组套管换热器　　　　　　　　(b) 微元段内的流动

图 3-7　单组平直套管式气体冷却器的具体结构及微元段内介质的流动形式

3.2.1.2　螺旋凹槽套管式气体冷却器

许多学者致力于通过替换平直套管式气体冷却器的平直内管来改善其换热性能[11-13]。螺旋凹槽套管的几何结构如图 3-8 所示，套管由外管和内管组成，外管为不锈钢平直管，内管为螺旋凹槽铜管。当螺旋凹槽套管被应用于跨临界 CO_2 热泵热水器的气体冷却器中时，内部的换热流体为超临界 CO_2 和被加热的水。水在套管的管内侧流动，超临界 CO_2 则在外管和内管之间的环空内流动。

螺旋凹槽套管的几何参数包括：外管内径 D_o、螺旋凹槽内管的等效内径 D_{vi}、凹槽深度 e、凹槽节距 p、内管壁厚 δ 如图 3-8 所示。由于螺旋凹槽内管的复杂形状，采用基于体积的管径对其几何形状进行描述。基于体积的螺旋凹槽内管的等效内径 D_{vi} 计算式为式(3-60)：

$$D_{vi} = \sqrt{\frac{4V_{ol}}{\pi L}} \tag{3-60}$$

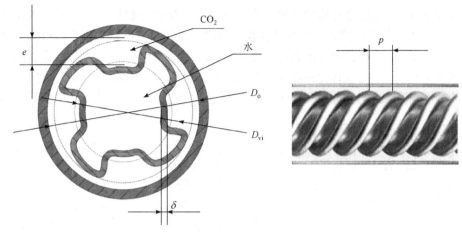

图 3-8　螺旋凹槽套管的几何结构

式中，V_{ol} —— 螺旋凹槽管内封闭的体积，m^3；

　　L —— 管长，m。

基于体积的内管外径 D_{vo} 计算式为式(3-61)：

$$D_{vo} = D_{vi} + 2\delta \tag{3-61}$$

凹槽深度 e、凹槽节距 p 为描述凹槽结果的几何参数，相应的无量纲凹槽深度 e^* 和凹槽节距 p^* 分别为 e 除以 D_{vi} 和 p 除以 D_{vi}。螺旋结构的螺旋角 θ 计算式为式(3-62)：

$$\theta = \arctan\left(\frac{\pi D_{vo}}{N_{flute}p}\right) \tag{3-62}$$

式中，N_{flute} —— 凹槽数量。

无量纲螺旋角为 θ^*，$\theta^* = \dfrac{2\theta}{\pi}$。

3.2.2　气体冷却器流动及换热特性

由于超临界 CO_2 在类显热放热过程中温度滑移显著，平直套管式气体冷却器得以在较小的换热温差运行，实现 CO_2 与水的充分换热。本书针对螺旋凹槽套管式气体冷却器在跨临界 CO_2 热泵热水器中的应用进行了研究。在 3.2.1 小节中，对以螺旋凹槽管作为内管、以平直圆管作为外管的套管结构已经进行了介绍。在气体冷却器的逆流换热中，超临界 CO_2 流动在环空内流动，水则在螺旋凹槽套管的内部流动。

3.2.2.1　基本假设

超临界 CO_2 的热物理性质会随着温度发生显著的变化，这使得集中参数法无法应用于 CO₂ 气体冷却器的计算。在对气体冷却器进行建模时，常采用微元段法。图 3-9 为其内部微元段的换热流程。制冷剂微元段与液体微元段经由固壁微元进行热交换，串联的制冷剂微元段及液体微元段首尾相连，热力参数状态相同。在固壁微元中，进行气体冷却器重量设置，与实际气体冷却器相同。通过设置两股流体的不同流入方向，即可实现两股流体在气体冷却器中的逆流或者顺流换热。

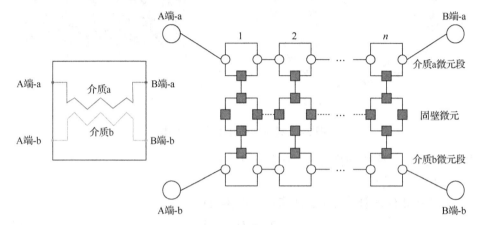

图 3-9 套管式气体冷却器内部微元换热流程

为了保证计算精度，将气体冷却器划分为一系列长度相同的段进行模拟。为提高计算速度，在不影响计算精度的前提下，对模型作出如下假设：

(1) 仅存在 CO₂ 侧和水侧之间的径向换热；

(2) CO₂ 和水在管内的温度分布均匀，无内部温差；

(3) 忽略气体冷却器与外部环境的热交换；

(4) 忽略重力和动能对 CO₂ 侧和流动水侧分布的影响；

(5) CO₂ 和水在每个流动回路中不存在分流不均的现象；

(6) 忽略润滑油对气体冷却器换热的影响；

(7) 忽略引力和气体冷却器进出口导致的压降。

3.2.2.2 模型基本方程

1. CO₂ 侧

在 CO₂ 微元段内部，应用动态能量守恒方程描述其物性参数的动态变化：

$$\frac{\mathrm{d}h_{\mathrm{gc,r}}}{\mathrm{d}t} = \frac{1}{M_{\mathrm{gc,r}}}\left[\dot{m}_{\mathrm{gc,r\_in}}\left(h_{\mathrm{gc,r\_in}} - h_{\mathrm{gc,r}}\right) + \dot{m}_{\mathrm{gc,r\_out}}\left(h_{\mathrm{gc,r\_out}} - h_{\mathrm{gc,r}}\right) + \dot{Q}_{\mathrm{gc,r}} + V_{\mathrm{gc,r}}\frac{\mathrm{d}p_{\mathrm{gc,r}}}{\mathrm{d}t}\right]$$

$$(3\text{-}63)$$

式中，$h_{\mathrm{gc,r}}$ —— 微元段中的 CO₂ 比焓，$\mathrm{kJ \cdot kg^{-1}}$；

$M_{gc,r}$ —— 微元段内部的 CO_2 质量，kg；

$\dot{m}_{gc,r\_in}$ —— CO_2 微元段入口质量流量，$kg \cdot s^{-1}$；

h_{gc,r_in} —— CO_2 微元段入口比焓，$kJ \cdot kg^{-1}$；

$\dot{m}_{gc,r\_out}$ —— CO_2 微元段出口质量流量，$kg \cdot s^{-1}$；

h_{gc,r_out} —— CO_2 微元段出口比焓，$kJ \cdot kg^{-1}$；

$\dot{Q}_{gc,r}$ —— CO_2 微元段与壁面的传热量，W；

$V_{gc,r}$ —— CO_2 微元段的体积，m^3；

$p_{gc,r}$ —— CO_2 微元段的压力，MPa。

进一步，利用基于密度对焓和压力的全微分展开，计算密度对时间的导数：

$$\frac{\mathrm{d}\rho(h,p)}{\mathrm{d}t} = \left(\frac{\partial \rho}{\partial h}\right)_p \frac{\mathrm{d}h}{\mathrm{d}t} + \left(\frac{\partial \rho}{\partial p}\right)_h \frac{\mathrm{d}p}{\mathrm{d}t} \tag{3-64}$$

基于式(3-64)，可得 CO_2 微元段中满足连续方程：

$$\frac{\mathrm{d}\rho_{gc,r}}{\mathrm{d}t} V_{gc,r} = \dot{m}_{gc,r\_in} + \dot{m}_{gc,r\_out} \tag{3-65}$$

式中，$\rho_{gc,r}$ —— 微元段中的 CO_2 密度，$kg \cdot m^{-3}$。

此外，CO_2 微元段中满足以下动量关系：

$$p_{gc,r\_in} - p_{gc,r\_out} = \Delta p_{gc,r} \tag{3-66}$$

式中，p_{gc,r_in} —— CO_2 微元段的入口压力，MPa；

p_{gc,r_out} —— CO_2 微元段的出口压力，MPa；

$\Delta p_{gc,r}$ —— CO_2 微元段中的压力损失，MPa。

1) 螺旋凹槽套管式气体冷却器换热系数和摩擦系数的实验关联式

基于实验数据，本节建立了螺旋凹槽套管式气体冷却器的换热系数和摩擦系数的实验关联式，为后续的数学模型建立和模拟研究奠定了基础。

CO_2 侧的换热系数计算式为式(3-67)：

$$\alpha_{gc,r\_1} = \frac{Nu_{gc,r\_1} k_{gc,r}}{D_{gc,r\_eq}} \tag{3-67}$$

式中，Nu_{gc,r_1} —— 根据关联式[14]所计算的努塞特数；

$k_{gc,r}$ —— 导热系数，$W \cdot m^{-1} \cdot K^{-1}$；

D_{gc,r_eq} —— 特征长度，m。

CO_2 侧的努塞特数的实验关联式参考了文献[14]中的形式，计算式为式(3-68)：

$$Nu_{gc,r\_1} = 3.472 Nu_{gc,r\_0} \left(\frac{Pr_{gc,r}}{Pr_{gc,r\_wall}} \right)^{2.197} \left(\frac{\rho_{gc,r}}{\rho_{gc,r\_wall}} \right)^{1.389} \left(\frac{c_{gc,r\_p}}{\overline{c}_{gc,r\_p}} \right)^{-2.477} \left(\frac{D_{gc\_vo}}{p_{gc\_1}} \right)^{0.447}$$

$$(3-68)$$

式中，$Pr_{gc,r}$ —— CO_2 平均普朗特数；

$\quad\quad Pr_{gc,r\_wall}$ —— CO_2 在壁面温度下的普朗特数；

$\quad\quad \rho_{gc,r}$ —— CO_2 平均密度，$kg \cdot m^{-3}$；

$\quad\quad \rho_{gc,r\_wall}$ —— CO_2 在壁面温度下的密度，$kg \cdot m^{-3}$；

$\quad\quad c_{gc,r\_p}$ —— CO_2 平均定压比热容，$kJ \cdot kg^{-1} \cdot K^{-1}$；

$\quad\quad \overline{c}_{gc,r\_p}$ —— CO_2 在平均温度和壁面温度之间的平均定压比热容，

$\quad\quad\quad\quad\quad kJ \cdot kg^{-1} \cdot K^{-1}$；

$\quad\quad D_{gc\_vo}$ —— 螺旋凹槽内管基于体积的等效外径，m；

$\quad\quad p_{gc\_1}$ —— 螺旋凹槽的节距，m。

CO_2 在平均温度和壁面温度之间的平均定压比热容计算式为式(3-69)：

$$\overline{c}_{gc,r\_p} = \frac{\int_{T_{gc,r}}^{T_{gc\_wall}} c_{gc,r\_p} dT}{T_{gc\_wall} - T_{gc,r}} = \frac{h_{gc,r\_wall} - h_{gc,r}}{T_{gc\_wall} - T_{gc,r}}$$

$$(3-69)$$

式中，T_{gc_wall} —— 壁面温度，℃；

$\quad\quad h_{gc,r\_wall}$ —— CO_2 在壁面温度下的焓，$kJ \cdot kg^{-1}$；

$\quad\quad h_{gc,r}$ —— CO_2 平均焓，$kJ \cdot kg^{-1}$。

图 3-10 展示了 CO_2 侧努塞特数实验值与基于本书所建立的换热系数关联式和

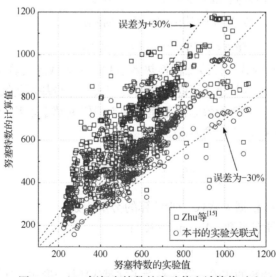

图 3-10　CO_2 侧努塞特数的实验值和计算值对比

Zhu 等[15]的关联式的努塞特数计算值之间的对比情况。可以看出，相较于 Zhu 等[15]的关联式，本书所建立的换热关联式能更准确地预测所研究的螺旋凹槽套管式气体冷却器中超临界 CO₂ 冷却时的努塞特数，大多数预测的误差在±30%，相对误差的绝对平均值为 15.33%，优于 Zhu 等[15]关联式的 30.59%。

在摩擦系数方面，现有的文献中并未提供关于超临界 CO₂ 在螺旋凹槽套管环侧流动时的关联式。因此，本书基于实验数据对摩擦系数的关联式进行了拟合，图 3-11 展示了摩擦系数和拟合关联式的计算结果。拟合得到的关联式为式(3-70)：

$$f_{gc,r\_1} = \left(0.653 \log Re_{gc,r} - 2.415\right)^{-2.537} \tag{3-70}$$

式中，f_{gc,r_1} —— CO₂ 摩擦系数(螺旋凹槽管)；

$Re_{gc,r}$ —— CO₂ 在螺旋凹槽管内温度下的雷诺数。

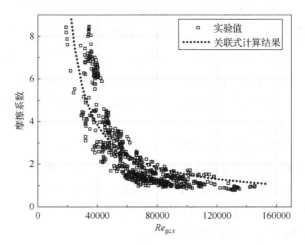

图 3-11　摩擦系数和拟合关联式的计算结果

2) 平直套管式气体冷却器换热系数和摩擦系数的实验关联式

对于平直套管式气体冷却器内的超临界 CO₂ 冷却，采用 Dang 和 Hihara[16]的关联式：

$$Nu_{gc,r\_z} = \frac{\left(f_{gc,r\_z}/8\right)\left(Re_{gc,r} - 1000\right)Pr_{gc,r\_z}}{1.07 + 12.7\left(f_{gc,r\_z}/8\right)^{1/2}\left(Pr_{gc,r\_z}^{2/3} - 1\right)} \tag{3-71}$$

式中，f_{gc,r_z} —— CO₂ 摩擦系数(平直管)；

$Re_{gc,r}$ —— CO₂ 在平直管管内温度下的雷诺数。

雷诺数计算式为式(3-72)：

$$Re_{gc,r} = \frac{\rho_{gc,r} u_{gc,r} D_{gc,r\_eq}}{\mu_{gc,r}} \tag{3-72}$$

式中，$\rho_{gc,r}$ —— CO_2 在环空侧温度下的密度，$kg \cdot m^{-3}$；

　　$u_{gc,r}$ —— CO_2 流速，$m \cdot s^{-1}$；

　　D_{gc,r_eq} —— CO_2 在环空侧的等效直径，m；

　　$\mu_{gc,r}$ —— CO_2 在管内温度下的动力黏度，$Pa \cdot s$。

壁膜温度：

$$T_{gc,r\_f} = \frac{T_{gc,r} + T_{gc\_wall}}{2} \tag{3-73}$$

式中，T_{gc,r_f} —— 换热管壁膜温度，℃；

　　T_{gc_wall} —— 管壁温度，℃。

CO_2 的普朗特数：

$$Pr_{gc,r\_z} = \begin{cases} c_{gc,r\_p}\mu_{gc,r}/k_{gc,r}, \ c_{gc,r\_p} \geqslant \overline{c}_{gc,r\_p} \\ \overline{c}_{gc,r\_p}\mu_{gc,r}/k_{gc,r}, \ c_{gc,r\_p} < \overline{c}_{gc,r\_p} \text{且} \mu_{gc,r}/k_{gc,r} \geqslant \mu_{gc,r\_f}/k_{gc,r\_f} \\ \overline{c}_{gc,r\_p}\mu_{gc,r}/k_{gc,r\_f}, \ c_{gc,r\_p} < \overline{c}_{gc,r\_p} \text{且} \mu_{gc,r}/k_{gc,r} < \mu_{gc,r\_f}/k_{gc,r\_f} \end{cases} \tag{3-74}$$

式中，c_{gc,r_p} —— CO_2 在管内温度下的定压比热容，$kJ \cdot kg^{-1} \cdot K^{-1}$；

　　$\overline{c}_{gc,r\_p}$ —— CO_2 在管内温度和壁面温度之间的平均定压比热容，$kJ \cdot kg^{-1} \cdot K^{-1}$；

　　μ_{gc,r_f} —— CO_2 在换热管壁膜温度下的动力黏度，$Pa \cdot s$；

　　$k_{gc,r}$ —— CO_2 在管内温度下的导热系数，$W \cdot m^{-1} \cdot K^{-1}$；

　　k_{gc,r_f} —— CO_2 在壁膜温度下的导热系数，$W \cdot m^{-1} \cdot K^{-1}$。

CO_2 平均定压比热容 $\overline{c}_{gc,r\_p}$ 计算见式(3-69)。

摩擦系数计算式为式(3-75)和式(3-76)：

$$f_{gc,r\_z} = \left(1.82\log Re_{gc,r\_f} - 1.64\right)^{-2} \tag{3-75}$$

$$Re_{gc,r\_f} = \frac{\rho_{gc,r}u_{gc,r}D_{gc,r\_eq}}{\mu_{gc,r\_f}} \tag{3-76}$$

式中，Re_{gc,r_f} —— CO_2 在壁膜温度下的雷诺数。

CO_2 的压力损失为

$$\Delta p_{gc,r} = f_{gc,r}\frac{l}{D_{gc,r\_eq}}\frac{\rho_{gc,r}u_{gc,r}^2}{2} \tag{3-77}$$

式中，$\Delta p_{gc,r}$ —— CO_2 的压力损失，Pa；

　　l —— 单位微元段长度，m。

2. 水侧

与 CO_2 微元段不同的是，在水侧微元段采用稳态的连续方程，利用温度的导数项对其能量进行计算：

$$c_{gc,w\_p} \frac{\mathrm{d}T_{gc,w}}{\mathrm{d}t} = \frac{1}{M_{gc,w}} \Big[\dot{m}_{gc,w\_in} \big(h_{gc,w\_in} - h_{gc,w} \big) + \dot{m}_{gc,w\_out} \big(h_{gc,w\_out} - h_{gc,w} \big) + \dot{Q}_{gc,w} \Big]$$

(3-78)

$$0 = \dot{m}_{gc,w\_in} + \dot{m}_{gc,w\_out}$$ (3-79)

式中，c_{gc,w_p} —— 水的定压比热容，$kJ \cdot kg^{-1} \cdot K^{-1}$；

$T_{gc,w}$ —— 水侧温度，℃；

$M_{gc,w}$ —— 水侧微元段的质量，kg；

$\dot{m}_{gc,w\_in}$ —— 水侧微元段进口质量流量，$kg \cdot s^{-1}$；

h_{gc,w_in} —— 水侧微元段入口比焓，$kJ \cdot kg^{-1}$；

$h_{gc,w}$ —— 水侧微元段比焓，$kJ \cdot kg^{-1}$；

$\dot{m}_{gc,w\_out}$ —— 水侧微元段出口质量流量，$kg \cdot s^{-1}$；

h_{gc,w_out} —— 水侧微元段出口比焓，$kJ \cdot kg^{-1}$；

$\dot{Q}_{gc,w}$ —— 水侧与壁面的传热量，W。

对于在螺旋凹槽内管内被加热的水，采用了 Rousseau 等[17]提出的传热和摩擦系数关联式。换热系数计算式表示为式(3-80)：

$$\alpha_{gc,w\_1} = \frac{Nu_{gc,w\_1} k_{gc,w}}{D_{gc\_vi}}$$ (3-80)

式中，α_{gc,w_1} —— 水侧对流换热系数，$W \cdot m^{-2} \cdot K^{-1}$；

Nu_{gc,w_1} —— 水侧努塞特数；

$k_{gc,w}$ —— 水的导热系数，$W \cdot m^{-1} \cdot K^{-1}$；

D_{gc_vi} —— 螺旋凹槽内管的等效内径，m。

螺旋凹槽内管水侧努塞特数计算式为式(3-81)：

$$Nu_{gc,w\_1} = \begin{cases} 0.014 Re_{gc,w}^{0.842} Pr_{gc,w}^{0.4} (e_{gc}^*)^{-0.067} (p_{gc}^*)^{-0.293} (\theta_{gc}^*)^{-0.705}, & Re_{gc,w} \leqslant 5000 \\ 0.064 Re_{gc,w}^{0.773} Pr_{gc,w}^{0.4} (e_{gc}^*)^{-0.242} (p_{gc}^*)^{-0.108} (\theta_{gc}^*)^{0.599}, & Re_{gc,w} > 5000 \end{cases}$$ (3-81)

式中，$Re_{gc,w}$ —— 水侧雷诺数；

$Pr_{gc,w}$ —— 水侧普朗特数；

e_{gc}^* —— 无量纲凹槽深度；

p_{gc}^* —— 无量纲凹槽节距；

θ_{gc}^* —— 无量纲螺旋角。

水侧雷诺数和普朗特数为

$$Re_{gc,w} = \frac{\rho_{gc,w} u_{gc,w} D_{gc\_vi}}{\mu_{gc\_w}}$$ (3-82)

$$Pr_{gc,w} = \frac{c_{gc,w\_p} \mu_{gc\_w}}{k_{gc,w}}$$ (3-83)

式中，$u_{gc,w}$ —— 水侧流速，$\mathrm{m \cdot s^{-1}}$；

$\quad\quad \mu_{gc\_w}$ —— 水侧动力黏度，$\mathrm{Pa \cdot s}$；

$\quad\quad k_{gc,w}$ —— 水侧导热系数，$\mathrm{W \cdot m^{-1} \cdot K^{-1}}$。

螺旋凹槽内管水侧摩擦系数根据式(3-84)计算：

$$f_{gc,w\_1} = \begin{cases} 0.554 \left(\dfrac{64.0}{Re_{gc,w} - 45.0} \right) (e_{gc}^*)^{0.384} (p_{gc}^*)^{-1.454 + 2.083 e_{gc}^*} (\theta_{gc,w}^*)^{-2.426} & , \ Re_{gc,w} \leqslant 1500 \\[3mm] 1.209 Re_{gc,w}^{-0.261} (e_{gc}^*)^{1.26 - 0.05 p_{gc}^*} (p_{gc}^*)^{-1.66 + 2.033 e_{gc}^*} (\theta^*)^{-2.699 + 3.67 e_{gc}^*} & , \ Re_{gc,w} > 1500 \end{cases}$$

(3-84)

式中，f_{gc,w_1} —— 水侧摩擦系数。

对于平直套管来说，水侧的换热和摩擦系数采用 Gnielinski[18]的关联式：

$$Nu_{gc,w\_z} = \frac{\left(f_{gc,w\_z} / 8 \right) \left(Re_{gc,w} - 1000 \right) Pr_{gc,w}}{1 + 12.7 \left(f_{gc,w\_z} / 8 \right)^{1/2} \left(Pr_{gc,w}^{2/3} - 1 \right)}$$ (3-85)

$$f_{gc,w\_z} = \left(1.82 \log Re_{gc,w} - 1.64 \right)^{-2}$$ (3-86)

水侧的压力损失为

$$\Delta p_{gc,w} = f_{gc,w} \frac{l}{D_{gc,w\_eq}} \frac{\rho_{gc,w} u_{gc,w}^2}{2}$$ (3-87)

式中，$\Delta p_{gc,w}$ —— 水侧的压力损失，Pa。

3. 总换热方程

壁面微元段表征换热器的质量与热阻，其温度变化满足以下瞬态关系：

$$\dot{Q}_{gc,wall} = c_{gc,wall} M_{gc,wall} \frac{dT_{gc,wall}}{dt}$$ (3-88)

式中，$\dot{Q}_{gc,wall}$ —— 壁面的传热量，W；

$\quad\quad c_{gc,wall}$ —— 壁面微元段的比热容，$\mathrm{kJ \cdot kg^{-1} \cdot K^{-1}}$；

$\quad\quad M_{gc,wall}$ —— 壁面微元段的质量，kg；

$T_{gc,wall}$ —— 壁面温度，℃。

由 CO_2 微元段到水侧微元段传热过程中的能量守恒可得

$$\dot{Q}_{gc,wall} + \dot{Q}_{gc,r} + \dot{Q}_{gc,w} = 0 \qquad (3\text{-}89)$$

CO_2 微元段与水侧微元段传热量的计算分别表示为式(3-90)及式(3-91)：

$$\dot{Q}_{gc,r} = \frac{T_{gc,wall} - T_{gc,r}}{\dfrac{1}{\alpha_{gc,r} A_{gc,r}} + r_{gc,r}} \qquad (3\text{-}90)$$

$$\dot{Q}_{gc,w} = \frac{T_{gc,wall} - T_{gc,w}}{\dfrac{1}{\alpha_{gc,w} A_{gc,w}} + r_{gc,w}} \qquad (3\text{-}91)$$

式中，$A_{gc,r}$ —— CO_2 微元段的对流换热面积，m^2；

$\quad r_{gc,r}$ —— CO_2 微元段侧壁面热阻，$m^2 \cdot K \cdot W^{-1}$；

$\quad A_{gc,w}$ —— 水侧微元段的对流换热面积，m^2；

$\quad r_{gc,w}$ —— 水侧微元段侧壁面热阻，$m^2 \cdot K \cdot W^{-1}$。

在给定壁面温度初值的情况下，通过联立式(3-89)~式(3-91)，即可对气体冷却器中总体的动态传热过程进行计算。

3.3 蒸 发 器

3.3.1 蒸发器基本形式

在空气源跨临界 CO_2 热泵热水器中，蒸发器作为从外界环境中吸收热量的关键设备，对热泵利用空气热能的能力产生重大影响。与使用常规制冷剂的蒸发器类似，CO_2 蒸发器内也会发生两相沸腾蒸发过程。然而，由于 CO_2 运行压力较高，其流态的划分和换热系数的计算与传统制冷剂有所不同。同时，CO_2 具有很好的流动特性，可以适当地减小换热管径而不会导致显著的压降。近年来，微通道式蒸发器作为一种新兴技术被应用到了跨临界 CO_2 热泵热水器中。本节将介绍翅片管式蒸发器和微通道式蒸发器的数学模型。

3.3.1.1 翅片管式蒸发器

翅片管式蒸发器及其波纹翅片的结构示意简图如图 3-12 所示。在翅片管式蒸发器中，其换热管为光滑铜管，翅片为铝波纹翅片，换热管之间交叉排列，翅片等距平行分布，空气与 CO_2 之间为交叉对流换热。

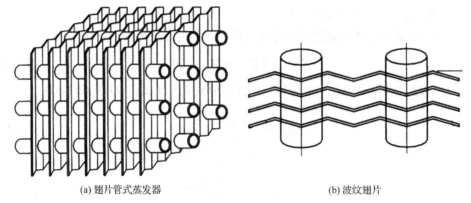

(a) 翅片管式蒸发器　　　　　　　　　　　　　(b) 波纹翅片

图 3-12　翅片管式蒸发器及其波纹翅片的结构示意简图

3.3.1.2　微通道式蒸发器

微通道式蒸发器及其百叶窗翅片的结构示意简图如图 3-13 所示。相比于翅片管式蒸发器，微通道式蒸发器有很多优点。例如，高压承受能力强、部件尺寸相对较小、空气侧换热性能更好等，因此常被应用于 CO_2 热泵空调系统中。

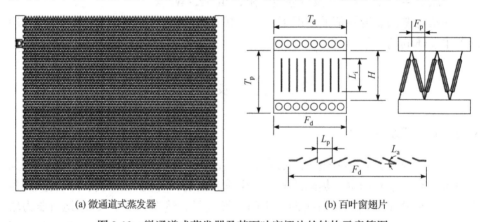

(a) 微通道式蒸发器　　　　　　　　　　　(b) 百叶窗翅片

图 3-13　微通道式蒸发器及其百叶窗翅片的结构示意简图

3.3.2　蒸发器流动及换热特性

3.3.2.1　基本假设

图 3-14 为翅片管式蒸发器几何参数及内部微元换热流程示意图。在蒸发器数学模型的建立中，同样采用了微元段法来进行计算，以保证理论模拟计算的准确性。图 3-14(b)为实现空气和制冷剂进行交叉流换热时，换热器内部空气侧微元和制冷剂微元经由换热器壁面微元进行热交换的示意图。

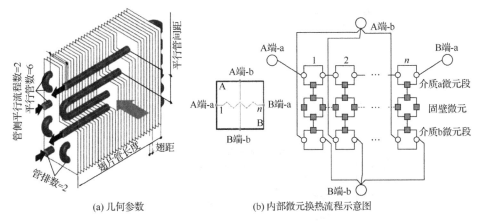

(a) 几何参数　　　　　　(b) 内部微元换热流程示意图

图 3-14　翅片管式蒸发器

对蒸发器的计算，采取了如下假设：

(1) 微元段内 CO_2 侧和流动空气之间是交叉流换热；

(2) 在蒸发器中，CO_2 均匀分布在各回路中；

(3) 外界空气在换热器迎风面上的流量均匀分布；

(4) 翅片的温度一致，不存在渐变的温度分布；

(5) 忽视流动空气的压力损失；

(6) 忽略润滑油对蒸发器换热的影响。

3.3.2.2　模型基本方程

1. CO_2 侧

在蒸发器中，CO_2 吸收外界空气的热量，存在两相状态和过热状态两种情况，需要分别进行考虑。对于两相段，CO_2 在两相区内不同条件下流动形态不同，从而影响其换热和压降。CO_2 的管内沸腾蒸发流态可以分为泡状流、间歇流、环状流、干涸区、分层流、分层波状流、段塞流/分层波状流及雾状流。图 3-15 为 CO_2 的两相沸腾蒸发流态划分图。

基于 Cheng 等[19]提出的 CO_2 两相流型图，判断流动所处的流态依据的边界条件如下：该流型图及相应的换热和压降公式适用范围较大，管径 $0.6\sim10\text{mm}$，质量流速 $50\sim1500\text{kg}\cdot\text{m}^{-2}\cdot\text{s}^{-1}$，热流密度 $1.8\sim46\text{kW}\cdot\text{m}^{-2}$，饱和温度 $-28\sim25\text{℃}$。本书所研究的蒸发器内流动和换热情况基本属于该模型的应用范围。

分层波状流与间歇流和环状流之间的质量流速过渡边界计算式为式(3-92)：

$$G_{\text{e,r\_wavy}} = \left\{ \frac{16A_{\text{e,r\_VD}}^3 g D_{\text{e,r\_eq}} \rho_{\text{e,r\_L}} \rho_{\text{e,r\_v}}}{x_{\text{e,r}}^2 \pi^2 \left[1 - \left(2h_{\text{e,r\_LD}} - 1\right)^2\right]^{1/2}} \left[\frac{\pi^2}{25h_{\text{e,r\_LD}}^2}\left(\frac{Fr_{\text{e,r\_L}}}{We_{\text{e,r\_L}}}\right) + 1\right] \right\}^{1/2} + 50 \quad (3\text{-}92)$$

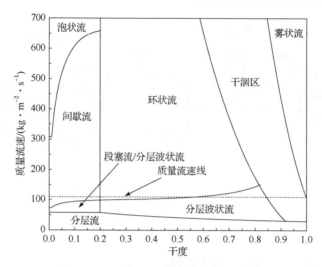

图 3-15　CO_2 的两相沸腾蒸发流态划分图

式中，A_{e,r_VD} —— 管内气体流动截面积，m^2；

$\quad\quad g$ —— 重力加速度，$m \cdot s^{-2}$；

$\quad\quad D_{e,r\_eq}$ —— 等效直径，m；

$\quad\quad \rho_{e,r\_L}$ —— CO_2 液相密度，$kg \cdot m^{-3}$；

$\quad\quad \rho_{e,r\_V}$ —— CO_2 气相密度，$kg \cdot m^{-3}$；

$\quad\quad x_{e,r}$ —— CO_2 干度；

$\quad\quad h_{e,r\_LD}$ —— 无量纲液面高度；

$\quad\quad Fr_{e,r\_L}$ —— 液体弗劳德数；

$\quad\quad We_{e,r\_L}$ —— 液体韦伯数。

液体弗劳德数和液体韦伯数计算式如下：

$$Fr_{e,r\_L} = \frac{G_{e,r}^2}{\rho_{e,r\_L}^2 g D_{e,r\_eq}} \tag{3-93}$$

$$We_{e,r\_L} = \frac{G_{e,r}^2 D_{e,r\_eq}}{\rho_{e,r\_L} \sigma_{e,r}} \tag{3-94}$$

式中，$G_{e,r}$ —— CO_2 质量流速，$kg \cdot m^{-2} \cdot s^{-1}$；

$\quad\quad \sigma_{e,r}$ —— 表面张力，$N \cdot m^{-1}$。

分层流与分层波状流之间的质量流速过渡边界计算式为式(3-95)：

$$G_{e,r\_strat} = \left[\frac{226.3^2 A_{e,r\_LD} A_{e,r\_VD}^2 \rho_{e,r\_V} \left(\rho_{e,r\_L} - \rho_{e,r\_V} \right) \mu_{e,r\_L} g}{x_{e,r}^2 \left(1 - x_{e,r} \right) \pi^2} \right]^{1/3} \tag{3-95}$$

式中，A_{e,r_LD}——管内液体流动截面积，m^2；

$\quad\quad\mu_{e,r\_L}$——CO_2 液相动力黏度，$Pa \cdot s$。

在流型图中，当 $x_{e,r} < x_{e,r\_IA}$，$G_{e,r\_strat} = G_{e,r\_strat}(x_{IA})$。间歇流和环状流之间的干度过渡边界计算式为式(3-96)：

$$x_{e,r\_IA} = \left[1.8^{1/0.875} \left(\frac{\rho_{e,r\_V}}{\rho_{e,r\_L}} \right)^{-1/1.75} \left(\frac{\mu_{e,r\_L}}{\mu_{e,r\_V}} \right) + 1 \right]^{-1} \tag{3-96}$$

式中，μ_{e,r_V}——CO_2 气相动力黏度，$Pa \cdot s$。

环状流和干涸区之间的质量流速过渡边界计算式表示为式(3-97)：

$$
\begin{aligned}
G_{e,r\_dryout} = \left\{ \frac{1}{0.236} \left[\ln\left(\frac{0.58}{x} \right) + 0.52 \right] \left(\frac{D_{e,r\_eq}}{\rho_{e,r\_V}\sigma_{e,r}} \right)^{-0.17} \left[\frac{1}{gD_{e,r\_eq}\rho_{e,r\_V}\left(\rho_{e,r\_L} - \rho_{e,r\_V} \right)} \right]^{-0.17} \right. \\
\left. \cdot \left(\frac{\rho_{e,r\_V}}{\rho_{e,r\_L}} \right)^{-0.25} \left(\frac{q_{e,r}}{q_{e,r\_crit}} \right)^{-0.27} \right\}^{1.471}
\end{aligned}
$$

$$\tag{3-97}$$

式中，$q_{e,r}$——换热管内热流密度，$W \cdot m^{-2}$；

$\quad\quad q_{e,r\_crit}$——临界热流密度，$W \cdot m^{-2}$。

干涸区开始的干度计算式表示为式(3-98)：

$$x_{e,r\_di} = 0.58e^{[0.52 - 0.236We_{e,r\_V}^{0.17}Fr_{e,r\_V}^{0.17}(\rho_{e,r\_V}/\rho_{e,r\_L})^{0.25}(q_{e,r}/q_{e,r\_crit})^{0.27}]} \tag{3-98}$$

式中，We_{e,r_V}——气体韦伯数；

$\quad\quad Fr_{e,r\_V}$——气体弗劳德数。

气体韦伯数和气体弗劳德数计算式如下：

$$We_{e,r\_V} = \frac{G_{e,r}^2 D_{e,r\_eq}}{\rho_{e,r\_V}\sigma_{e,r}} \tag{3-99}$$

$$Fr_{e,r\_V} = \frac{G_{e,r}^2}{\rho_{e,r\_V}\left(\rho_{e,r\_L} - \rho_{e,r\_V} \right)gD_{e,r\_eq}} \tag{3-100}$$

临界热流计算式表示为式(3-101)：

$$q_{e,r\_crit} = 0.131\rho_{e,r\_V}^{0.5}h_{e,r\_LV}[g\sigma_{e,r}(\rho_{e,r\_L} - \rho_{e,r\_V})]^{0.25} \tag{3-101}$$

式中，h_{e,r_LV}——CO_2 汽化潜热，$kJ \cdot kg^{-1}$。

干涸区和雾状流之间的质量流速过渡边界计算表示为式(3-102)：

$$G_{e,r\_M} = \left\{ \frac{1}{0.502} \left[\ln\left(\frac{0.61}{x_{e,r}}\right) + 0.57 \right] \left(\frac{D_{e,r\_eq}}{\rho_{e,r\_V}\sigma_{e,r}}\right)^{-0.16} \left[\frac{1}{gD_{e,r\_eq}\rho_{e,r\_V}\left(\rho_{e,r\_L} - \rho_{e,r\_V}\right)} \right]^{-0.15} \right.$$

$$\left. \cdot \left(\frac{\rho_{e,r\_V}}{\rho_{e,r\_L}}\right)^{-0.09} \left(\frac{q_{e,r}}{q_{e,r\_crit}}\right)^{-0.72} \right\}^{1.613}$$

(3-102)

干涸区结束的干度计算式表示为式(3-103)：

$$x_{e,r\_de} = 0.61e^{\left[0.57 - 0.502We_{e,r\_V}^{0.16}Fr_{e,r\_V}^{0.15}\left(\rho_{e,r\_V}/\rho_{e,r\_L}\right)^{-0.09}\left(q_{e,r}/q_{e,r\_crit}\right)^{0.72}\right]}$$

(3-103)

间歇流和泡状流之间的质量流速过渡边界计算式为式(3-104)：

$$G_{e,r\_B} = \left[\frac{256A_{e,r\_VD}A_{e,r\_LD}^2 D_{e,r\_eq}^{1.25}\rho_{e,r\_L}\left(\rho_{e,r\_L} - \rho_{e,r\_V}\right)g}{0.3164\left(1 - x_{e,r}\right)^{1.75}\pi^2 P_{e,r\_iD}\mu_{e,r\_L}^{0.25}} \right]^{1/1.75}$$

(3-104)

式中，P_{e,r_iD} —— 无量纲管内干周长。

根据式(3-92)～式(3-104)确定了 CO_2 两相蒸发所处于的流态之后，即可以相应地计算其换热系数。管内沸腾换热系数的计算式表示为式(3-105)：

$$\alpha_{e,r\_tp} = \frac{\theta_{e,r\_dry}\alpha_{e,r\_V} + \left(2\pi - \theta_{e,r\_dry}\right)\alpha_{e,r\_wet}}{2\pi}$$

(3-105)

式中，α_{e,r_tp} —— 两相沸腾换热系数，$W \cdot m^{-2} \cdot K^{-1}$；

　　　θ_{e,r_dry} —— 管内干角，rad；

　　　α_{e,r_V} —— 干周气相换热系数，$W \cdot m^{-2} \cdot K^{-1}$；

　　　α_{e,r_wet} —— 湿周换热系数，$W \cdot m^{-2} \cdot K^{-1}$。

干周气相换热系数采用 Dittus 和 Boelter[20]的关联式计算，计算式假设是气相在完整管内的流动：

$$\alpha_{e,r\_V} = 0.023Re_{e,r\_V}^{0.8}Pr_{e,r\_V}^{0.4}\frac{k_{e,r\_V}}{D_{e,r\_eq}}$$

(3-106)

式中，Re_{e,r_V} —— 气相雷诺数；

　　　Pr_{e,r_V} —— 气相普朗特数；

　　　k_{e,r_V} —— CO_2气相的导热系数，$W \cdot m^{-1} \cdot K^{-1}$。

气相雷诺数计算式表示为式(3-107)：

$$Re_{e,r\_V} = \frac{G_{e,r}x_{e,r}D_{e,r\_eq}}{\mu_{e,r\_V}\varepsilon_{e,r}}$$

(3-107)

式中，$\varepsilon_{e,r}$ —— 空泡系数。

管内的空泡系数计算式表示为式(3-108)：

$$\varepsilon_{e,r} = \frac{x_{e,r}}{\rho_{e,r\_V}}\left\{\left[1+0.12\left(1-x_{e,r}\right)\right]\left(\frac{x_{e,r}}{\rho_{e,r\_V}}+\frac{1-x_{e,r}}{\rho_{e,r\_L}}\right)+\frac{1.18\left(1-x_{e,r}\right)\left[g\sigma_{e,r}\left(\rho_{e,r\_L}-\rho_{e,r\_V}\right)\right]^{0.25}}{G_{e,r}\rho_{e,r\_L}^{0.5}}\right\}^{-1}$$

$$(3-108)$$

湿周上的液相换热系数考虑到泡核沸腾和对流沸腾贡献的结合，计算式表示为式(3-109)：

$$\alpha_{e,r\_wet} = \left[\left(S_{e,r}\alpha_{e,r\_nb}\right)^3+\alpha_{e,r\_cb}^3\right]^{1/3} \qquad (3-109)$$

式中，$S_{e,r}$ —— 泡核沸腾换热抑制因子；

$\quad\quad\alpha_{e,r\_nb}$ —— 泡核沸腾换热系数，$W\cdot m^{-2}\cdot K^{-1}$；

$\quad\quad\alpha_{e,r\_cb}$ —— 对流沸腾换热系数，$W\cdot m^{-2}\cdot K^{-1}$。

泡核沸腾换热系数计算式表示为式(3-110)：

$$\alpha_{e,r\_nb} = 131pr_{e,r}^{-0.0063}\left(-\lg pr_{e,r}\right)^{-0.55}M^{-0.5}q_{e,r}^{0.58} \qquad (3-110)$$

式中，$pr_{e,r}$ —— 对比压力；

$\quad\quad M$ —— CO_2 的摩尔质量，$kg\cdot kmol^{-1}$。

泡核沸腾的换热抑制因子考虑了液膜变薄使泡核沸腾对换热贡献的减少，计算式表示为式(3-111)，在计算中，如果 D_{e,r_eq} 大于 7.53mm 则按 7.53mm 取值：

$$S_{e,r} = \begin{cases} 1, & x_{e,r} < x_{e,r\_IA} \\ 1-1.14\left(\dfrac{D_{e,r\_eq}}{0.00753}\right)^2\left(1-\dfrac{\delta_{e,r}}{\delta_{e,r\_IA}}\right), & x_{e,r} \geqslant x_{e,r\_IA} \end{cases} \qquad (3-111)$$

式中，$\delta_{e,r}$ —— 液膜厚度，m；

$\quad\quad\delta_{e,r\_IA}$ —— 干度为间歇流-环状流边界值时的液膜厚度，m。

对流沸腾换热系数的计算式表示为式(3-112)：

$$\alpha_{e,r\_cb} = 0.0133Re_{e,r\_\delta}^{0.69}Pr_{e,r\_L}^{0.4}\frac{k_{e,r\_L}}{\delta_{e,r}} \qquad (3-112)$$

式中，Re_{e,r_δ} —— 液膜雷诺数；

$\quad\quad Pr_{e,r\_L}$ —— 液相普朗特数；

$\quad\quad k_{e,r\_L}$ —— CO_2 液相导热系数，$W\cdot m^{-1}\cdot K^{-1}$。

液膜雷诺数的计算式表示为式(3-113)：

$$Re_{e,r\_\delta} = \frac{4G_{e,r}\left(1-x_{e,r}\right)\delta_{e,r}}{\mu_{e,r\_L}\left(1-\varepsilon_{e,r}\right)} \qquad (3-113)$$

泡状流的换热系数计算方法和间歇流一致。除了上述的换热系数公式之外，在雾状流中，其流态和一般的两相流动区别较大，因此采取另外的计算公式，表示为式(3-114)：

$$\alpha_{e,r\_M} = 2 \times 10^{-8} Re_{e,r\_H}^{1.97} Pr_{e,r\_V}^{1.06} Y_{e,r}^{-1.83} \frac{k_{e,r\_V}}{D_{e,r\_eq}} \tag{3-114}$$

式中，Re_{e,r_H}—— 均质雷诺数；

　　　$Y_{e,r}$—— 修正因子。

均质雷诺数和修正因子的计算式表示为

$$Re_{e,r\_H} = \frac{G_{e,r} D_{e,r\_eq}}{\mu_{e,r\_V}} \left[x_{e,r} + \frac{\rho_{e,r\_V}}{\rho_{e,r\_L}} \left(1 - x_{e,r} \right) \right] \tag{3-115}$$

$$Y_{e,r} = 1 - 0.1 \left[\left(\frac{\rho_{e,r\_L}}{\rho_{e,r\_V}} - 1 \right) \left(1 - x_{e,r} \right) \right]^{0.4} \tag{3-116}$$

干涸区的换热系数通过线性插值方法进行计算，计算式表示为式(3-117)：

$$\alpha_{e,r\_dryout} = \alpha_{e,r\_tp} \left(x_{e,r\_di} \right) - \frac{x_{e,r} - x_{e,r\_di}}{x_{e,r\_de} - x_{e,r\_di}} \left[\alpha_{e,r\_tp} \left(x_{e,r\_di} \right) - \alpha_{e,r\_M} \left(x_{e,r\_de} \right) \right] \tag{3-117}$$

式中，$\alpha_{e,r\_tp}(x_{e,r\_di})$—— 在干涸区开始干度下的两相换热系数，$W \cdot m^{-2} \cdot K^{-1}$；

　　　$\alpha_{e,r\_M}(x_{e,r\_de})$—— 在干涸区结束干度下的雾状流换热系数，$W \cdot m^{-2} \cdot K^{-1}$。

对于过热状态的单相流动的换热来说，类似两相中的气相换热系数，本书采用了 Dittus 和 Boelter[20]的关联式进行计算。

对于两相区内的压降，在不同流态下，其计算方法也有所不同，本书同样采用了 Cheng 等[19]提出的公式。两相流动的总压降计算式表示为式(3-118)：

$$\Delta p_{e,r\_total} = \Delta p_{e,r\_g} + \Delta p_{e,r\_m} + \Delta p_{e,r\_f} \tag{3-118}$$

式中，$\Delta p_{e,r\_g}$—— 重力压力损失，Pa；

　　　$\Delta p_{e,r\_m}$—— 动量压力损失，Pa；

　　　$\Delta p_{e,r\_f}$—— 摩擦压力损失，Pa。

对于水平管，其重力压力损失为零。动量压力损失计算式表示为式(3-119)：

$$\Delta p_{e,r\_m} = G_{e,r}^2 \left\{ \left[\frac{\left(1 - x_{e,r}\right)^2}{\rho_{e,r\_L}\left(1 - \varepsilon_{e,r}\right)} + \frac{x_{e,r}^2}{\rho_{e,r\_V}\varepsilon_{e,r}} \right]_{out} - \left[\frac{\left(1 - x_{e,r}\right)^2}{\rho_{e,r\_L}\left(1 - \varepsilon_{e,r}\right)} + \frac{x_{e,r}^2}{\rho_{e,r\_V}\varepsilon_{e,r}} \right]_{in} \right\}$$

$$\tag{3-119}$$

在环状流中，CO_2 的摩擦压力损失计算式为式(3-120)：

$$\Delta p_{e,r\_A} = 4 f_{e,r\_A} \frac{\Delta l}{D_{e,r\_eq}} \frac{\rho_{e,r\_V} u_{e,r\_V}^2}{2} \qquad (3\text{-}120)$$

式中，f_{e,r_A} —— 环状流下的 CO_2 摩擦系数；

　　　Δl —— 微元段的长度，m；

　　　u_{e,r_V} —— CO_2 气相平均流速，$m \cdot s^{-1}$。

　　环状流下的 CO_2 摩擦系数计算式为式(3-121)：

$$f_{e,r\_A} = 3.128 Re_{e,r\_V}^{-0.454} We_{e,r\_L}^{-0.0308} \qquad (3\text{-}121)$$

在段塞流/分层波状流或者间歇流中，CO_2 的摩擦压力损失计算式为式(3-122)：

$$\Delta p_{e,r\_SLUG+I} = \Delta p_{e,r\_LO} \left(1 - \frac{\varepsilon_{e,r}}{\varepsilon_{e,r\_IA}} \right) + \Delta p_{e,r\_A} \left(\frac{\varepsilon_{e,r}}{\varepsilon_{e,r\_IA}} \right) \qquad (3\text{-}122)$$

式中，$\Delta p_{e,r\_LO}$ —— 将 CO_2 完全视为液相时的满液摩擦压力损失，Pa；

　　　ε_{e,r_IA} —— 在间歇流和环状流边界干度下的空泡系数。

　　满液摩擦压力损失计算式表示为式(3-123)：

$$\Delta p_{e,r\_LO} = 4 f_{e,r\_LO} \frac{\Delta l}{D_{e,r\_eq}} \frac{G_{e,r}^2}{2 \rho_{e,r\_L}} \qquad (3\text{-}123)$$

式中，f_{e,r_LO} —— 满液摩擦系数。

　　满液摩擦系数计算式为式(3-124)：

$$f_{e,r\_LO} = \frac{0.079}{Re_{e,r\_LO}^{0.25}} \qquad (3\text{-}124)$$

式中，Re_{e,r_LO} —— 满液雷诺数。

　　在分层波状流中，CO_2 的摩擦压力损失计算式表示为式(3-125)：

$$\Delta p_{e,r\_SW} = 4 f_{e,r\_SW} \frac{\Delta l}{D_{e,r\_eq}} \frac{\rho_{e,r\_V} u_{e,r\_V}^2}{2} \qquad (3\text{-}125)$$

式中，f_{e,r_SW} —— 分层波状流下的两相摩擦系数。

　　分层波状流下的两相摩擦系数计算式表示为式(3-126)：

$$f_{e,r\_SW} = \left(\theta_{e,r\_dry}^* \right)^{0.02} f_{e,r\_V} + \left(1 - \theta_{e,r\_dry}^* \right) f_{e,r\_A} \qquad (3\text{-}126)$$

式中，θ_{e,r_dry}^* —— 无量纲干角，$\theta_{e,r\_dry}^* = \dfrac{\theta_{e,r\_dry}}{2\pi}$；

　　　f_{e,r_V} —— 气相摩擦系数。

　　气相摩擦系数计算式表示为式(3-127)：

$$f_{e,r\_V} = \frac{0.079}{Re_{e,r\_V}^{0.25}} \tag{3-127}$$

在段塞流/分层波状流中，CO_2 的摩擦压力损失计算式为式(3-128)：

$$\Delta p_{e,r\_SLUG+SW} = \Delta p_{e,r\_LO}\left(1 - \frac{\varepsilon_{e,r}}{\varepsilon_{e,r\_IA}}\right) + \Delta p_{e,r\_SW}\left(\frac{\varepsilon_{e,r}}{\varepsilon_{e,r\_IA}}\right) \tag{3-128}$$

在雾状流中，CO_2 的摩擦压力损失计算式为式(3-129)：

$$\Delta p_{e,r\_M} = 4 f_{e,r\_M}\frac{\Delta l}{D_{e,r\_eq}}\frac{G_{e,r}^2}{2\rho_{e,r\_H}} \tag{3-129}$$

式中，f_{e,r_M}——CO_2 雾状流下的摩擦系数；

ρ_{e,r_H}——CO_2 均质密度，$kg \cdot m^{-3}$。

雾状流下的摩擦系数计算式为式(3-130)：

$$f_{e,r\_M} = \frac{91.2}{Re_{e,r\_M}^{0.832}} \tag{3-130}$$

式中，Re_{e,r_M}——雾状流雷诺数。

在干涸区中，CO_2 摩擦压力损失计算式为式(3-131)：

$$\Delta p_{e,r\_dryout} = \Delta p_{e,r\_A}\left(x_{e,r\_di}\right) - \frac{x_{e,r} - x_{e,r\_di}}{x_{e,r\_de} - x_{e,r\_di}}\left[\Delta p_{e,r\_A}\left(x_{e,r\_di}\right) - \Delta p_{e,r\_M}\left(x_{e,r\_de}\right)\right] \tag{3-131}$$

式中，$\Delta p_{e,r\_A}(x_{e,r\_di})$——$CO_2$ 在环状流下干度为 x_{e,r_di} 时的摩擦压力损失，Pa；

$\Delta p_{e,r\_M}(x_{e,r\_de})$——$CO_2$ 在雾状流下干度为 x_{e,r_de} 时的摩擦压力损失，Pa。

在分层流下，CO_2 的摩擦压力损失计算式为式(3-132)：

$$\Delta p_{e,r\_strat} = \begin{cases} 4 f_{e,r\_strat}\dfrac{\Delta l}{D_{e,r\_eq}}\dfrac{\rho_{e,r\_V}u_{e,r\_V}^2}{2}, & x_{e,r} \geqslant x_{e,r\_IA} \\[3mm] \Delta p_{e,r\_LO}\left(1 - \dfrac{\varepsilon_{e,r}}{\varepsilon_{e,r\_IA}}\right) + \Delta p_{e,r\_strat(x_{e,r} \geqslant x_{e,r\_IA})}\left(\dfrac{\varepsilon_{e,r}}{\varepsilon_{IA}}\right), & x_{e,r} < x_{e,r\_IA} \end{cases} \tag{3-132}$$

式中，f_{e,r_strat}——CO_2 分层流下的摩擦系数。

CO_2 在分层流下的摩擦系数计算式为式(3-133)：

$$f_{e,r\_strat} = \theta_{e,r\_strat}^* f_{e,r\_V} + \left(1 - \theta_{e,r\_strat}^*\right) f_{e,r\_A}, \quad x_{e,r} \geqslant x_{e,r\_IA} \tag{3-133}$$

式中，θ_{e,r_strat}^*——无量纲分层角，$\theta_{e,r\_strat}^* = \theta_{e,r\_strat}/(2\pi)$。

在泡状流中，CO_2 的摩擦压力损失计算式为式(3-134)：

$$\Delta p_{e,r\_B} = \Delta p_{e,r\_LO}\left(1 - \frac{\varepsilon_{e,r}}{\varepsilon_{e,r\_IA}}\right) + \Delta p_A\left(\frac{\varepsilon_{e,r}}{\varepsilon_{e,r\_IA}}\right) \tag{3-134}$$

在过热单相区内，摩擦压力损失计算式为式(3-135)：

$$\Delta p_{e,r\_single} = f_{e,r\_s}\frac{\Delta l}{D_{e,r\_eq}}\frac{\rho_{e,r}u_{e,r}^2}{2} \tag{3-135}$$

式中，f_{e,r_s} —— 单相区水平管内摩擦系数。

单相区水平管内摩擦系数计算式为式(3-136)：

$$f_{e,r\_s} = (1.82\log Re_{e,r} - 1.64)^{-2} \tag{3-136}$$

2. 空气侧

本书考虑了翅片管式和微通道式两种蒸发器，涉及的翅片形式包括波纹翅片和百叶窗翅片。

在 CO_2 蒸发器中的空气侧微元段，为了实现整体系统计算的稳定，对质量守恒与能量守恒均采用稳态计算。然而，蒸发器的换热过程中，采用湿空气计算还需要考虑其组分的变化和水分的析出，基于此种考虑，蒸发器中空气侧微元段中质量与组分守恒需要满足方程：

$$\dot{m}_{e,a\_in} + \dot{m}_{e,a\_out} - \dot{m}_{e\_cond} = 0 \tag{3-137}$$

$$\dot{m}_{e,a\_in}x_{e,a\_in} + \dot{m}_{e,a\_out}x_{e,a\_out} = 0 \tag{3-138}$$

$$\dot{m}_{e,a\_in}x_{e,H_2O\_in} + \dot{m}_{e,a\_out}x_{e,H_2O\_out} - \dot{m}_{e\_cond} = 0 \tag{3-139}$$

式中，$\dot{m}_{e,a\_in}$ —— 空气微元段进口湿空气质量流量，$kg \cdot s^{-1}$；

　　　$\dot{m}_{e,a\_out}$ —— 空气微元段出口湿空气质量流量，$kg \cdot s^{-1}$；

　　　$\dot{m}_{e\_cond}$ —— 空气微元段中冷凝析出的质量流量，$kg \cdot s^{-1}$；

　　　x_{e,a_in} —— 湿空气入口的干空气质量分数；

　　　x_{e,a_out} —— 湿空气出口的干空气质量分数；

　　　x_{e,H_2O_in} —— 湿空气入口的水蒸气质量分数；

　　　x_{e,H_2O_out} —— 湿空气出口的水蒸气质量分数。

结合各组分质量守恒定律，能量方程需要满足：

$$\dot{m}_{e,a\_in}h_{e,a\_in} + \dot{m}_{e,a\_out}h_{e,a\_out} + \dot{Q}_{e,a} - \dot{m}_{e\_cond}h_{e,H_2O\_wall} = 0 \tag{3-140}$$

式中，h_{e,a_in} —— 空气微元段进口的湿空气比焓，$kJ \cdot kg^{-1}$；

　　　h_{e,a_out} —— 空气微元段出口的湿空气比焓，$kJ \cdot kg^{-1}$；

$\dot{Q}_{e,a}$ —— 空气侧与壁面的传热量，W；

h_{e,H_2O_wall} —— 壁面冷凝水的比焓，$kJ \cdot kg^{-1}$。

当计算空气侧在翅片管式蒸发器的波纹翅片的换热系数时，采用了 Wang 等[21]提出的换热关联式，他们采用 j 因子来描述空气侧的换热：

$$j = \frac{Nu_{e,a}}{Re_{e,a\_D_c}Pr_{e,a}^{1/3}} = \frac{\alpha_{e,a}}{\rho_{e,a}V_{e,a\_min}c_{e,a\_p}}Pr_{e,a}^{2/3} \tag{3-141}$$

式中，$Nu_{e,a}$ —— 空气侧努塞特数；

Re_{e,a_D_c} —— 基于基管直径的雷诺数；

$Pr_{e,a}$ —— 空气侧普朗特数；

$\alpha_{e,a}$ —— 空气侧换热系数，$W \cdot m^{-2} \cdot K^{-1}$；

$\rho_{e,a}$ —— 空气侧密度，$kg \cdot m^{-3}$；

V_{e,a_min} —— 最小截面风速，$m \cdot s^{-1}$；

c_{e,a_p} —— 空气比热容，$kJ \cdot kg^{-1} \cdot K^{-1}$。

基于基管直径的雷诺数计算式为式(3-142)：

$$Re_{e,a\_D_c} = \frac{\rho_{e,a}V_{e,a\_min}D_{e,a\_c}}{\mu_{e,a}} \tag{3-142}$$

式中，D_{e,a_c} —— 基管直径，m；

$\mu_{e,a}$ —— 空气动力黏度，$Pa \cdot s$。

考虑翅片套管之后的基管直径计算式为式(3-143)：

$$D_{e,a\_c} = D_{e,a\_o} + 2\delta_{e,a\_f} \tag{3-143}$$

式中，D_{e,a_o} —— 换热铜管外径，m；

δ_{e,a_f} —— 翅片厚度，m。

最小截面风速计算式为式(3-144)：

$$V_{e,a\_min} = V_{e,a\_front} \frac{P_{e,a\_t}F_{e,a\_p}}{\left(P_{e,a\_t} - D_{e,a\_c}\right)\left(F_{e,a\_p} - \delta_{e,a\_f}\right)} \tag{3-144}$$

式中，V_{e,a_front} —— 迎面风速，$m \cdot s^{-1}$；

P_{e,a_t} —— 横向管间距，mm；

F_{e,a_p} —— 翅片节距，m。

在确定了 j 因子的取值之后，即可根据式(3-141)～式(3-144)计算换热系数。j 因子的计算式为式(3-145)～式(3-149)：

$$j = 0.324 Re_{\mathrm{e,a\_}D_c}^{J_1} \left(\frac{F_{\mathrm{e,a\_P}}}{P_{\mathrm{e,a\_1}}}\right)^{J_2} \left(\tan\theta_{\mathrm{e,a}}\right)^{J_3} \left(\frac{P_{\mathrm{e,a\_1}}}{P_{\mathrm{e,a\_t}}}\right)^{J_4} N_{\mathrm{e,a}}^{0.428} \tag{3-145}$$

$$J_1 = -0.229 + 0.115 \left(\frac{F_{\mathrm{e,a\_P}}}{D_{\mathrm{e,a\_c}}}\right)^{0.6} \left(\frac{P_{\mathrm{e,a\_1}}}{D_{\mathrm{e,a\_h}}}\right)^{0.54} N_{\mathrm{e,a}}^{-0.284} \ln\left(0.5\tan\theta_{\mathrm{e,a}}\right) \tag{3-146}$$

$$J_2 = -0.251 + \frac{0.232 N_{\mathrm{e,a}}^{1.37}}{\ln\left(Re_{\mathrm{e,a\_}D_c}\right) - 2.303} \tag{3-147}$$

$$J_3 = -0.439 \left(\frac{F_{\mathrm{e,a\_P}}}{D_{\mathrm{e,a\_h}}}\right)^{0.09} \left(\frac{P_{\mathrm{e,a\_1}}}{P_{\mathrm{e,a\_t}}}\right)^{-1.75} N_{\mathrm{e,a}}^{-0.93} \tag{3-148}$$

$$J_4 = 0.502 \left[\ln\left(Re_{\mathrm{e,a\_}D_c}\right) - 2.54\right] \tag{3-149}$$

式中，$P_{\mathrm{e,a\_1}}$ —— 纵向管间距，mm；

$\quad\quad\theta_{\mathrm{e,a}}$ —— 波纹角，(°)；

$\quad\quad N_{\mathrm{e,a}}$ —— 纵向管排数；

$\quad\quad D_{\mathrm{e,a\_c}}$ —— 基管直径，m；

$\quad\quad D_{\mathrm{e,a\_h}}$ ——水力直径，m。

当计算空气侧在微通道式蒸发器的百叶窗翅片上的换热系数时，则采用 Kim 和 Bullard[22]所提出的换热关联式，他们同样采用 j 因子：

$$j = Re_{\mathrm{e,a\_Lp}}^{-0.487} \left(\frac{L_{\mathrm{e,a\_\alpha}}}{90}\right)^{0.257} \left(\frac{F_{\mathrm{e,a\_p}}}{L_{\mathrm{e,a\_p}}}\right)^{-0.13} \left(\frac{H_{\mathrm{e,a}}}{L_{\mathrm{e,a\_p}}}\right)^{-0.29} \left(\frac{F_{\mathrm{e,a\_d}}}{L_{\mathrm{e,a\_p}}}\right)^{-0.235} \left(\frac{L_{\mathrm{e,a\_1}}}{L_{\mathrm{e,a\_p}}}\right)^{0.68} \left(\frac{T_{\mathrm{e,a\_p}}}{L_{\mathrm{e,a\_p}}}\right)^{-0.279} \left(\frac{\delta_{\mathrm{e,a\_f}}}{L_{\mathrm{e,a\_p}}}\right)^{-0.05}$$

$$\tag{3-150}$$

式中，$Re_{\mathrm{e,a\_Lp}}$ —— 基于百叶窗节距计算的空气侧雷诺数；

$\quad\quad L_{\mathrm{e,a\_\alpha}}$ —— 百叶窗角度，(°)；

$\quad\quad L_{\mathrm{e,a\_p}}$ —— 百叶窗节距，m；

$\quad\quad H_{\mathrm{e,a}}$ —— 翅片高度，m；

$\quad\quad F_{\mathrm{e,a\_d}}$ —— 翅片深度，m；

$\quad\quad L_{\mathrm{e,a\_1}}$ ——百叶窗长度，m；

$\quad\quad T_{\mathrm{e,a\_p}}$ —— 扁管节距，m。

基于刘易斯数和对流传热系数 $\alpha_{\mathrm{e,a}}$ 定义传质系数 $\beta_{\mathrm{e,a}}$ 用于计算单位时间冷凝水析出质量：

$$\frac{\beta_{\mathrm{e,a}}}{\alpha_{\mathrm{e,a}}} = \frac{Le_{\mathrm{e,a}}^{-2/3}}{\rho_{\mathrm{e,a}} \cdot C_{\mathrm{e,a\_p}}} \tag{3-151}$$

$$\dot{m}_{e\_cond} = \beta_{e,a} \eta_{e,a} A_{e,a} \rho_{e,a} (\varepsilon_{e,a} - \varepsilon_{e,a\_Saturation}) \tag{3-152}$$

式中，$Le_{e,a}$ —— 刘易斯数；

$\qquad \rho_{e,a}$ —— 干空气密度，$kg \cdot m^{-3}$；

$\qquad \varepsilon_{e,a}$ —— 含湿量，$g \cdot kg^{-1}$；

$\qquad \varepsilon_{e,a\_Saturation}$ —— 壁面温度饱和状态下的含湿量，$g \cdot kg^{-1}$。

3. 总换热方程

在蒸发器的微元段内，空气侧和 CO_2 侧的总换热量计算式为式(3-153)：

$$\dot{Q}_e = U_e A_e \Delta T_e \tag{3-153}$$

式中，U_e —— 蒸发器微元段的总换热系数，$W \cdot m^{-2} \cdot K^{-1}$；

$\qquad \Delta T_e$ —— 微元段空气和 CO_2 之间的对数平均温差，K。

总换热系数计算式表示为式(3-154)：

$$U_e = \frac{\left[\dfrac{1}{\eta_{e,a} \alpha_{e,a} A_{e,a}} + r_{e,i} + \dfrac{\ln\left(D_{e,o}/D_{e,i}\right)}{2\pi k_{Cu} \Delta l} + r_{e,contact} + r_{e,o} + \dfrac{1}{\alpha_{e,r} A_{e,r}} \right]^{-1}}{A_{e,a}} \tag{3-154}$$

式中，$\eta_{e,a}$ —— 空气侧表面效率；

$\qquad r_{e,i}$ —— 管内侧污垢热阻，$K \cdot W^{-1}$；

$\qquad D_{e,i}$ —— 换热铜管内径，m；

$\qquad \Delta l$ —— 微元段换热管长度，m；

$\qquad r_{e,contact}$ —— 接触热阻，$K \cdot W^{-1}$；

$\qquad r_{e,o}$ —— 管外侧污垢热阻，$K \cdot W^{-1}$；

$\qquad \alpha_{e,r}$ —— CO_2 侧换热系数，$W \cdot m^{-2} \cdot K^{-1}$；

$\qquad A_{e,r}$ —— CO_2 管内侧换热面积，m^2；

$\qquad k_{Cu}$ —— 铜的导热系数，$W \cdot m^{-1} \cdot K^{-1}$。

蒸发器空气侧的表面效率计算式为式(3-155)：

$$\eta_{e,a} = 1 - \frac{A_{e,f}}{A_{e,a}} (1 - \eta_f) \tag{3-155}$$

式中，$A_{e,f}$ —— 翅片面积，m^2；

$\qquad \eta_f$ —— 翅片效率。

对于翅片管式蒸发器的波纹翅片，其翅片效率计算表达式为式(3-156)～式(3-158)：

$$\eta_f = \frac{\tanh\left(m_f r_f \phi_f\right)}{m_f r_f \phi_f} \tag{3-156}$$

$$m_f = \sqrt{\frac{2\alpha_{e,a}}{k_{Al}\delta_f}} \tag{3-157}$$

$$\phi_f = \left(\frac{R_{f,eq}}{r_e} - 1\right)\left[1 + 0.35\ln\left(\frac{R_{f,eq}}{r_e}\right)\right] \tag{3-158}$$

式中，m_f—— 翅片参数；

　　r_e—— 换热管内半径，m；

　　k_{Al}—— 铝的导热系数，$W \cdot m^{-1} \cdot K^{-1}$；

　　$R_{f,eq}$—— 翅片管等效半径，m。

对于微通道式蒸发器的百叶窗翅片，其翅片效率计算式为式(3-159)～式(3-161)：

$$\eta_f = \frac{\tanh(m_f l_f)}{m_f l_f} \tag{3-159}$$

$$m_f = \sqrt{\frac{2\alpha_{e,a}}{k_{Al}\delta_f}\left(1 + \frac{\delta_f}{F_d}\right)} \tag{3-160}$$

$$l_f = \frac{H_f}{2} - \delta_f \tag{3-161}$$

3.4　回　热　器

回热器在跨临界 CO_2 热泵热水器中的作用是进一步冷却气体冷却器出口的制冷剂，从而提高系统在高进水温度下的性能。此外，回热器在吸气前得到的过热也有利于满足高出水温度所需的排气温度，并有助于减少压缩机的液击发生。考虑到气体冷却器内是超临界区 CO_2 与亚临界区 CO_2 之间的换热，相对压差较大，因此一般会采用套管式回热器或者板式回热器。

3.4.1　套管式回热器

套管式回热器作为回热器使用时，高低压侧为逆流换热，高压侧 CO_2 在内管流动，低压侧在外管流动。为避免在低温环境运行时过高的排气温度，回热器换热面积不会太大。以螺旋凹槽套管式回热器为例，图 3-16 为套管式回热器外形结构。

3.4.1.1　基本假设

通常情况下，高压侧 CO_2 温度要高于低压侧，是高压侧加热低压侧的换热过

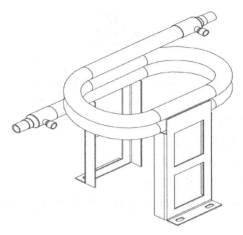

图 3-16　套管式回热器外形结构

程。高压侧换热过程中，是类显热的换热过程，无相变发生；在低压侧，随蒸发器出口参数的不同，其换热过程可能存在相变，即潜热的换热过程。相对于气体冷却器，回热器内换热相对要复杂一些。因此，在不影响计算精度的前提下，为提高计算的速度，同时减少一些非重要因素对换热计算的影响，作如下假设：

(1) 仅存在高压侧 CO_2 和低压侧 CO_2 之间的径向换热；

(2) 高压侧和低压侧的 CO_2 在管内的温度分布均匀，不存在内部温差；

(3) 忽略回热器与外部环境的热交换；

(4) 忽略重力和动能对高压侧和低压侧 CO_2 分布的影响；

(5) 忽略润滑油对回热器换热的影响；

(6) 忽略引力和回热器进出口导致的压降。

3.4.1.2　模型基本方程

1. 高压侧 CO_2

在回热器中，高压侧的超临界 CO_2 同样流动在螺旋凹槽套管的环空侧。对于超临界 CO_2 在回热器螺旋凹槽套管式回热器的环空侧冷却换热系数和摩擦系数，采用了和气体冷却器一样的实验关联式进行计算，在此不再赘述。

2. 低压侧 CO_2

回热器的低压侧为亚临界压力下的 CO_2，可能为过热状态或者两相状态。对于在回热器低压侧的过热单相状态的 CO_2，采用气体冷却器中管内侧的关联式，即 Rousseau 等[17]提出的换热系数和摩擦系数关联式进行计算。

对于低压侧的两相状态的 CO_2，由于文献中没有可用的螺旋凹槽管内 CO_2 的两相沸腾蒸发换热系数和压降的关联式，因此采用和蒸发器一致的 Cheng 等[19]提出的两相蒸发沸腾换热系数和压降关联式。

3.4.2　板式回热器

为了实现 CO$_2$ 的高效稳定换热，钎焊板式回热器是当前回热器的常见选择。图 3-17 为板式回热器外形尺寸与波纹翅片的几何参数图，依据实际板式回热器，对模型中的外形尺寸、换热板片数及实际翅片参数进行设置。在板式回热器模型中，高压侧与低压侧 CO$_2$ 微元段进行平行逆向换热。

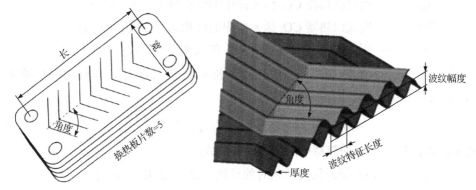

图 3-17　板式回热器外形尺寸与波纹翅片几何参数

由于板式回热器独特的结构形式与换热特性，在两侧的 CO$_2$ 微元段中，单相流体换热系数 $\alpha_{BP,s}$ 由 Longo 等[23]提出的用于钎焊板式回热器中的换热关联式(3-162)进行计算：

$$\alpha_{BP,s} = 0.277 \frac{\lambda_{BP,s}}{d_{BP,h}} Re_{BP,s}^{0.766} Pr_{BP,s}^{0.333} \tag{3-162}$$

式中，$\lambda_{BP,s}$——CO$_2$ 微元段为单相时的导热系数，$kJ \cdot K^{-1} \cdot m^{-1}$；

$\quad\quad d_{BP,h}$——板式回热器 CO$_2$ 微元段当量直径，m；

$\quad\quad Re_{BP,s}$——CO$_2$ 微元段的雷诺数；

$\quad\quad Pr_{BP,s}$——板式回热器 CO$_2$ 微元段普朗特数。

在钎焊板式回热器中，当量直径由图 3-17 中的几何参数计算得到：

$$d_{BP,h} = 4d_{BP,pA} \tag{3-163}$$

式中，$d_{BP,pA}$——图 3-17 所示的波纹特征长度，m。

基于 Thonon 准则，利用毕奥数 Bi 和洛克哈特-马蒂内利(Lockhart-Martinelli)参数 X 对两相蒸发换热模型进行判断，分别定义为

$$Bi_{BP} = q_{BP} / \left(G_{BP} \Delta h_{BP,LG} \right) \tag{3-164}$$

$$X_{BP,tt} = \left(\frac{1 - x_{BP}}{x_{BP}} \right)^{0.9} \left(\frac{\rho_{BP,G}}{\rho_{BP,L}} \right)^{0.5} \left(\frac{\mu_{BP,L}}{\mu_{BP,G}} \right)^{0.1} \tag{3-165}$$

式中，q_{BP} —— CO_2 微元段中的热流密度，$W \cdot m^{-2}$；

　　　　G_{BP} —— 微元段中的 CO_2 质量流速，$kg \cdot m^{-2} \cdot s^{-1}$；

　　　　$\Delta h_{BP,LG}$ —— 饱和气相比焓与饱和液相比焓的差值，$kJ \cdot kg^{-1}$；

　　　　x_{BP} —— 板式回热器 CO_2 微元段中的干度；

　　　　$\rho_{BP,G}$ —— 板式回热器 CO_2 微元段中的气相密度，$kg \cdot m^{-3}$；

　　　　$\rho_{BP,L}$ —— 板式回热器 CO_2 微元段中的液相密度，$kg \cdot m^{-3}$；

　　　　$\mu_{BP,L}$ —— 板式回热器 CO_2 微元段中的液相动力黏度，$Pa \cdot s$；

　　　　$\mu_{BP,G}$ —— 板式回热器 CO_2 微元段中的气相动力黏度，$Pa \cdot s$。

当 $Bi_{BP}X_{BP,tt} \leqslant 1.5 \times 10^{-4}$ 时，应用对流沸腾换热系数对钎焊板式回热器中 CO_2 微元段中的两相态换热系数进行计算：

$$\alpha_{BP,cb} = 0.122 \Phi_{BP} \left(\lambda_{BP,L} / d_{BP,h} \right) Re_{BP,eq}^{0.8} Pr_{BP,L}^{1/3} \tag{3-166}$$

式中，Φ_{BP} —— 板式回热器中的面积膨胀系数；

　　　　$\lambda_{BP,L}$ —— CO_2 微元段为单相时的导热系数，$kJ \cdot K^{-1} \cdot m^{-1}$；

　　　　$Re_{BP,eq}$ —— CO_2 微元段中的当量雷诺数；

　　　　$Pr_{BP,L}$ —— 饱和液相普朗特数。

基于板式回热器的几何参数，面积膨胀系数计算式为

$$\Phi_{BP} = \frac{1 + (1 + N_{BP,wave}^2)^{1/2} + 4(1 + N_{BP,wave}^2 / 2)^{1/2}}{6} \tag{3-167}$$

$$N_{BP,wave} = \frac{2\pi d_{BP,pA}}{d_{BP,pL}} \tag{3-168}$$

式中，$d_{BP,pA}$ —— 图 3-17 所示波纹幅度，m；

　　　　$d_{BP,pL}$ —— 图 3-17 所示波纹特征长度，m。

当量雷诺数计算式为

$$Re_{BP,eq} = G_{BP} \left[(1 - x_{BP}) + x_{BP} \left(\rho_{BP,L} / \rho_{BP,G} \right)^{1/2} \right] d_{BP,h} / \mu_{BP,L} \tag{3-169}$$

式中，G_{BP} —— 微元段中的 CO_2 质量流速，$kg \cdot m^{-2} \cdot s^{-1}$；

　　　　x_{BP} —— 板式回热器 CO_2 微元段中的干度；

　　　　$\rho_{BP,G}$ —— 板式回热器 CO_2 微元段中的气相密度，$kg \cdot m^{-3}$；

　　　　$\rho_{BP,L}$ —— 板式回热器 CO_2 微元段中的液相密度，$kg \cdot m^{-3}$；

　　　　$d_{BP,h}$ —— 板式回热器 CO_2 微元段当量直径，m；

　　　　$\mu_{BP,L}$ —— 板式回热器 CO_2 微元段中的液相动力黏度，$Pa \cdot s$。

当 $Bi_{BP}X_{BP,tt} > 1.5 \times 10^{-4}$ 时，应用核态沸腾换热系数对 CO_2 微元段中两相蒸

发换热系数进行计算：

$$\alpha_{BP,nb} = C_{BP,nb}\Phi_{BP}\alpha_{BP,0}C_{BP,R_a}F\left(p_{BP}^*\right)\left(q_{BP}/20000\right)^{0.467} \tag{3-170}$$

式中，$C_{BP,nb}$ —— 修正系数；

$\alpha_{BP,0}$ —— 参考工况下的换热系数，$W \cdot K^{-1} \cdot m^{-2}$；

C_{BP,R_a} —— $C_{BP,R_a} = (R_a/0.4\mu m)^{0.1333}$，$R_a$ 为表面粗糙度；

q_{BP} —— CO_2 微元段中的热流密度，$W \cdot m^{-2}$。

相关参数补充说明为

$$F\left(p_{BP}^*\right) = 1.2(p_{BP}^*)^{0.27} + \left(2.5 + \frac{1}{1-p_{BP}^*}\right)p_{BP}^* \tag{3-171}$$

式中，p_{BP}^* —— CO_2 微元段中压力与临界点压力的比值。

在钎焊板式回热器的 CO_2 微元段中，基于图 3-17 中的角度为 90°的情况，计算压力损失为

$$\Delta p_{BP} = f_{BP,p}\frac{\rho_{BP}u_{BP}^2}{2} \tag{3-172}$$

$$f_{BP,p} = \begin{cases} \dfrac{597}{Re_{BP}} + 3.85, & \text{当 } Re_{BP} < 2000, \text{ 层流} \\ \dfrac{39}{Re_{BP}^{0.289}}, & \text{当} Re_{BP} > 2000, \text{ 湍流} \end{cases} \tag{3-173}$$

3.5　电子膨胀阀

与其他的膨胀设备(毛细管、热力膨胀阀和短管)相比，电子膨胀阀(EEV)具有较广的工作范围，较高的控制精度和更快的响应时间，目前广泛应用于跨临界 CO_2 单级膨胀系统和两级膨胀系统。典型 EEV 的几何流道结构如图 3-18 所示。当超临界 CO_2 流经 EEV 时，在该缩流断面 CO_2 的流束面积达到最小值，一般制冷系统中调节 EEV 开度及改变 EEV 进出口的压差均可影响缩流断面的面积。在缩流断面处，超临界 CO_2 的压力 P(静压)达到最小值的同时 CO_2 速度达到最大值。如果缩流断面处，工质的最低压力小于进口温度 T_1 对应的饱和压力，部分 CO_2 就会气化，从而使膨胀阀后产生气液两相流。根据工质进入 EEV 的热力状态和 EEV 出口压力的不同，超临界 CO_2 通过 EEV 常见的气液两相流型分别为闪蒸流、气蚀流和阻塞流。

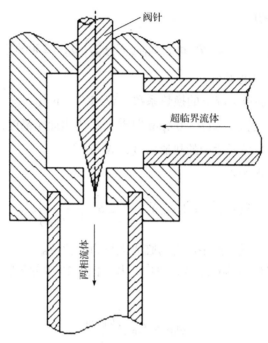

图 3-18　典型 EEV 的几何流道结构

超临界 CO_2 通过 EEV 的两相流动模式取决于进口温度 T_1、进口压力 P_1 和出口压力 P_2。在进口温度 T_1、进口压力 P_1 保持恒定的情况下，随着出口压力 P_2 的降低，通过 EEV 的质量流量会先增加，然后保持恒定。此时的最大质量流量被定义为临界质量流量，对应的气液两相流型为阻塞流。工质在 EEV 进口热力状态保持不变时，将开始产生阻塞流时的 EEV 进出口临界压差定义为

$$\Delta P_{\text{EEV,cr}} = F_{\text{EEV,L}}^2 \left(P_{\text{EEV,1}} - F_{\text{EEV,F}} \cdot P_{\text{EEV,s}} \right) \tag{3-174}$$

$$F_{\text{EEV,F}} = 0.96 - 0.28 \sqrt{\frac{P_{\text{EEV,s}}}{P_{\text{EEV,cr}}}} \tag{3-175}$$

式中，$F_{\text{EEV,L}}$ —— 压力恢复系数，与阀的结构有关；

$P_{\text{EEV,1}}$ —— EEV 进口 CO_2 压力，Pa；

$F_{\text{EEV,F}}$ —— 临界压差比系数；

$P_{\text{EEV,s}}$ —— 流体进口比焓对应的饱和压力，Pa；

$P_{\text{EEV,cr}}$ —— 临界压力，Pa。

在 EEV 的数学模型中，已知 EEV 进口参数、EEV 进口压力、EEV 进口温度、EEV 进口焓和 EEV 出口压力。建立 EEV 数学模型的假设条件如下：制冷剂在 EEV 内流动过程为绝热节流过程，即

$$h_{EEV,in} = h_{EEV,out} \tag{3-176}$$

式中，$h_{EEV,in}$ —— 膨胀阀 CO_2 入口焓，$kJ \cdot kg^{-1}$；

　　　$h_{EEV,out}$ —— 膨胀阀 CO_2 出口焓，$kJ \cdot kg^{-1}$。

CO_2 在膨胀阀内的高速流动会造成气液两相充分混合，气液两相的流动速度较为接近，故按均相流处理。因此，建立 EEV 数学模型的目的是在已知上述变量和条件的基础上，求解出流经 EEV 的 CO_2 质量流量。

虽然厂家一般都会给出 EEV 的固有流量特性用于机组选型，即定压差条件下 CO_2 在 EEV 不同开度下的流量。但是，CO_2 在流经 EEV 时会产生相变，且其流型随工况不同也会产生变化，采用固有流量特性预测 CO_2 质量流量会产生较大的偏差，因此针对超临界 CO_2 通过 EEV 的流量特性进行理论和实验研究很有必要。

美国的 Wilet 等研究了热力膨胀阀的制冷剂流量特性后，认为工质通过热力膨胀阀的质量流量仅与制冷剂液体进口干度和制冷剂出口比容相关[24]。我国清华大学田长青团队对 H 型热力膨胀阀的流量特性进行了实验研究[25]，在他们的研究中考虑了阀前制冷剂为两相的可能性，认为质量流量主要受阀前制冷剂干度和制冷剂入口压力的影响。西安交通大学何茂刚等[26]对制冷剂 R134a 在 H 型热力膨胀阀中的流动特性进行了实验研究和数值计算，考虑了阀前压力、阀前过冷度、阀门开度和阀后压力对质量流量的影响。

综合前人的研究，首先，膨胀装置流通阻力的变化是影响制冷剂通过 EEV 质量流量的主要原因之一，对膨胀装置而言，流通阻力与膨胀设备的几何结构有关。其次，制冷剂的种类也对制冷剂通过 EEV 的质量流量有影响，其原因在于制冷剂的物性，如运动黏度、气体密度、液体密度会对气液两相流型及液体气泡发生产生影响。最后，制冷剂工质在 EEV 进出口处的热力参数也是影响制冷剂通过 EEV 质量流量的一个主要因素。

根据以上分析，针对 CO_2 选择 EEV 进口压力、EEV 进口温度、EEV 出口压力、EEV 流道几何结构作为影响 CO_2 EEV 通流质量的参数。这样，超临界 CO_2 通过 EEV 的质量流量和所选参数的关系可表示为式(3-177)：

$$\dot{m}_{EEV} = f\left(G, P_{EEV,1}, T_{EEV,1}, P_{EEV,2}\right) \tag{3-177}$$

式中，G —— EEV 流道的几何参数；

　　　$\dot{m}_{EEV}$ —— CO_2 质量流量，$kg \cdot s^{-1}$；

　　　$P_{EEV,1}$ —— EEV 进口 CO_2 压力，Pa；

　　　$T_{EEV,1}$ —— EEV 进口 CO_2 温度，K；

　　　$P_{EEV,2}$ —— EEV 出口 CO_2 压力，Pa。

针对亚临界制冷剂通过 EEV 的质量流量，绝大部分文献常采用修正的伯努利方程[27]来描述制冷剂通过膨胀阀的质量流量，制冷剂由于相变而对 EEV 通流质量产生的影响一般通过修正系数 $C_{EEV,D}$ 体现：

$$m_{EEV} = C_{EEV,D} \cdot A_{EEV} \cdot \sqrt{2\rho_{EEV,1}\left(P_{EEV,1} - P_{EEV,2}\right)} \tag{3-178}$$

式中，$C_{EEV,D}$ —— 质量流量修正系数；

　　　A_{EEV} —— EEV 流通面积，m^2；

　　　$\rho_{EEV,1}$ —— EEV 进口 CO_2 密度，$kg \cdot m^{-3}$；

　　　$P_{EEV,1}$ —— EEV 进口 CO_2 压力，Pa；

　　　$P_{EEV,2}$ —— EEV 出口 CO_2 压力，Pa。

对不可压缩单相流体而言，修正系数 $C_{EEV,D}$ 为常数。对两相流而言，修正系数 $C_{EEV,D}$ 通常通过实验确定的关联式来表达，通常使用 EEV 进口 CO_2 液体的过冷度、表面张力等参数进行计算。

在跨临界运行的 CO_2 系统中，EEV 进口的 CO_2 为超临界流体，EEV 出口的 CO_2 为气液两相状态。由于超临界 CO_2 不存在表面张力和过冷度，上述用于预测亚临界流体在 EEV 中通流质量的关联式无法预测超临界 CO_2 在 EEV 中的通流质量。另外，单相伯努利方程对工质通过 EEV 的两相节流过程的机理描述不清，采用该方程计算工质在 EEV 中的通流质量偏差较大且应用范围较窄。

考虑到传统亚临界制冷剂的 EEV 通流质量预测公式存在上述缺点，部分研究者引入膨胀因子对伯努利方程进行修正。本书参考该修正方程给出超临界 CO_2 通过 EEV 的质量流量计算关联式表示为式(3-179)：

$$m_{EEV} = C_{EEV,D} \cdot A_{EEV} \cdot Y_{EEV}\sqrt{2\rho_{EEV,s}P_{EEV,1}X_{EEV}} \tag{3-179}$$

$$Y_{EEV} = 1 - X_{EEV} / \left(3\Delta P_{EEV,cr} / P_{EEV,1}\right) \tag{3-180}$$

式(3-179)与式(3-180)中，X_{EEV} 的计算公式为式(3-181)和式(3-182)：

$$P_{EEV,1} - P_{EEV,2} < \Delta P_{EEV,cr}, \quad X_{EEV} = \left(P_{EEV,1} - P_{EEV,2}\right) / P_{EEV,1} \tag{3-181}$$

$$P_{EEV,1} - P_{EEV,2} \geqslant \Delta P_{EEV,cr}, \quad X_{EEV} = \Delta P_{EEV,cr} / P_{EEV,1} \tag{3-182}$$

式中，$C_{EEV,D}$ —— 质量流量修正系数；

　　　A_{EEV} —— EEV 流通面积，m^2；

　　　$\rho_{EEV,s}$ —— EEV 进口比焓对应的饱和密度，$kg \cdot m^{-3}$；

　　　$P_{EEV,1}$ —— EEV 进口 CO_2 压力，Pa；

　　　$P_{EEV,2}$ —— EEV 出口 CO_2 压力，Pa；

　　　$\Delta P_{EEV,cr}$ —— 临界压差，Pa。

制冷剂进入 EEV 后的密度变化是式(3-179)中的质量流量修正系数 $C_{EEV,D}$ 为变量的一个重要原因，密度变化较大的区域发生在工质从液体变为气体的两相区，也就是压力从饱和液体压力膨胀到 EEV 出口压力产生的密度变化。式(3-179)

中的质量流量修正系数 $C_{EEV,D}$ 除了与运行参数有关，也与 EEV 几何结构有关。

根据以上分析，选择 EEV 进口密度、EEV 进出口压力和 EEV 流道几何结构等参数描述系数 $C_{EEV,D}$ 随工况的变化，最终的修正系数 $C_{EEV,D}$ 可表示为式(3-183)：

$$C_{EEV,D} = a_{EEV} \cdot z_{EEV}{}^{b_{EEV}} \cdot \left(\frac{\rho_{EEV,1}}{\rho_{EEV,s}}\right)^{c_{EEV}} \cdot \left(\frac{P_{EEV,1} - P_{EEV,s}}{X_{EEV} \cdot P_{EEV,1}}\right)^{d_{EEV}} \tag{3-183}$$

式中，z_{EEV} —— EEV 开度；

　　　$\rho_{EEV,1}$ —— EEV 进口密度，$kg \cdot m^{-3}$；

　　　$\rho_{EEV,s}$ —— EEV 进口比焓对应的饱和密度，$kg \cdot m^{-3}$；

　　　$P_{EEV,s}$ —— EEV 进口比焓对应的饱和压力，Pa；

　　　$P_{EEV,1}$ —— EEV 进口 CO_2 压力，Pa。

式(3-183)中，X 的计算公式为式(3-181)和式(3-182)，a_{EEV}、b_{EEV}、c_{EEV} 和 d_{EEV} 均表示由测试数据回归得到的常数。

为了给出修正系数 $C_{EEV,D}$ 的计算公式，选择了 200 套实验数据采用非线性回归来确定该修正系数。实验测试过程中，EEV 入口压力工况范围为 8.5～12.0MPa，EEV 开度范围为 10%～100%(z_{EEV}=10%、20%、30%、40%、50%、60%、70%、80%、90%、100%；A_{EEV} = 0.67mm²、1.34mm²、1.93mm²、2.47mm²、2.95mm²、3.37mm²、3.74mm²、4.06mm²、4.32mm²、4.52mm²)，出口压力工况范围为 3.5～5.5MPa。采用线性回归分析时，所有的物性参数都采用 REFPROP 软件计算，给出的经验公式结果为

$$C_{EEV,D} = 1.1075(z_{EEV})^{0.4436} \left(\frac{\rho_{EEV,1}}{\rho_{EEV,s}}\right)^{-1.4971} \left(\frac{P_{EEV,1} - P_{EEV,s}}{X_{EEV} \cdot P_{EEV,1}}\right)^{0.0131} \tag{3-184}$$

为了验证关联式在超临界 CO_2 制冷系统运行工况范围内的预测效果，将采用该关联式计算出的质量流量与实验数据进行对比。质量流量和实验测试质量流量的相对偏差 RD、平均偏差 AD 和标准偏差 SD 的计算公式分别为式(3-185)～式(3-187)：

$$RD = \frac{\dot{m}_{EEV,p} - \dot{m}_{EEV,m}}{\dot{m}_{EEV,m}} \times 100\% \tag{3-185}$$

$$AD = \frac{1}{n}\sum_1^n \left(\frac{\dot{m}_{EEV,p} - \dot{m}_{EEV,m}}{\dot{m}_{EEV,m}} \times 100\%\right) \tag{3-186}$$

$$SD = \sqrt{\frac{1}{n}\sum_1^n RD^2 - AD^2} \tag{3-187}$$

式中，$\dot{m}_{\text{EEV,p}}$ —— 质量流量预测值，$\text{kg} \cdot \text{s}^{-1}$；

$\qquad\quad \dot{m}_{\text{EEV,m}}$ —— 质量流量测量值，$\text{kg} \cdot \text{s}^{-1}$。

图 3-19 为 200 组质量流量实验测量值和预测值的对比图，从图中可以看出，质量流量预测值和测量值的相对误差小于 12.6%，总体平均偏差和标准偏差分别为−0.48%和 6.13%。

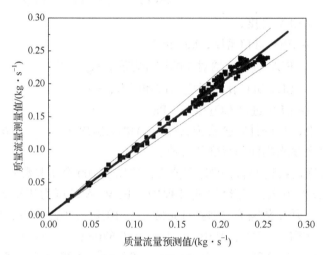

图 3-19   200 组质量流量实验测量值和预测值的对比[28]

3.6   气液分离器

在跨临界 CO_2 热力循环系统中，节流机构用于控制排气压力，在不同工况下系统的最优排气压力差异导致系统充注量相差很大，因此气液分离器是保证压缩机吸气安全性和保证系统不同工况充注量需求不可或缺的系统组件。气液分离器的设计需要在结构上保证出口气体与液体的高效分离，以及在容积上承载系统部分工况下的多余制冷剂。图 3-20 为气液分离器的结构与外形示意图。采用 U 形管结构从气液分离器中取出气体，同时在 U 形管底部设有回油孔，利用虹吸效应将油带入压缩机。气液分离器的承压设计应当服从压力容器设计的相关标准。

对图 3-20 所示气液分离器进行建模以用于系统动态仿真，在入口为两相时，分别用下标 "Vapour" 及 "Liquid" 表示气相以及液相的性质。在气液分离器中设定有均匀化的 h_{se} 用以表征气液分离器中的整体比焓，通过式(3-190)能够用 h_{se} 表征实际气液分离器中液位水平：

$$f_{\text{L}} = \frac{V_{\text{se,Liquid}}}{V_{\text{se}}} = \frac{\rho_{\text{se}}}{\rho_{\text{se,Liquid}}}(1 - q_{\text{se}}) = \left(\frac{\rho_{\text{se}}}{\rho_{\text{se,Liquid}}} \right)\left(\frac{h_{\text{se,Vapour}} - h_{\text{se}}}{h_{\text{se,Vapour}} - h_{\text{se,Liquid}}} \right) \qquad (3\text{-}188)$$

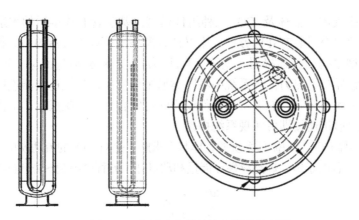

图 3-20　气液分离器结构与外形示意图

式中，f_L —— 实际气液分离器中液位水平；

　　$V_{se,Liquid}$ —— 气液分离器中的液相体积，m^3；

　　V_{se} —— 气液分离器容积，m^3；

　　ρ_{se} —— 气液分离器中的工质平均密度，$kg \cdot m^{-3}$；

　　$\rho_{se,Liquid}$ —— 气液分离器中的液相密度，$kg \cdot m^{-3}$；

　　q_{se} —— 气液分离器中的工质平均干度；

　　$h_{se,Vapour}$ —— 气液分离器中的气相焓，$kJ \cdot kg^{-1}$；

　　h_{se} —— 气液分离器中的平均焓，$kJ \cdot kg^{-1}$；

　　$h_{se,Liquid}$ —— 气液分离器中的液相焓，$kJ \cdot kg^{-1}$。

应用动态质量守恒方程与质量守恒方程以刻画气液分离器中液位的动态变化：

$$\frac{\mathrm{d}\rho_{se}}{\mathrm{d}t}V_{se} = \dot{m}_{se,in} + \dot{m}_{se\_gas,out} \tag{3-189}$$

$$\frac{\mathrm{d}h_{se}}{\mathrm{d}t} = \frac{1}{M_{se}}\left[\dot{m}_{se,in}\left(h_{se,in} - h_{se,r} \right) + \dot{m}_{se,out}\left(h_{se,out} - h_{se,r} \right) + V_{se}\frac{\mathrm{d}p_{se}}{\mathrm{d}t} \right] \tag{3-190}$$

通过联立 $\rho(h,p)$ 对比焓和压力的全微分导数，能够实现系统动态的求解：

$$\frac{\mathrm{d}\rho(h,p)}{\mathrm{d}t} = \left(\frac{\partial\rho}{\partial h} \right)_p \frac{\mathrm{d}h}{\mathrm{d}t} + \left(\frac{\partial\rho}{\partial p} \right)_h \frac{\mathrm{d}p}{\mathrm{d}t} \tag{3-191}$$

3.7　系 统 建 模

在跨临界 CO_2 热力循环系统动态仿真中，基于气体、液体及 CO_2 三种连接器，分别生成气体、液体及 CO_2 三种组件模型。基于含有连接器的固定容积框架，组件模型内部封装有守恒方程，用以计算模型出口处连接器的 CO_2 状态值。同类组件模型之间通过连接器实现势函数(压力)及流函数(质量流量、焓)的信息传递，在跨临界 CO_2 热力循环系统中不同类型组件模型通过热连接器连接实现热量传递。基于此种机制，能够实现组件模型的可组合性，在生成上述组件的基础上通过简单图形化连接即可实现系统搭建。

对于跨临界 CO_2 热力循环系统的整体状态求解，是对 CO_2 的流动模型涉及的纳维-斯托克斯方程的求解，即连续性、能量和动量守恒方程(3-192)～方程(3-194)：

$$\frac{\mathrm{d}m}{\mathrm{d}t} = \sum_{\text{边界}} \dot{m} \tag{3-192}$$

$$\frac{\mathrm{d}(\rho HV)}{\mathrm{d}t} = \sum_{\text{边界}} (\dot{m}H) + V\frac{\mathrm{d}p}{\mathrm{d}t} - hA_s\left(T_{\text{fluid}} - T_{\text{wall}}\right) \tag{3-193}$$

$$\frac{\mathrm{d}\dot{m}}{\mathrm{d}t} = \frac{\mathrm{d}(pA) + \sum\limits_{\text{边界}} (\dot{m}u) - 4C_f\dfrac{\rho u|u|}{2}\dfrac{\mathrm{d}(xA)}{D} - K_p\left(\dfrac{1}{2}pu|u|\right)A}{\mathrm{d}x} \tag{3-194}$$

式中，$\dot{m}$ —— 质量流量，$\dot{m} = \rho Au$，$kg \cdot s^{-1}$；

$\quad\quad m$ —— 固定容积中的工质质量，kg；

$\quad\quad V$ —— 微元的容积，m^3；

$\quad\quad p$ —— 压力，Pa；

$\quad\quad \rho$ —— 密度，$kg \cdot m^{-3}$；

$\quad\quad A$ —— 截面流通面积，m^2；

$\quad\quad A_s$ —— 对流换热面积，m^2；

$\quad\quad H$ —— 比焓，$H = e + \dfrac{p}{\rho}$，$kJ \cdot kg^{-1}$，e 为单位质量内能与动能之和，

$\quad\quad\quad\quad kJ \cdot kg^{-1}$；

$\quad\quad h$ —— 对流换热系数，$W \cdot m^{-2} \cdot K^{-1}$；

$\quad\quad T_{\text{fluid}}$ —— 流体温度，K；

$\quad\quad T_{\text{wall}}$ —— 壁面温度，K；

$\quad\quad u$ —— 流体速度，$m \cdot s^{-1}$；

$\quad\quad C_f$ —— 范宁摩擦因子；

$\quad\quad K_p$ —— 压力损失系数；

$\quad\quad D$ —— 当量直径，m。

这些方程在沿 CO_2 流向进行一维求解，这意味着所有物理量都是垂直流向截面上的平均值。在对系统进行求解的过程中，整个系统被离散化为许多体积，

图 3-21 为交错网格方法示意图。其中，每个分流点由一个单独的体积表示，每个管道被分成一个或多个具有一定体积的微元，这些微元通过边界的连接器连接起来。假设 CO_2 状态(压力、比焓)在每个体积上是均匀的，质量流量、质量分数等通过边界的连接器计算与传递，这种离散化计算方式被称为"交错网格"。

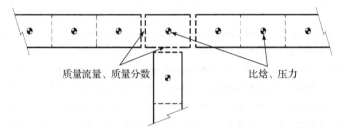

图 3-21　交错网格方法示意图

如式(3-194)所示，主要求解变量是质量流率、压力和比焓的隐式求解方法。通过迭代求解非线性代数方程组，同时求解新时间点上所有微元方程的值。

参 考 文 献

[1] SPAN R, WAGNER W. A new equation of state for carbon dioxide covering the fluid region from the triple-point temperature to 1100 K at pressures up to 800 MPa[J]. Journal of Physical and Chemical Reference Data, 1996, 25(6): 1509-1596.

[2] ANNAND W. Heat transfer in the cylinders of reciprocating internal combustion engines[J]. Proceedings of the Institution of Mechanical Engineers, 1963, 177(1): 973-996.

[3] TODESCAT M L, FAGOTTI F, PRATA A T, et al. Thermal energy analysis in reciprocating hermetic compressors[C]. West Lafayette: International Compressor Engineering Conference,1992.

[4] FAGOTTI F, TODESCAT M L, FERREIRA R T S, et al. Heat transfer modeling in a reciprocating compressor[J]. International Compressor Engineering Conference, 1994, 1043: 599-610.

[5] BLEVINS R D, PLUNKETT R. Formulas for natural frequency and mode shape[J]. Journal of Applied Mechanics, 1980, 47(2): 461.

[6] SPAN R, WAGNER W. A new equation of state for carbon dioxide covering the fluid region from the triple-point temperature to 1100K at pressures up to 800MPa[J]. Journal of Physical and Chemical Reference Data, 1996, 25(6):1509-1596.

[7] PATIR N, CHENG H S. Application of average flow model to lubrication between rough sliding surfaces[J]. Journal of Tribology,1979,101(2): 220-229.

[8] GREENWOOD J A, TRIPP J H. The contact of two nominally flat rough surfaces[J]. Proceedings of the Institution of Mechanical Engineers, 1970, 185(1): 625-633.

[9] HU Y Z, ZHU D. A full numerical solution to the mixed lubrication in point contacts[J]. Journal of Tribology, 2000, 122(1): 1-9.

[10] STACHOWIAK G, BATCHELOR A W. Engineering Tribology[M]. Oxford: Butterworth-Heinemann, 2013.

[11] 袁旭东, 胡继孙, 李炅, 等. CO_2 内螺旋管式气体冷却器换热特性仿真研究[J]. 低温与超导, 2018, 46(1): 6.

[12] WEN J, YANG H, WANG S, et al. Experimental investigation on performance comparison for shell-and-tube heat exchangers with different baffles[J]. International Journal of Heat and Mass Transfer, 2015, 84: 990-997.

[13] QI C, LUO T, LIU M, et al. Experimental study on the flow and heat transfer characteristics of nanofluids in double-tube heat exchangers based on thermal efficiency assessment[J]. Energy Conversion and Management, 2019, 197: 111877.

[14] GNIELINSKI V. New equations for heat and mass transfer in turbulent pipe and channel flows [J]. International Journal Of Chemical Engineering , 1976, 16(2): 359-368.

[15] ZHU Y, HUANG Y, LIN S, et al. Study of convection heat transfer of CO_2 at supercritical pressures during cooling in fluted tube-in-tube heat exchangers[J]. International Journal of Refrigeration, 2019, 104: 161-170.

[16] DANG C, HIHARA E. In-tube cooling heat transfer of supercritical carbon dioxide. Part 2. Comparison of numerical calculation with different turbulence models[J]. International Journal of Refrigeration, 2004, 27(7): 748-760.

[17] ROUSSEAU P G, VAN ELDIK M, GREYVENSTEIN G P. Detailed simulation of fluted tube water heating condensers[J]. International Journal of Refrigeration, 2003, 26(2): 232-239.

[18] GNIELINSKI V. New equations for heat and mass transfer in the turbulent flow in pipes and channels[J]. NASA STI/recon Technical Report A, 1975, 41(1): 8-16.

[19] CHENG L, RIBATSKI G, QUIBEN J M, et al. New prediction methods for CO_2 evaporation inside tubes: Part I-A two-phase flow pattern map and a flow pattern based phenomenological model for two-phase flow frictional pressure drops[J]. International Journal of Heat and Mass Transfer, 2008, 51(1-2): 111-124.

[20] DITTUS F W, BOELTER L M K. Heat transfer in automobile radiators of the tubular type[J]. International Communications in Heat and Mass Transfer, 1985, 12(1): 3-22.

[21] WANG C C, JANG J Y, CHIOU N F. A heat transfer and friction correlation for wavy fin-and-tube heat exchangers [J]. International Journal of Heat and Mass Transfer, 1999, 42(10): 1919-1924.

[22] KIM M H, BULLARD C W. Development of a microchannel evaporator model for a CO_2 air-conditioning system[J]. Energy, 2001, 26(10): 931-948.

[23] LONGO G A, RIGHETTI G, ZILIO C. A new computational procedure for refrigerant condensation inside herringbone-type brazed plate heat exchangers[J]. International Journal of Heat and Mass Transfer, 2015, 82: 530-536.

[24] OUTTAGARTS A, HABERSCHILL P, LALLEMAND M. The transient response of an evaporator fed through an electronic expansion valve[J]. International Journal of Energy Research, 1997, 21(9): 793-807.

[25] 田长青, 杨新江, 窦春鹏, 等. 汽车空调用 H 型热力膨胀阀的试验研究与分析[J]. 汽车技术, 2001(12): 21-23.

[26] 何茂刚, 范德勤, 吕士济, 等. 毛细管中 R22 替代制冷剂流动特性的实验研究[J]. 工程热物理学报, 2007,28(1): 21-24.

[27] HEYS J J, HOLYOAK N, CALLEJA A M, et al. Revisiting the simplified Bernoulli equation[J]. The Open Biomedical Engineering Journal, 2010, 4: 123.

[28] 马娟丽. 跨临界 CO_2 制冷系统及电子膨胀阀性能的理论与实验研究[D]. 西安: 西安交通大学, 2014.

第4章 跨临界 CO_2 热力循环系统运行特性及优化

由于 CO_2 热力循环具有跨临界运行和超临界换热的特性，其系统性能与传统亚临界循环存在较大差异。一般而言，跨临界循环的性能与节流前的工质状态密切相关。随着阀前温度的升高，制冷量或制热量会大幅衰减，导致跨临界 CO_2 热力循环在高温制冷或高回水温度制热等工况下的性能降低。此外，受最优排气压力特性的影响，跨临界 CO_2 热力循环系统在变工况下，其热力循环参数并非固定不变。热力循环状态的动态变化会影响 CO_2 的迁移特性和低压侧的换热温差，进一步影响系统的充注量范围、结霜和除霜特性。因此，本章将针对跨临界 CO_2 热力循环的系统优化方法，重点探讨系统的回热量、标准充注率及除霜对性能的影响特性，以期从全局角度指导并优化跨临界 CO_2 热力循环的性能。

4.1 回热量影响特性

在提高跨临界 CO_2 热力循环系统性能的方法中，利用回热器在气体冷却器出口和吸气端实现热交换是最有效的方式之一。这种方法能够在不改变系统架构的前提下提高 CO_2 热力循环的性能。因此，回热器在跨临界 CO_2 热力循环系统中得到了广泛的应用。图 4-1 是基于回热器的跨临界 CO_2 热力循环系统的结构简图及温熵图[1]。

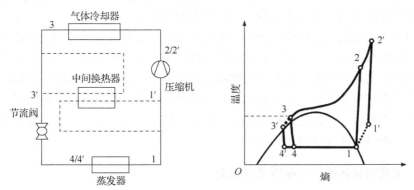

图 4-1　基于回热器的跨临界 CO_2 热力循环系统结构简图和温熵图[1]

如图 4-1 所示，跨临界 CO_2 热力循环系统在气体冷却器出口和蒸发器的出口之间增加了一个中间换热器，又称回热器，其作用是使气体冷却器出口的高压、

中温超临界 CO_2 与蒸发器出口的低压、低温 CO_2 进行换热,从而降低跨临界循环系统节流阀前的温度(阀前温度)。在特定工况条件下(如供暖工况),蒸发器出口的制冷剂温度通常明显低于气体冷却器出口的制冷剂温度。因此,回热器可以显著提高压缩机吸气口制冷剂的温度,降低节流阀前制冷剂的温度,从而实现更高的系统性能。

回热器对 CO_2 热泵热水器的影响主要体现在以下几个方面:

(1) 提高制热效果。如图 4-1 所示,回热器的存在使得系统在单位质量流量下的制热量增加。回热器提高了循环系统的吸气温度,导致循环排气温度升高。通过提高气体冷却器的进口温度,系统内部的总换热量也会增加。因此,基于回热器的跨临界 CO_2 热力循环系统可以通过提高压缩机吸气温度来增加循环系统的总制热量。

(2) 影响质量流量。尽管单位质量流量的制热量增加,但吸气温度的提高会降低压缩机的吸气密度,从而导致单位容积流量下的质量流量降低。对于转速固定的压缩机而言,随着回热程度的增强,热力循环系统的总制热量一般会先增加后降低。

(3) 影响功率。回热器提高了压缩机的吸气温度和排气温度,压缩机的功率也会改变。因此,集成回热器后整个系统性能系数(COP)的变化趋势并不确定。

(4) 需要兼顾运行可靠性。回热器的应用导致排气温度的增加,可能会使压缩机在极限工况下的排温较高,增加润滑油碳化的风险。因此,在回热器提升系统性能的同时,也需要考虑系统在全工况下的运行可靠性。

根据上述分析,加入回热器通常会带来跨临界 CO_2 热力循环系统制热量的增加。然而,由于系统中 CO_2 流量的减小和压缩机功率的变化,热力循环系统的制热性能系数(COP)的变化情况并不确定,通过回热精细调节从而实现跨临界 CO_2 系统在全工况下的高效与安全稳定运行具有很大意义。

然而,目前的文献中尚缺乏关于跨临界 CO_2 热泵热水器中变回热量控制及最优回热的详细报道。基于第 3 章建立的部件模型,本节依据实际样机建立了一个可变回热量的跨临界 CO_2 热泵热水器动态仿真模型。研究了低压侧回热器质量流量占比对系统性能的影响,并提出了最优回热的概念。基于上述研究,对典型热泵热水器工况进行了最优回热条件下的性能计算与分析,从而指导跨临界 CO_2 热泵热水器回热器的设计与运行调控。

4.1.1　可调回热量的热力循环系统模型

图 4-2 展示了基于回热量可调的跨临界 CO_2 热泵热水器动态仿真模型。该仿真模型的部件和几何参数均与实际实验台架保持一致。该模型的核心部分包括 CO_2 热力循环系统、水路循环系统和控制系统。CO_2 热力循环系统主要包括压缩

机、气体冷却器、电子膨胀阀、蒸发器、气液分离器、回热器和电动三通球阀等。通过调节电动三通球阀的开度来调节进入回热器的 CO_2 流量，从而研究不同回热量对热泵热水器性能的影响。控制系统则主要由出水温度和排气压力的 PID(比例-积分-微分)控制器组成，通过调节水路流量和电子膨胀阀的开度来将出水温度和排气压力控制在设定值范围内。其中，排气压力与节流阀之间建立了 PID 调节关系，出水温度与水泵转速之间也建立了 PID 调节关系。

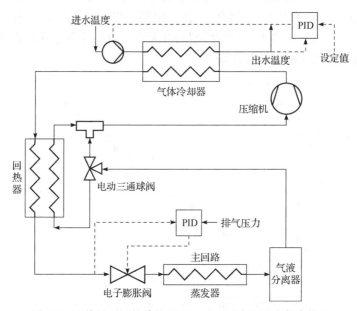

图 4-2　回热量可调的跨临界 CO_2 热泵热水器动态仿真模型

如图 4-2 所示，气体冷却器中的进水温度 $T_{w,in}$ 保持不变，用一路独立的 PID 控制器调节进水流量，从而使得出水温度 $T_{w,out}$ 稳定在设定值，在该情况下系统制热量 $\dot{Q}$ 由式(4-1)计算：

$$\dot{Q} = \dot{m}_w c_p \left(T_{w,out} - T_{w,in} \right) \tag{4-1}$$

式中，$\dot{m}_w$ —— 水质量流量，$kg \cdot s^{-1}$；

　　　c_p —— 水的定压比热容，$kJ \cdot kg^{-1} \cdot K^{-1}$；

　　　$T_{w,out}$ —— 出水温度，$℃$；

　　　$T_{w,in}$ —— 进水温度，$℃$。

跨临界 CO_2 热泵热水器的功率 P_{total} 由压缩机功率 P_{Com} 和风机功率 P_{Fan} 两部分组成：

$$P_{total} = P_{Com} + P_{Fan} \tag{4-2}$$

系统 COP 则定义为制热量与机组总功率的比值：

$$COP = \frac{\dot{Q}}{P_{\text{total}}} \qquad (4\text{-}3)$$

等同焓差室实验中的工况条件,将进出水温度及压缩机排气压力设定为实验数据中的已知数值,对跨临界 CO₂ 热泵热水器系统进行仿真。在环境温度为 −25~43℃,出水温度为 65~90℃的工况下,对动态仿真系统的性能进行计算。图 4-3 为跨临界 CO₂ 热泵热水器仿真模型误差分析图,进行了系统总功率、制热量及 COP 的模型仿真值与实验值的对比。结果表明,误差均在±10%之内,这验证了所搭建的CO₂热泵热水器数学模型的可靠性,因此该模型可用于进一步实施全工况下机组回热量的影响特性研究。

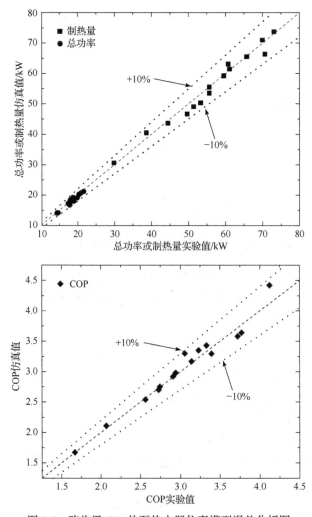

图 4-3　跨临界 CO₂ 热泵热水器仿真模型误差分析图

4.1.2　回热器质量流量对跨临界 CO₂ 热泵性能的影响特性

跨临界 CO_2 热泵热水器运行工况复杂，还存在最优排气压力优化问题，且不同运行工况下，最优排气压力往往有所不同，这导致系统对回热器的需求程度也不同。以环境温度为 7℃，进水温度/出水温度为 9℃/65℃ 的工况为例，本小节研究了不同回热器质量流量占比对系统运行状态的影响。图 4-4 展示了不同回热器质量流量占比情况下系统 COP 随排气压力的变化曲线，回热器质量流量占比范围为 0.29~1。如图 4-4 所示，在不同的回热器质量流量占比情况下，系统 COP 随着排气压力的增加均呈现先增大后减小的趋势。

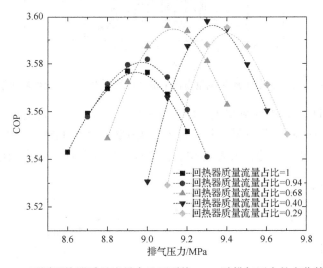

图 4-4　不同回热器质量流量占比下系统 COP 随排气压力的变化特征

图 4-5 为不同回热器质量流量占比下最优排气压力时的系统循环压焓图。循环的关键点包括吸气状态点、排气状态点、气体冷却器出口状态点、回热器出口状态点、蒸发器进口状态点和蒸发器出口状态点。从压焓图中可以观察到，回热器质量流量占比增加，系统的最优排气压力随之降低，这意味着跨临界 CO_2 热泵热水器的最优排气压力会随着回热的增强而下降。当回热器质量流量占比从 0.29 增大到 1 时，最优排气压力下降，同时吸气压力升高。系统的 COP 随着排气压力的增强呈现先增大后减小的趋势。在回热器质量流量占比为 0.40 时，系统取得最大 COP，即在该工况下存在最优的回热器质量流量占比。

图 4-6 展示了系统在最优运行工况下，制热量、功率、COP 及最优排气压力随回热器质量流量占比的变化曲线。随着回热器质量流量占比从 0.29 增大到 1，系统的最优排气压力从 9.4MPa 降至 8.9MPa。由于在跨临界 CO_2 热力循环中，排气

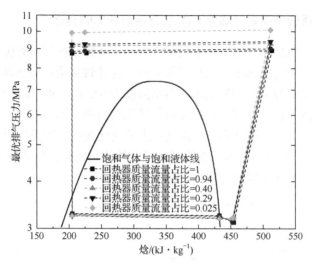

图 4-5　不同回热器质量流量占比下最优排气压力时的系统循环压焓图

压力对功率和制热量的影响很大，因此在最优运行工况下，随着回热的增强，制热量和功率均减小。在回热器质量流量占比从 0.29 增大到 1 的过程中，系统的 COP 呈现先增大后减小的趋势，最大 COP 接近 3.60，出现在质量流量占比为 0.40 时。

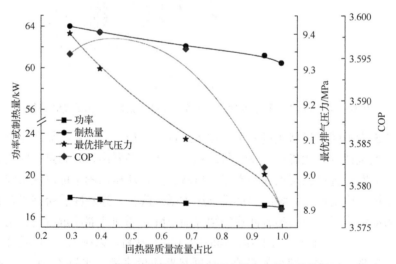

图 4-6　系统性能随回热器质量流量占比的变化特性

　　图 4-7 为主路质量流量、回热器质量流量、低压压力损失、阀前温度随回热器质量流量占比的变化特性图，图 4-8 为排气温度、吸气过热度、吸气温度、最优排气压力随回热器质量流量占比的变化特性图。如图 4-8 所示，随着回热器质量流量占比的增加，吸气过热度逐渐升高，吸气密度降低，这导致了图 4-7 中的

主路质量流量下降，而回热器低压流道中的质量流量增加使得阀前温度呈现下降趋势，增加了系统在蒸发器中的焓差。然而，图 4-7 显示低压压力损失随着回热器质量流量占比的增加而加剧。综上所述，随着回热器质量流量占比的增加，系统在蒸发器进出口之间的焓差增大，同时低压压力损失也增加。在这两种因素的综合影响下，如图 4-6 所示，系统的 COP 曲线随着回热器质量流量占比的增大存在一个最大值。

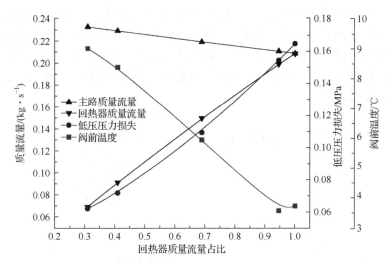

图 4-7　主路质量流量、回热器质量流量、低压压力损失、阀前温度随回热器质量流量占比的变化特性

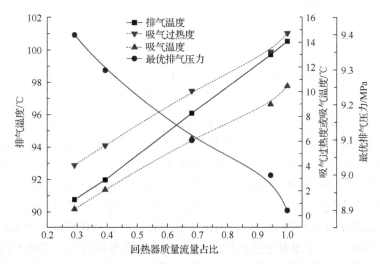

图 4-8　排气温度、吸气过热度、吸气温度、最优排气压力随回热器质量流量占比的变化特性

根据图 4-8，随着回热器质量流量占比的增大，系统的最优排气压力虽然下

降，但同时回热导致的吸气过热度和吸气温度升高。因此，系统的排气温度还是随回热增强而上升。排气温度是压缩机运行中的重要保护参数，在某些工况下，排气温度的限制也是影响回热设计的重要因素。

4.1.3　变出水温度工况下的最优回热量影响特性

本小节对变出水温度工况下的最优回热器质量流量占比(最优回热)进行了研究。在 7℃的环境温度下，以 9℃的进水温度为基准，设置了不同出水温度(65℃、70℃、75℃、80℃、85℃、90℃)，并探究了在这些出水温度下系统达到最优回热时的性能变化。图 4-9 为不同出水温度下最优回热时系统 COP 随排气压力的变化曲线。可以观察到，随着出水温度的升高，最优排气压力升高，系统COP 呈下降趋势。

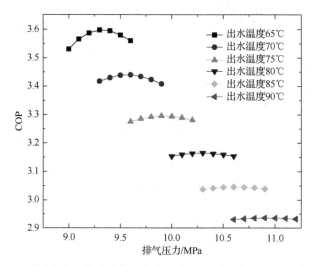

图 4-9　不同出水温度下最优回热时系统 COP 随排气压力的变化特性

最优排气压力为对应曲线的极大值点

图 4-10 为最优排气压力工况下系统功率、制热量、COP、最优排气压力随出水温度的变化特性曲线。当出水温度从 65℃升高到 90℃时，系统的最优排气压力从 9.3MPa 升高到 10.9MPa，系统的功率从 17.63kW 增加到 20.28kW，制热量从 63.42kW 降低到 59.56kW，从而导致系统的 COP 从 3.60 降低到 2.94。

图 4-11 为气体冷却器出口温度、阀前温度、主路质量流量、回热器质量流量随出水温度的变化特性曲线图。当出水温度升高时，气体冷却器中水质量流量下降，会导致气体冷却器中换热效果变差，气体冷却器出口温度随着出水温度的升高而升高。随着出水温度的升高，最优回热工况下的回热器质量流量增大；

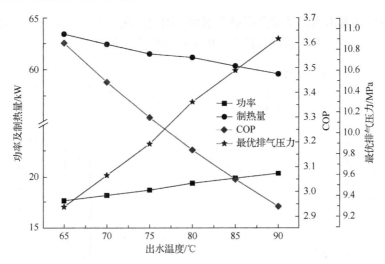

图 4-10 系统功率、制热量、COP、最优排气压力随出水温度的变化特性

随着出水温度从 65℃增大到 90℃，最优回热状态下回热器质量流量从 0.396 提升到 1，即高出水温度催生了更大的回热需求。应用更大的回热后，如图 4-11 中的阀前温度曲线所示，高出水温度下升高的气体冷却器出口温度均能得到有效冷却。

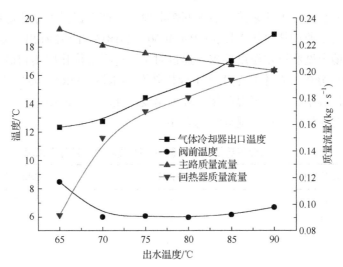

图 4-11 气体冷却器出口温度、阀前温度、主路质量流量、回热器质量流量随出水温度的变化特性

图 4-12 为排气温度、吸气过热度、回热器质量流量占比随出水温度的变化特性曲线图。更高的出水温度意味着更高的回热需求，这会使系统在最优回热时

的排气温度随着出水温度的升高显著增加。因此，在高出水温度下进行高回热设计时，需要注意确保压缩机的排气温度不超过硬件保护范围。

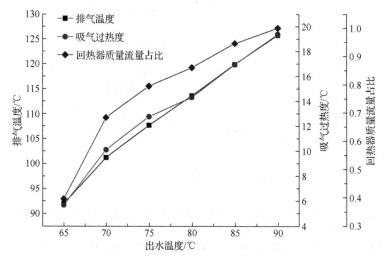

图 4-12　排气温度、吸气过热度、回热器质量流量占比随出水温度的变化特性

4.1.4　标准工况下的最优回热量计算

为了进一步为 CO_2 热泵热水器的回热器设计与调控提供可靠的定量参考，本小节参考了《工业用热泵热水器》(JRA 4060—2018)标准[2]中在出水温度为 65℃ 条件下的环境温度和进水温度要求，通过对系统进行最优化回热和最优排气压力下的性能进行分析。在本章基于《工业用热泵热水器》(JRA 4060—2018)标准的计算与分析过程中，用干球温度指代环境温度，此时对应的湿球温度均设定为标准中规定的对应值。具体工况详情见表 4-1。

表 4-1　《工业用热泵热水器》中 65℃ 出水温度条件下工况

干球温度/℃	湿球温度/℃	进水温度/℃
16	12	17
25	21	24
7	6	9
2	1	5
−7	−8	5

在上述标准所示的工况下进行计算时，系统在最优回热时 COP 随着排气压力的变化曲线如图 4-13 所示。随着环境温度的升高，系统的 COP 升高，最优排

气压力也上升。图 4-14 为最优排气压力工况下，系统功率、制热量、COP、最优排气压力随环境温度的变化曲线。当环境温度从 -7℃升高到 25℃时，最优排气压力从 8.7MPa 升高到 10.2MPa，系统功率几乎不变，但制热量升高 42.77%，系统的 COP 提升 49.31%。

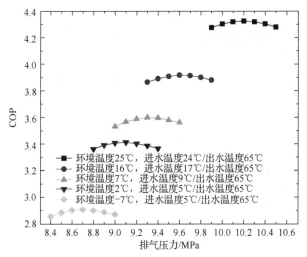

图 4-13　不同环境温度时系统 COP 随排气压力的变化特性

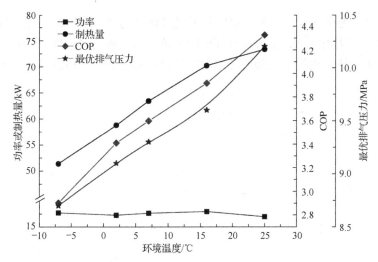

图 4-14　系统功率、制热量、COP、最优排气压力随环境温度的变化特性

图 4-15 为气体冷却器出口温度、阀前温度、回热器质量流量占比随环境的变化特性曲线。在依据标准进行最优回热计算时，进水温度随着环境温度升高呈现上升趋势，系统制热量随环境温度升高呈现上升趋势导致水质量流量上升，因

此气体冷却器出口温度随环境温度升高而升高。回热器质量流量占比曲线表明，系统对于回热需求整体上呈现出与环境温度变化的正相关关系。然而，实际运行过程中，在环境温度低于 0℃时对压缩机进行升频处理，从而导致-7℃时的气体冷却器出口温度及回热器需求呈现相反趋势。

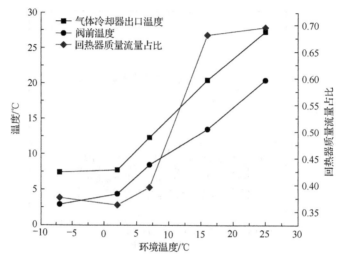

图 4-15　气体冷却器出口温度、阀前温度、回热器质量流量占比随环境的变化特性

图 4-16 为排气温度、吸气温度和吸气过热度随环境温度的变化特性曲线。在最优回热控制条件下，系统在全环境温度范围内，吸气过热度保持在 5～10℃的水平。由于压缩机的压比随着环境温度的升高而降低，所以计算结果显示排气

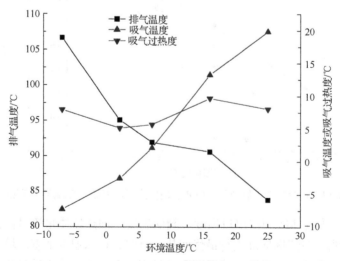

图 4-16　排气温度、吸气温度和吸气过热度随环境温度的变化特性

温度与环境温度变化呈现出负相关趋势。

图 4-17 为最优回热、全回热模式的 COP 增益随环境温度的变化特性曲线图,其展示了表 4-1 所示工况下的最优回热运行模式、全回热模式相比无回热运行模式的 COP 增益结果。如图所示,全回热模式在环境温度为-7℃及 2℃的工况时均造成了 COP 的衰减,而最优回热模式能够在全工况下获得 COP 的增益,在环境温度为 7℃时 COP 增益最高,最优回热模式能够获得 5.55%的 COP 增益,在环境温度为-7℃时增益最低,仅为 0.33%。

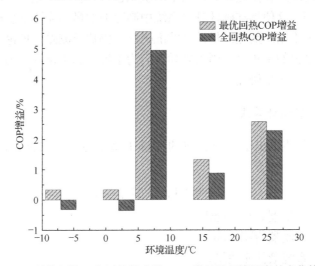

图 4-17　最优回热、全回热模式的 COP 增益随环境温度的变化特性

4.2　充注量影响特性

制冷剂在制冷系统中的作用十分重要,是制冷循环中热力过程的流动载体。制冷剂的充注量与制冷系统的工作特性和性能紧密相关。一般来说,小型制冷或热泵装置会采用毛细管作为节流结构,这使得系统不能自动调节制冷剂的流量。因此,对于小型系统而言,制冷剂的充注量成为决定系统性能的关键因素。在最佳运行工况下,系统各部件的制冷剂需求量是确定的。当系统充注量过多时,多余的制冷剂会在储液器内积聚;当系统充注量不足以满足各部件的制冷剂需求量时,各部件的运行状态就会发生变化,系统将偏离最佳工作区域。不同的学者针对不同的系统进行研究,提出了最佳充注量的判别方法及其影响特性,并推导出相应的最佳充注量计算值。然而,这些方法往往难以适用于不同尺寸的机组,也难以适应运行工况和系统需求的变化,因为它们受到系统各部件的容积和占比的影响。为了解决这些问题,本书通过建立跨临界 CO_2 热泵热水器实验台和数学仿

真模型，引入了 CO_2 标准充注率的普适性概念，消除了系统容积的干扰影响，并给出了 CO_2 最佳标准充注率的范围，具有推广借鉴的价值。此外，本书还提出了更为精确的判别最佳充注状态的方法。

4.2.1　充注量的标注方法

热力循环系统的运行工况多样化，导致制冷循环中的温度和压力存在多种可能性。因此，制冷剂在换热器和管路中的状态也各不相同。此外，两相区制冷剂的密度差异显著，这使得准确计算出系统中制冷剂的最佳充注量变得十分具有挑战性。目前，关于制冷剂充注量计算的准确性，仍缺乏成熟的理论依据和计算方法。然而，在过去的多年里，国内外学者们为了解决和优化制冷剂充注量计算的准确性问题进行了大量研究。

4.2.1.1　内容积计算法

Dmitriyev 等[3]提出了一个经典的计算小型制冷系统最佳充注量的经验公式，表达式为

$$M = 0.41V_e + 0.62V_c - 38 \tag{4-4}$$

式中，V_e —— 蒸发器容积，cm^3；

$\quad\quad V_c$ —— 冷凝器容积，cm^3；

$\quad\quad M$ —— 系统最佳充注量，g。

式(4-4)是基于一台以毛细管为节流装置的家用冰箱提出的。在实验中，先保持冷凝器不变，更换了三组内容积相同的蒸发器；然后保持蒸发器不变，再更换了三组内容积相同的冷凝器。每组实验都采用了两种不同的运行工况。通过实验得到了大量数据，并通过拟合得出了该公式。该公式的计算过程简单，是基于 R12 制冷剂的。

王文斌[4]对以 R22 为工质的风冷热泵冷热水器机组的制冷剂充注量进行了研究，采用了内容积计算法。研究结果表明，在制冷工况下，实际最佳充注量与内容积法估算值之间的误差为 19.4%；在热泵工况下，误差高达 43.6%。这表明，尽管内容积计算法简便易行，但对于不同的制冷系统来说，其误差较大。

4.2.1.2　额定工况计算法

依据 CO_2 在各个状态点的参数，分别求出气体冷却器、蒸发器、压缩机、管路中的 CO_2 质量，同时考虑回热器中存在的 CO_2，即可求出系统中 CO_2 的充注量。

1) 压缩机中的 CO_2 质量

CO_2 的吸气密度为

$$\rho_{\text{suc}} = f\left(T_{\text{suc}}, P_{\text{suc}}\right) \tag{4-5}$$

CO_2 的排气密度为

$$\rho_{\text{dis}} = f\left(T_{\text{dis}}, P_{\text{dis}}\right) \tag{4-6}$$

定义压缩机的吸气腔的容积为 V_{suc}，压缩机吸气腔的 CO_2 质量 m_{suc} 为

$$m_{\text{suc}} = \rho_{\text{suc}} V_{\text{suc}} \tag{4-7}$$

定义压缩机的排气腔的容积为 V_{dis}，压缩机排气腔的 CO_2 质量 m_{dis} 为

$$m_{\text{dis}} = \rho_{\text{dis}} V_{\text{dis}} \tag{4-8}$$

定义压缩机压缩腔的容积为 V_{com}，压缩机压缩腔的 CO_2 质量 m_{com} 为

$$m_{\text{com}} = \left[\left(\rho_{\text{dis}} + \rho_{\text{suc}}\right)/2\right] V_{\text{com}} \tag{4-9}$$

压缩机内 CO_2 的总质量为

$$m_{\text{compressor}} = m_{\text{suc}} + m_{\text{com}} + m_{\text{dis}} \tag{4-10}$$

2) 气体冷却器中的 CO_2 质量

气体冷却器进口处 CO_2 的密度为

$$\rho_{\text{dis}} = f\left(T_{\text{dis}}, P_{\text{dis}}\right) \tag{4-11}$$

气体冷却器出口处 CO_2 的密度为

$$\rho_{\text{gas}} = f\left(T_{\text{gas}}, P_{\text{dis}}\right) \tag{4-12}$$

气体冷却器中共有两个流程，高温流体通道集流管的容积为 $V_{\text{gas\_h}}$，共有 n 个通道；低温流体通道集流管的容积为 $V_{\text{gas\_l}}$，共有 m 个通道。每个通道 CO_2 的流程长度为 l，通道的内径为 d。

气体冷却器的内容积为

$$V_{\text{gas}} = V_{\text{gas\_l}} + V_{\text{gas\_h}} + \frac{1}{4}\pi d^2 l(m+n) \tag{4-13}$$

气体冷却器的高温流程出口处 CO_2 的温度约为

$$T_{\text{mid}} = \left(T_{\text{dis}} - T_{\text{gas}}\right) \times \frac{2}{3} + T_{\text{gas}} \tag{4-14}$$

气体冷却器的高温流程出口处 CO_2 的密度约为

$$\rho_{\text{mid}} = f\left(T_{\text{mid}}, P_{\text{dis}}\right) \tag{4-15}$$

则每个高温通道中 CO_2 在任意位置 $x(0 \leqslant x \leqslant l)$ 密度为

$$\rho_x = \frac{\rho_{\mathrm{mid}} - \rho_{\mathrm{dis}}}{l} x + \rho_{\mathrm{dis}} \tag{4-16}$$

气体冷却器高温通道中 CO_2 的质量估算为

$$m_{\mathrm{gas\_h}} = n \int_0^l \frac{\pi d^2}{4} \rho_x \mathrm{d}x \tag{4-17}$$

则每个低温通道中 CO_2 在任意位置 $x(0 \leqslant x \leqslant l)$ 密度为

$$\rho_x = \frac{\rho_{\mathrm{gas}} - \rho_{\mathrm{mid}}}{l} x + \rho_{\mathrm{mid}} \tag{4-18}$$

气体冷却器低温通道中 CO_2 的质量估算为

$$m_{\mathrm{gas\_l}} = m \int_0^l \frac{\pi d^2}{4} \rho_x \mathrm{d}x \tag{4-19}$$

集流管中 CO_2 的质量为

$$m_{\mathrm{gas\_tube}} = \rho_{\mathrm{dis}} V_{\mathrm{gas\_h}} + \rho_{\mathrm{gas}} V_{\mathrm{gas\_l}} \tag{4-20}$$

气体冷却器中 CO_2 的总质量估算约为

$$m_{\mathrm{gascooler}} = m_{\mathrm{gas\_l}} + m_{\mathrm{gas\_h}} + m_{\mathrm{gas\_tube}} \tag{4-21}$$

3) 回热器中 CO_2 的质量

回热器高压进口处 CO_2 的密度为

$$\rho_{\mathrm{gas}} = f\left(T_{\mathrm{gas}}, P_{\mathrm{dis}}\right) \tag{4-22}$$

回热器高压出口处 CO_2 的密度为

$$\rho_{\mathrm{IHX\_h}} = f\left(T_{\mathrm{IHX\_h}}, P_{\mathrm{dis}}\right) \tag{4-23}$$

每个高压通道中 CO_2 在任意位置 $x(0 \leqslant x \leqslant l)$ 密度为

$$\rho_x = \frac{\rho_{\mathrm{IHX\_h}} - \rho_{\mathrm{gas}}}{l} x + \rho_{\mathrm{gas}} \tag{4-24}$$

回热器高压侧通道内 CO_2 的质量为

$$m_{\mathrm{IHX\_h}} = n \int_0^l \frac{\pi d^2}{4} \rho_x \mathrm{d}x \tag{4-25}$$

回热器低压进口处 CO_2 的密度为

$$\rho_{\mathrm{evao}} = f\left(T_{\mathrm{evao}}, P_{\mathrm{suc}}\right) \tag{4-26}$$

回热器低压出口处 CO_2 的密度为

$$\rho_{IHX\_1} = f\left(T_{IHX\_1}, P_{suc}\right) \tag{4-27}$$

回热器内低压流体通道长度为 l，通道内径为 d，共有 m 个通道。

则每个低压通道中 CO_2 在任意位置 $x(0 \leqslant x \leqslant l)$ 密度为

$$\rho_x = \frac{\rho_{evao} - \rho_{IHX\_1}}{l} x + \rho_{IHX\_1} \tag{4-28}$$

回热器低压侧通道内 CO_2 的质量为

$$m_{IHX\_1} = n \int_0^l \frac{\pi d^2}{4} \rho_x \mathrm{d}x \tag{4-29}$$

回热器中 CO_2 的总质量估算为

$$m_{IHX} = m_{IHX\_1} + m_{IHX\_h} \tag{4-30}$$

4) 蒸发器 CO_2 的质量

查 CO_2 物性表可知，蒸发器进口处 CO_2 的焓为

$$h_{eva} = f\left(T_{IHX\_h}, P_{dis}\right) \tag{4-31}$$

蒸发器进口处 CO_2 的密度为

$$\rho_{eva} = f\left(P_{suc}, h_{eva}\right) \tag{4-32}$$

蒸发器出口处 CO_2 的密度为

$$\rho_{evao} = f\left(P_{suc}, \ x=1\right) \tag{4-33}$$

蒸发器共有三层，每一层的内容积为 V_{eva}。

蒸发器第一层 CO_2 的质量估算为

$$m_{eva_1} = V_{eva} \rho_{eva} \tag{4-34}$$

蒸发器第二层 CO_2 的质量估算为

$$m_{eva_2} = V_{eva}\left(\rho_{eva} + \rho_{eva}\right) / 2 \tag{4-35}$$

蒸发器第三层 CO_2 的质量估算为

$$m_{eva_3} = V_{eva} \rho_{eva} \tag{4-36}$$

蒸发器中 CO_2 的总质量估算约为

$$m_{evaporator} = m_{eva_1} + m_{eva_2} + m_{eva_3} \tag{4-37}$$

5) 储液器中 CO_2 的质量

储液器中的 CO_2 用于工况变化时平衡系统。因此，作充注量的最小需求值

时，可不考虑。

6) 管路中 CO_2 的质量

压缩机排气端到气体冷却器入口的管路长为 l_1，内径为 d，CO_2 的质量为

$$m_{tube_1} = \rho_{dis} \frac{\pi d^2}{4} l_1 \tag{4-38}$$

气体冷却器出口到回热器高压入口的管路长为 l_2，内径为 d，CO_2 的质量为

$$m_{tube_2} = \rho_{gas} \frac{\pi d^2}{4} l_2 \tag{4-39}$$

回热器高压出口到阀前的管路长为 l_3，内径为 d，CO_2 的质量为

$$m_{tube_3} = \rho_{IHX\_h} \frac{\pi d^2}{4} l_3 \tag{4-40}$$

阀后到蒸发器入口的管路长为 l_4，内径为 d，CO_2 的质量为

$$m_{tube_4} = \rho_{eva} \frac{\pi d^2}{4} l_4 \tag{4-41}$$

蒸发器出口到回热器入口的管路长为 l_5，内径为 d，CO_2 的质量为

$$m_{tube_5} = \rho_{evao} \frac{\pi d^2}{4} l_5 \tag{4-42}$$

回热器高压出口到压缩机吸气端的管路长为 l_6，内径为 d，CO_2 的质量为

$$m_{tube_6} = \rho_{suc} \frac{\pi d^2}{4} l_6 \tag{4-43}$$

管路中 CO_2 的总质量为

$$m_{tube} = m_{tube_1} + m_{tube_2} + m_{tube_3} + m_{tube_4} + m_{tube_5} + m_{tube_6} \tag{4-44}$$

综上，空调系统中的 CO_2 的总质量 m_{total} 最少为

$$m_{total} = m_{compressor} + m_{gascooler} + m_{IHX} + m_{evaporator} + m_{tube} \tag{4-45}$$

4.2.1.3　实验标定法

实验标定法确定充注量的步骤相对复杂，通常需要搭建制冷系统实验台架，然后根据特征参数的变化特性来评估制冷剂的充注量是否合适，通过不断测量和修正制冷剂的充注量来进行标定。在传统制冷系统中，通常根据冷凝器出口过冷度的变化特性来确定最佳的充注量。最佳的充注量需要同时保证冷凝器出口的过冷度和蒸发器出口的过热度在合适范围内，以避免压缩机吸排气温度过高引起的润滑油碳化问题。

为了弥补上述各种充注量获取方法的缺陷，本节基于动态仿真模型在获取系统性能参数的同时对部件中的制冷剂含量进行计算。经过了全工况的实验验证后，基于《工业用热泵热水器》(JRA 4060—2018)标准中列举的 65℃ 和 90℃ 出水工况，针对充注量对系统性能的影响进行了研究。建立的跨临界 CO_2 热泵热水器的数学结构可参见图 4-1，这里不再赘述。

4.2.2　标准充注率及其对 CO_2 热泵热水器的影响特性

使用半经验模型的仿真方法，在《工业用热泵热水器》(JRA 4060—2018)[2]标准列举的环境温度为 16℃、25℃、7℃、2℃、-7℃ 的基础上，增加了环境温度为 43℃ 和-25℃ 的极端工况，以对跨临界 CO_2 热泵热水器的充注量进行仿真标定。充注量与制冷系统的容积密切相关，为了使结果具有普遍性，引入了标准充注率(NRC)的概念，其定义式为式(4-46)：

$$NRC = \frac{m_{actual} - m_{vapor}}{m_{liquid} - m_{vapor}} \tag{4-46}$$

其中，　m_{actual} —— 实验标定法中跨临界 CO_2 热泵热水器的 CO_2 实际最佳充注量；

　　　m_{vapor} —— 25℃ 的温度下，CO_2 饱和气态的密度计算所得的 CO_2 质量；

　　　m_{liquid} —— 25℃ 的温度下，CO_2 饱和液态的密度计算所得的 CO_2 质量。

$$m_{vapor} = V \rho_{vapor} \tag{4-47}$$

$$m_{liquid} = V \rho_{liquid} \tag{4-48}$$

其中，　ρ_{vapor} —— 25℃ 的温度下，CO_2 饱和气态的密度；

　　　ρ_{liquid} —— 25℃ 的温度下，CO_2 饱和液态的密度；

　　　V —— 实验采用的跨临界 CO_2 热泵热水器的内容积，$V=0.0373m^3$。

CO_2 在 25℃ 饱和气态的密度和饱和液态的密度分别为 242.73kg·m^{-3} 和 710.50kg·m^{-3}，由此计算所得的饱和气态和饱和液态的 CO_2 质量分别为 9.06kg 和 26.53kg。跨临界 CO_2 热泵热水器的 CO_2 充注量标定实验中，CO_2 充注量与标准充注率的对应关系见表 4-2。

表 4-2　CO_2 充注量与标准充注率的对应关系

充注量/g	标准充注率
8000	-0.060680
8500	-0.032050
9000	-0.003430
9500	0.025186

续表

充注量/g	标准充注率
10000	0.054
10500	0.082
11000	0.111
11500	0.140
12000	0.168
12500	0.197
13000	0.226
13500	0.254
14000	0.283
14500	0.311
15000	0.340
15500	0.369
16000	0.397
16500	0.426
17000	0.454
17500	0.483
18000	0.512

在跨临界 CO_2 热力循环中，排气压力对系统性能起到关键作用，因此控制最优排气压力是跨临界 CO_2 热力循环运行的重要因素。在对 CO_2 充注量进行标定时，需要重点比较系统在不同标准充注率下对应最优排气压力的性能。以 7℃的环境温度和 9℃/65℃的进水温度/出水温度工况为例，说明不同标准充注率对最优排气压力下系统运行状态的影响。

图 4-18 为跨临界 CO_2 热泵热水器在不同标准充注率下的系统循环压焓图，该图展示了热力循环的关键状态参数，包括吸气状态点、排气状态点、气体冷却器出口状态点、回热器出口状态点、蒸发器进口状态点和蒸发器出口状态点。从压焓图中可以观察到，随着标准充注率的增加，整体压焓图先向左上方偏移，然后略微向左下方偏移，同时最优运行状态下的排气压力升高，吸气压力降低。标准充注率从-0.032 增加到 0.025 时，循环的压焓图有显著变化，最优排气压力升高，阀前焓减小。但是，当标准充注率为 0.054~0.426 时，压焓图的变化并不明显，循环曲线几乎重叠。当标准充注率进一步增加到 0.454 时，压焓图稍微向左下方偏移，阀前焓和排气压力进一步减小。然而，当标准充注率进一步提高到 0.512 时，最优工况下的排气压力升高。

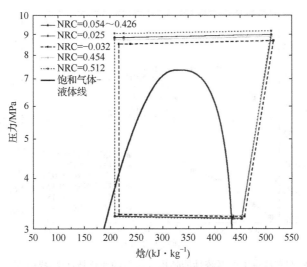

图 4-18　不同标准充注率下的系统循环压焓图

4.2.2.1　标准充注率对跨临界 CO_2 热泵热水器性能影响特性

图 4-19 为不同标准充注率下，跨临界 CO_2 热泵热水器的制热量和 COP 随排气压力的变化特性。标准充注率为-0.032 时，充注量限制了跨临界 CO_2 热泵热水器的排气压力，导致系统的高压上限小于 8.7MPa。在此工况下，当吸气过热度为 0 时，COP 随排气压力单调递增。随着吸气过热度增加，质量流量进一步下降，系统 COP 也随之下降。当电子膨胀阀开度继续减小时，由于 CO_2 不足，系统高压达到上限，系统的最优排气压力为 8.7MPa，此时系统的 COP 为 3.631。当标准充注率达到 0.054 时，CO_2 充注量能够满足系统在更高压力下的稳定运行，系统 COP 随着排气压力增大呈现先增大后减小的趋势，即存在最优排气压力(9MPa)。同时，如图所示，标准充注率为 0.054～0.426 的最优排气压力几乎保持不变，而相应的 COP 最优值为 3.667。然而，当标准充注率进一步升高时，系统在最优排气压力 9MPa 处吸气带液导致性能下降。在这种情况下，系统压力运行范围下限高于 9MPa，系统 COP 随着排气压力的增加而下降，即系统的最优排气压力为系统运行压力下限。

不同标准充注率下的跨临界 CO_2 热泵热水器的制热量随着排气压力的增加逐渐增大。在图 4-19 所示的排气压力范围内，更大的 CO_2 标准充注率能够使跨临界系统在更高的排气压力工况下运行。较高的排气压力通常能够产生更大焓和更高温度的 CO_2。在质量流量受排气压力影响不大的情况下，可以在气体冷却器中产生更多的热量。当 CO_2 标准充注率保证气液分离器中含有液体且未满液时，在相同的排气压力下，标准充注率对系统的制热量没有明显影响。

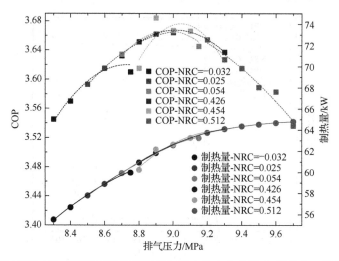

图 4-19　不同标准充注率下的系统性能随排气压力的变化特性(扫描前言二维码查看彩图)

4.2.2.2　标准充注率对跨临界 CO_2 热泵热水器运行参数的影响特性

跨临界 CO_2 热泵热水器的常规运行参数包括吸气状态点、排气状态点、气体冷却器出口状态点、回热器出口状态点、蒸发器进口状态点和蒸发器出口状态点的温度和压力。除了这些参数外，由于跨临界 CO_2 热泵热水器具有独特的循环特性，CO_2 等温线斜率随焓的增大逐渐减小。

图 4-20 为在最佳排气压力下，温度参数随着标准充注率(NRC)变化的特性。从图中可知，随着标准充注率的增加，阀前温度、吸气温度和吸气过热度先减小，然后逐渐趋于稳定，最后继续下降。蒸发温度随着标准充注率的增加先减小，然后趋于稳定，之后再次下降，但总体的变化幅度非常小，几乎可以忽略不计。排气温度随着标准充注率的增加，先迅速下降，然后逐渐趋于稳定，然后略微上升。蒸发器出口的过热度随着标准充注率的增加，先迅速下降，然后保持在0℃不变。当标准充注率过小(−0.032)时，CO_2 质量流量太小，蒸发器中的 CO_2 与空气换热后出口的过热度过大，进而导致吸气过热度过高。由于回热器低压侧进口的 CO_2 处于过热状态，因此回热器中低压 CO_2 温度较高，无法有效地对高压侧的 CO_2 进行充分过冷，CO_2 的阀前温度也偏高。当标准充注率增大(从−0.032增加到0.054)时，CO_2 质量流量随之增大，蒸发器出口的 CO_2 过热度迅速下降到饱和状态，吸气温度和吸气过热度相应降低，排气温度也迅速降低。回热器低压侧进口的 CO_2 处于饱和状态，温度较低，可以有效地对高压侧的 CO_2 进行过冷，阀前温度也随之下降。当标准充注率持续增加(从 0.054 增加到 0.426)时，各个温度参数基本保持不变。当标准充注率继续增加(从 0.426 增加到 0.512)时，CO_2 质量流量增加，蒸发器中的 CO_2 与空气无法充分交换热量，导致蒸发器出口的 CO_2

逐渐从饱和状态变为两相状态。两相状态的 CO_2 进入回热器的低压侧后，释放了大量的汽化潜热，因此回热器高压侧的 CO_2 被严重过冷，阀前温度下降，吸气温度和吸气过热度随之降低。然而，在标准充注率为 0.512 时的排气压力较高，压缩机的压比增大，因此排气温度反而略微上升。

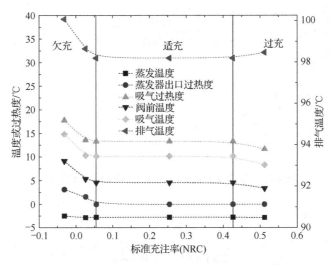

图 4-20　温度参数随标准充注率(NRC)的变化特性

图 4-21 为热泵热水器压力参数随标准充注率的变化特性。如图所示，当标准充注率为−0.032 时，质量流量太小，无法使压缩机稳定运行在更高的压力范围内，因此系统在 8.7MPa 达到了该标准充注率下的压缩机运行的压力上限。此时的上限排气压力即最优排气压力。当 NRC 从−0.032 增加到 0.054 时，充注量能够使系统在更高的压力范围内运行，系统的 COP 在该范围内达到极大值，高压侧压力参数也略微增加，而低压侧压力参数略微降低。当 NRC 继续增加至 0.426，排气压力和其他高压侧的系统压力均无明显变化。随着 NRC 的进一步增加，在适当的充注状态下，系统吸气带液无法稳定运行，因此系统稳定运行的压力下限随之提高，此时的最优排气压力即系统稳定运行的下限排气压力。综上所述，系统的最佳性能下，高压参数随标准充注率的增加先增大，然后基本保持不变，而低压参数则呈相反的趋势。

图 4-22 为跨临界 CO_2 热泵热水器的 CO_2 质量流量和换热器的压力损失(高压压降、低压压降)、蒸发器出口压力随着标准充注率的变化特性。随着标准充注率增加，CO_2 质量流量呈先增大，然后基本保持不变，最后再次增大的趋势。

根据标准充注率对系统参数的影响特性，可以观察到所有的参数在标准充注率变化过程中都会经历一个平台期。这个平台期的出现反映了储液器对 CO_2 充注量的平衡作用。在温度参数进入平台期之前，储液器内的 CO_2 是过热气态；当参

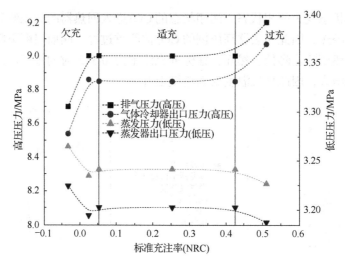

图 4-21　压力参数随标准充注率(NRC)的变化特性

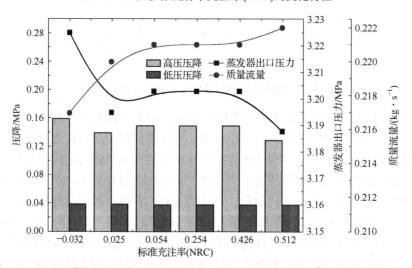

图 4-22　不同标准充注率下的系统压降、蒸发器出口压力和质量流量变化特性

数开始进入平台期时，蒸发器出口的 CO_2 达到饱和状态，储液器中开始出现液态
CO_2；当参数即将结束平台期并发生变化时，储液器内的液态 CO_2 体积达到了储
液器的有效容积上限。

4.2.2.3　跨临界 CO_2 热泵热水器最佳标准充注率的识别方法

在实际运行中，无法直接测量系统的制冷量和 COP。因此，为了持续监测
跨临界 CO_2 热泵热水器中的 CO_2 充注量是否适当，需要找到一些可视且与充注
量显著变化相关的参数。通过对跨临界 CO_2 热泵热水器运行参数与标准充注率的

分析，可以得出结论，温度参数在标准充注率变化方面表现得最为明显，特别是排气温度、吸气温度和阀前温度。因此，选择排气温度、吸气温度和阀前温度作为实时监测参数，以判断标准充注率是否合适。排气温度、吸气温度和阀前温度的平台期(适充)对应的标准充注率范围即系统的最佳标准充注率范围。当排气温度、吸气温度和阀前温度高于平台期的数值时，表示 CO_2 充注量不足(欠充)；当排气温度、吸气温度和阀前温度低于平台期的数值时，说明 CO_2 充注量过多(过充)。值得注意的是，在过充状态下，阀前温度的降低可能并不明显，排气温度甚至可能稍有上升，因此以上所述的方法需要通盘考虑、综合判断。

4.2.3　全工况跨临界 CO_2 热泵热水器最佳标准充注率的标定

跨临界 CO_2 热泵热水器的运行条件多种多样，不同运行条件下 CO_2 的温度和压力状态参数也各不相同，因此系统对最佳标准充注率的需求各不相同。为了综合全工况下 CO_2 的标准充注率需求，得出最终满足所有工况要求的最佳标准充注率范围，以下分别对中温出水和高温出水模式下的最佳标准充注率进行研究。

4.2.3.1　65℃出水温度最佳标准充注率的标定

基于上述研究，采用排气温度、阀前温度和吸气温度作为判断标准充注率是否合适的参数，从而标定中温出水模式下的最佳标准充注率。中温出水最佳标准充注率标定的环境工况和运行工况参考了《工业用热泵热水器》(JRA 4060—2018)标准。这些工况包括了 65℃ 和 90℃出水温度模式下的环境温度跨度范围及进水温度要求，能够很好地预测中温出水和高温出水全工况下 CO_2 标准充注率的需求。有关的具体计算工况，详见表 4-1。如图 4-23 所示，吸气温度和阀前温度随着标准充注率呈现先减小，然后逐渐保持稳定进入平台期，最后再次呈现减小的趋势；排气温度随着标准充注率呈现先减小，然后保持稳定进入平台期，最后升高的趋势。平台期所对应的标准充注率即系统的最佳标准充注率范围。从图 4-23 可以看出，当环境温度为 25℃时，最佳标准充注率的范围为 0.140～0.483；当环境温度为 16℃时，最佳标准充注率的范围为 0.082～0.454；环境温度为 7℃时，最佳标准充注率的范围为 0.054～0.426；环境温度为 2℃时，最佳标准充注率的范围为 0.0252～0.426；环境温度为-7℃时，最佳标准充注率的范围为-0.0034～0.426。随着环境温度的降低，最佳标准充注率的下限值也降低。这是因为随着环境温度的下降，系统的蒸发压力下降，压缩机的压比增大，排气温度急剧升高。在气体冷却器中气体密度下降，从而导致 CO_2 的最低需求量下降。然而，在蒸发器中，低压下降，因此蒸发器及气液分离器中 CO_2 密度增加，这种综合影响使得标准充注率上限在环境温度下降时变化不大。考虑到 65℃ 出水温度模式下的全工况运行需求，CO_2 最佳标准充注率范围为 0.140～0.426。

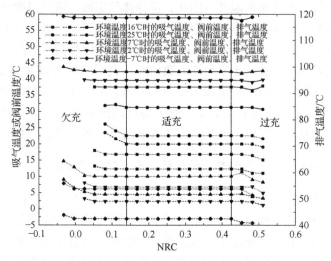

图 4-23　65℃ 出水温度模式下温度参数随标准充注率的变化特性

图 4-24 展示了在 65℃ 出水温度模式下，不同环境温度下制热量和 COP 随标准充注率的变化趋势。当环境温度为 25℃，进水温度为 24℃ 时，系统制热量达到最大值，为 73.63kW，同时 COP 也达到最大值 4.43。系统的 COP 和制热量主要受环境温度和进水温度的影响。随着环境温度下降，系统的 COP 降低，但随着进水温度的降低，COP 则提高。因此，在特定工况下的计算结果中，当环境温度为 7℃，进水温度为 9℃ 时，制热量和 COP 优于当环境温度为 2℃，进水温

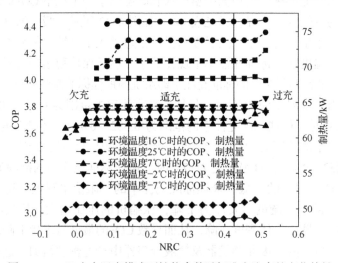

图 4-24　65℃ 出水温度模式下性能参数随标准充注率的变化特性

度为 5℃时的数值。随着环境温度的进一步下降，制热量显著减少。因此，在环境温度为-7℃时，系统必须提高压缩机的运行频率至 55Hz，从而使得系统制热量维持在 50.53kW，COP 维持在 2.96。综合考虑系统性能参数在不同标准充注率下的变化情况，可以看到系统的 COP 在远离平台期时显著下降。尽管在接近平稳阶段时，某些工况下的 COP 可能优于平稳阶段，但从系统运行的稳定性和性能角度来看，采用平台期标准充注率的方案更符合系统性能的优化和稳定运行的要求。

4.2.3.2　90℃出水温度最佳标准充注率的标定

《工业用热泵热水器》(JRA 4060—2018)标准[2]中的90℃出水温度下工况详情如表 4-3 所示。

表 4-3　90℃出水温度模式充注量标定工况

干球温度/℃	湿球温度/℃	进水温度/℃
16	12	17
25	21	24
7	6	9
2	1	5
−7	−8	5

图 4-25 为 90℃出水温度模式下温度参数随标准充注率的变化特性，分析可知，吸气温度和阀前温度随着标准充注率呈现先减小，然后逐渐稳定进入平台期，最后再次下降的趋势；排气温度随着标准充注率大多呈现先减小，然后稳定进入平台期，最后升高的趋势。平台期对应的标准充注率即为系统的最佳标准充注率范围。从图中可以看出，当环境温度为 25℃时，最佳标准充注率的范围为 0.168～0.483；当环境温度为 16℃时，最佳标准充注率的范围为 0.082～0.426；环境温度为 7℃时，最佳标准充注率的范围为 0.082～0.426；环境温度为 2℃时，最佳标准充注率的范围为 0.0252～0.426；环境温度为-7℃时，最佳标准充注率的范围为-0.003～0.426。随着环境温度的降低，最佳标准充注率的范围的下限也降低。比较 65℃与 90℃出水工况下的标准充注率平稳阶段结果，可以发现 90℃出水工况下制冷剂标准充注率平稳阶段的下限低于 65℃出水工况，但其他变化趋势相似。为了实现更高的出水温度，水路流量减小，气体冷却器中的散热换热效果下降，压缩机排气温度进一步升高，气体冷却器中的气体密度进一步降低，即充注量需求下降。综合90℃出水温度模式全工况的运行需求，CO_2最佳标准充注率范围为 0.1683～0.4259。

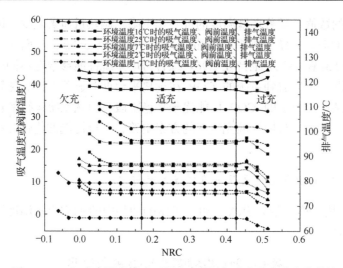

图 4-25　90℃出水温度模式下温度参数随标准充注率的变化特性

　　图 4-26 为 90℃出水温度模式下性能参数随标准充注率的变化特性曲线。当环境温度为 25℃，进水温度为 24℃ 时，热泵热水器的制热量达到最大值 73.54kW，同时 COP 也达到最大值 3.41。制热量和 COP 随工况变化的趋势与 65℃出水温度模式时相似。当环境温度为-7℃时，系统必须提高压缩机的运行频率至 55Hz，从而使得系统制热量维持在 49.99kW，COP 维持在 2.51。

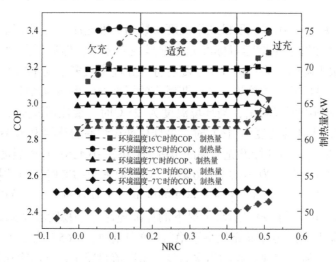

图 4-26　90℃出水温度模式下性能参数随标准充注率的变化特性

4.2.3.3　极冷环境与最大负荷工况最佳标准充注率的标定

除了《工业用热泵热水器》(JRA 4060—2018)标准中提到的 65℃和 90℃出水

温度工况外，还考虑了极冷环境工况，即环境温度-25℃，以及最大负荷工况，即环境温度 43℃，见表 4-4。

表 4-4　充注量标定极端工况

干球温度/℃	湿球温度/℃	进水温度/℃	出水温度/℃
43	26	29	90
-25	-	5	90

　　图 4-27 为全工况性能参数随标准充注率的变化特性曲线。65℃和 90℃出水工况的充注量平台期上下限分别在 25℃和-7℃环境温度下获得。综合考虑本节所列的-25℃极冷环境工况和 43℃最大负荷工况，得到了全工况下的性能参数。在 65℃出水温度模式下，CO_2 最佳标准充注率范围为 0.140～0.426；在 90℃出水温度模式下，CO_2 最佳标准充注率范围为 0.168～0.426。在 43℃的最大负荷工况下，CO_2 最佳标准充注率范围为 0.111～0.397。在这种情况下，随着环境温度的进一步升高，蒸发温度也升高，从而导致蒸发器中的 CO_2 质量发生变化，对标准充注率范围的上限产生影响。在-25℃的极冷环境工况下，CO_2 最佳标准充注率范围为-0.061～0.426。通过将以上列举的所有工况标定的 CO_2 最佳标准充注率范围进行交集运算，得出全工况下 CO_2 最佳标准充注率范围为 0.168～0.397。

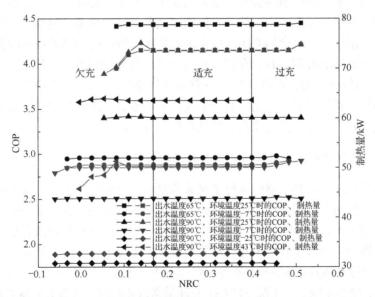

图 4-27　全工况性能参数随标准充注率的变化特性

4.2.4 最佳标准充注率对气液分离器的设计指导

4.2.4.1 储液器与标准充注率的关联作用

储液器和气液分离器是制冷系统中不可或缺的组件。在传统的制冷系统中，气液分离器通常被安装在低压侧，即压缩机吸气口和蒸发器出口之间。气液分离器在制冷系统中具有以下功能[5]：

(1) 存储系统内的部分液态制冷剂，以防止压缩机吸入液体，从而避免压缩机液体冲击和过度稀释润滑油的问题。

(2) 确保及时回油，以维持压缩机的润滑系统正常运转。

储液器通常被安装在冷凝器之后，节流阀之前。此外，最好将储液器安装在系统的最低位置，以确保其有效性。

在传统制冷系统中，储液器具有以下功能：

(1) 储存多余的制冷剂，以便需要时能够提供额外的制冷剂。

(2) 进行气液分离、过滤、减少噪声，以及提供制冷剂的缓冲作用，有助于维护系统的正常运行。

跨临界 CO_2 热力循环系统与传统的亚临界制冷系统不同，其高压侧 CO_2 处于超临界状态，不包含液态 CO_2。同时，考虑到跨临界 CO_2 系统运行压力高，在系统高压侧安装储罐一般均会被考虑为三类压力容器，存在一定安全隐患，因此跨临界 CO_2 热力循环系统中一般并不使用储液器，通常在蒸发器的出口处安装气液分离器，用于存储多余的 CO_2，防止压缩机吸入液体的同时确保及时回油。

气液分离器的容积与其储存能力密切相关。气液分离器的容积越大，可以储存的 CO_2 质量就越大，对跨临界 CO_2 热力循环系统在不同运行工况下 CO_2 充注量平衡的作用就越显著。然而，对于集成化的跨临界 CO_2 热泵热水器来说，并非容积越大越好，因此气液分离器的最佳容积设计值得深入研究。

4.2.4.2 标准充注率对气液分离器容量的设计指导

跨临界 CO_2 热泵热水器的运行工况非常复杂且多样化，不同工况下循环的压力和温度变化很大，因此所需的 CO_2 充注量也会显著不同。在固定的充注量下，当系统运行在 CO_2 充注量需求较低的工况下，多余的 CO_2 将以液态形式储存在气液分离器中。当系统在 CO_2 充注量需求较高的工况下运行时，气液分离器中的液态 CO_2 将逐渐蒸发并重新循环至系统各部件中。因此，气液分离器的有效容积设计需要与系统在不同运行工况下的 CO_2 充注量需求相匹配。气液分离器的最小容积应该足够大，以容纳系统在全工况下的最大和最小 CO_2 充注量需求之间的差异，即

$$V_{\min} = \frac{m_{\max} - m_{\min}}{\rho_{\min}} \tag{4-49}$$

式中，m_{max} —— 全工况运行下跨临界 CO_2 热泵热水器的最大充注量需求，kg；

m_{min} —— 全工况运行下跨临界 CO_2 热泵热水器的最小充注量需求，kg；

ρ_{min} —— 最小 CO_2 充注量时，气液分离器中饱和液态 CO_2 的密度，$kg \cdot m^{-3}$。

在环境温度为 25℃、出水温度 90℃的模式下，跨临界 CO_2 热泵热水器所需 CO_2 质量的下限值最大；反之，在环境温度为−25℃、出水温度 90℃的模式下，跨临界 CO_2 热泵热水器所需 CO_2 质量的下限值最小。因此，气液分离器的最小容积设计应考虑足够容纳 CO_2 质量 m_{red} 的差值，以满足从环境温度 25℃、出水温度 90℃模式切换到环境温度−25℃、出水温度 90℃模式时的需求。多出的 CO_2 质量计算公式表示为式(4-50)：

$$m_{red} = \left(NRC_{25} - NRC_{-25} \right) \left(m_{liquid} - m_{vapor} \right) \tag{4-50}$$

式中，NRC_{25} —— 25℃的温度下，CO_2 标准充注率；

NRC_{-25} —— −25℃的温度下，CO_2 标准充注率；

m_{vapor} —— 25℃的温度下，CO_2 饱和气态的密度计算所得的 CO_2 质量；

m_{liquid} —— 25℃的温度下，CO_2 饱和液态的密度计算所得的 CO_2 质量。

CO_2 密度应当选择环境温度为−25℃，出水温度为 90℃时的低压状态饱和液态的 CO_2 密度 ρ_{-25}，即 $\rho_{min} = \rho_{-25}$。

综上所述，气液分离器的最小容积计算公式表示为式(4-51)：

$$V_{min} = \frac{m_{red}}{\rho_{-25}} \tag{4-51}$$

4.3　跨临界 CO_2 热泵热水器的除霜运行特性

4.3.1　除霜方法

对于空气源跨临界 CO_2 热泵热水器而言，其最有效的除霜方法是逆向除霜和热气除霜。

4.3.1.1　逆向除霜

目前，对于空气源跨临界 CO_2 热泵热水器而言，其应用最广的除霜方法是逆向除霜，其除霜原理如图 4-28 所示。在逆向除霜过程中，当系统满足除霜要求时，压缩机将首先停止运转，以便于四通换向阀实行转向。此时，经压缩机压缩后的高温制冷剂将直接流向室外盘管，与室外盘管表面的霜层进行换热，然后经节流阀节流并在室内吸收热量，经四通换向阀流回压缩机。当除霜完成时，压缩机将再次停止运行，以便四通换向阀再次转回至正常制热方向。

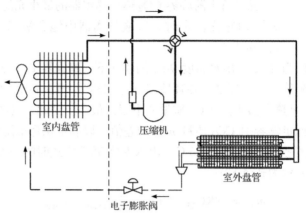

图 4-28　逆向除霜[6]

4.3.1.2　热气除霜

根据制冷剂在系统管道中的流动形式，热气除霜可分为热气直通除霜、热气旁通除霜两种方式。

1) 热气直通除霜

热气直通除霜的除霜原理如图 4-29 所示，当系统满足除霜要求时，压缩后的 CO_2 首先流经气体冷却器、节流机构，最后流入蒸发器，与表面霜层进行热交换，气体冷却器中水处于停止状态，但在除霜过程中，气体冷却器中的水将会吸收一部分制冷剂热量，直至两部分达到热平衡状态，此时制冷剂的热量才会被完全用于系统除霜。

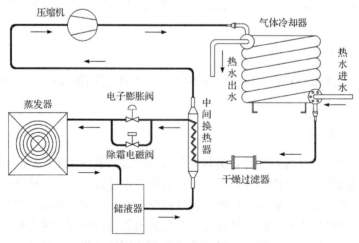

图 4-29　热气直通除霜[7]

2) 热气旁通除霜

热气旁通除霜方法的原理如图 4-30 所示。在热气旁通除霜方法中，通过引入额外的旁通回路和阀件，高温高压的 CO_2 将绕过冷凝器和节流装置进入蒸发器。由于这种方法的能量来源仍然是压缩机做功，不需要吸收室内的热量，因此在除霜过程中室内舒适性可以得到保证。

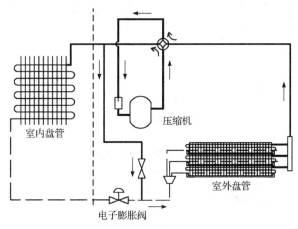

图 4-30 热气旁通除霜[6]

4.3.2 不同参数对逆向除霜方法的影响

本小节通过实验结果分析了水流量、压缩机频率和电子膨胀阀开度对除霜时间和除霜稳定性的影响。

4.3.2.1 水流量的影响

在逆向除霜模式下，水流向系统提供热量，影响除霜过程的热能和时间。与预期一致，更大的水流量将有助于缩短除霜时间。

图 4-31 为除霜时吸热率的变化曲线。曲线可以分为三个时间段：初期、稳定期和末期。在除霜初期，吸热率曲线快速上升，热量主要用来加热蒸发器的金属部分，因此两条曲线之间的差别不明显。在稳定期中，热量主要用来融化霜层和蒸发霜融化后的水分。在吸热率曲线的最后阶段，除霜进入末期，即将结束，此时水提供的热量(吸热率)略有减少。

图 4-32 为水流量对实测出水温度、总热能和水泵总耗电量的影响。从图中可以看出，示例 1(水流量 1.7m³·h⁻¹)下的水泵总耗电量要比示例 2(水流量 2.3m³·h⁻¹)下更大。在水流量更小的示例 1 中，水提供给除霜的总热能也更大。更大的水流量有助于减少除霜时间和除霜总热能消耗。

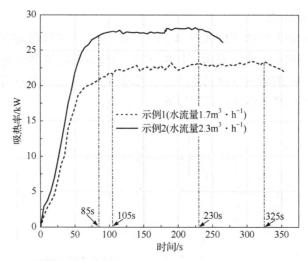

图 4-31　水流量对吸热率的影响

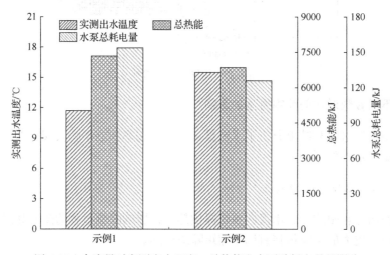

图 4-32　水流量对实测出水温度、总热能和水泵总耗电量的影响

4.3.2.2　压缩机频率的影响

　　除霜过程中的电能消耗是一个需要重点考虑的因素。图 4-33 为压缩机频率对压缩机功率的影响。如图所示，在逆向除霜开始后，压缩机功率急剧增加。随后，压缩机功率在 40s 左右出现了一个小幅度的下降，之后，从 75s 开始，压缩机功率保持稳定的增长趋势。当除霜接近结束时，压缩机功率急剧上升，这是因为霜已经完全除去，系统的压力开始迅速升高。随着压缩机频率的增加，除霜时间逐渐缩短，而压缩机功率逐渐增加。

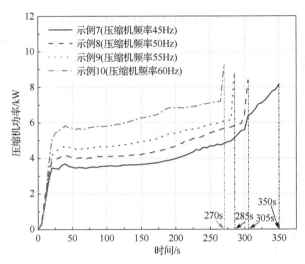

图 4-33　压缩机频率对压缩机功率的影响

图 4-34 对比了不同压缩机频率下除霜过程中压缩机总耗电量。结合图 4-33 可以看出，在压缩机频率为 45Hz 和 60Hz 时，压缩机总耗电量较大。随着压缩机频率逐渐从45Hz增加到60Hz，除霜时间的降低越来越小。压缩机频率从45Hz增加到 50Hz 时，除霜时间减少了 45s，而压缩机频率从 55Hz 增加到 60Hz 时，除霜时间仅减少了 15s。从除霜效率的角度来看，当压缩机频率为 50Hz 或 55Hz 时，压缩机总耗电量较低，可以预期有较高的除霜效率。

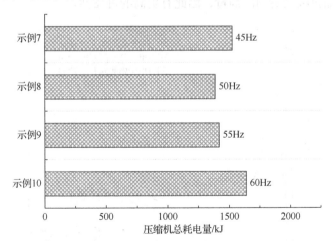

图 4-34　压缩机频率对压缩机总耗电量的影响

4.3.2.3　电子膨胀阀开度的影响

不同电子膨胀阀开度下，实验测得的压缩机排气压力和吸气压力的压差曲线如图 4-35 所示。如图所示，电子膨胀阀开度为 52%(示例 11)时，除霜时间最长，为 365s。对比电子膨胀阀开度为 63%(示例 12)和 83%(示例 13)的曲线可知，当电子膨胀阀开度增大之后，因为制冷剂流量相应增大，除霜时间倾向于缩短。

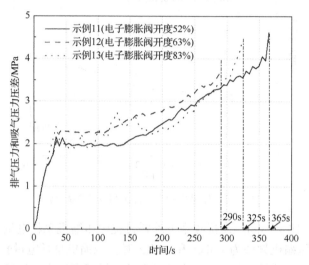

图 4-35　电子膨胀阀开度对压缩机排气压力和吸气压力压差的影响

图 4-36 为电子膨胀阀开度对过热度的影响。在相似的过热度变化趋势下，示例 12 和示例 13 的平均过热度分别为 1.59℃和 1.17℃。由于更大的过热度可以减少进入压缩机吸气的制冷剂量，因此有更高的可靠性。

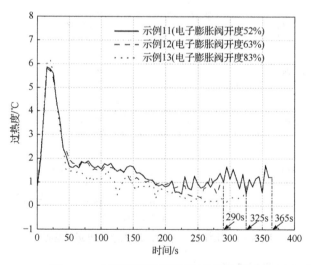

图 4-36　电子膨胀阀开度对过热度的影响

图 4-37 为电子膨胀阀开度对压缩机油位的影响。从左到右依次为示例 11、示例 12 和示例 13 下观察到的压缩机油位。因此，适当增加电子膨胀阀开度有利于保证压缩机的回油。

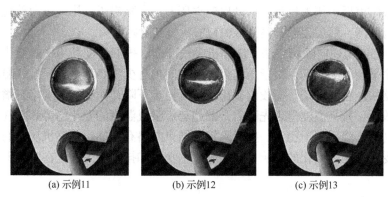

(a) 示例11　　　　　(b) 示例12　　　　　(c) 示例13

图 4-37　电子膨胀阀开度对压缩机油位的影响

4.3.3　逆向除霜方法和热气旁通除霜方法的对比

目前，用于空气源跨临界 CO_2 热泵热水器的主要除霜方法是热气旁通除霜。本节对比了逆向除霜方法和热气旁通除霜方法，研究了这两种除霜方法的除霜动态特性、对系统运行的影响及总体性能表现。

4.3.3.1　除霜中的动态参数变化

本小节研究了两种除霜方法的除霜过程及相关参数的动态变化。图 4-38 展示了在逆向除霜方法下，压缩机排气压力和吸气压力的变化情况。

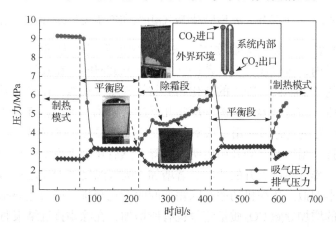

图 4-38　逆向除霜方法的压缩机吸气压力和排气压力的变化情况

逆向除霜过程可以分为三个阶段：一个除霜段和两个停机的平衡段。两个平衡段的持续时间固定为 160s。进入除霜模式后，压缩机首先关闭，相关阀门按照预设的程序控制。压缩机排气压力和吸气压力迅速相互平衡至 3.15MPa。第一个平衡段结束后，压缩机重新启动以建立压差。在除霜段，排气压力首先升高，之后略有下降，然后逐渐升高到 6.01MPa，直到除霜结束。

图 4-39 为逆向除霜方法下压缩机吸气温度、排气温度和功率的变化情况。在第一个平衡段的早期，由于压缩机停机期间仍有少量 CO₂ 残留，排气温度的变化速度略快。在第一个平衡段内，排气温度稳步下降，而吸气温度略有增加。进入除霜段后，排气温度呈现先降后升的趋势。吸气温度的变化趋势和吸气压力类似：在初期下降后趋于稳定，接近除霜段结束时略有增加。压缩机功率的变化趋势主要受排气压力变化的影响，除霜阶段中功率和排气压力变化在时间上基本保持一致。

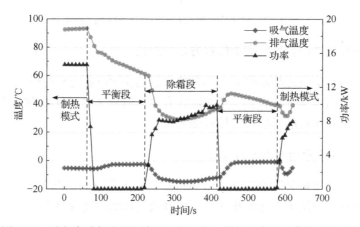

图 4-39　逆向除霜方法下压缩机吸气温度、排气温度和功率的变化情况

图 4-40 展示了热气旁通除霜方法下压缩机吸气压力和排气压力的变化情况。在除霜段内，排气压力变化范围在 7.78～9.55MPa。在吸气压力方面，除霜开始时升至约 3.20MPa，随后的变化趋势与排气压力相似。在热气旁通除霜方法的除霜前半段，靠近外界环境的外层霜几乎没有融化，内层霜首先开始融化。

图 4-41 为热气旁通除霜方法下的压缩机吸气温度、排气温度和功率的动态变化情况。排气温度在除霜开始后明显下降，然后在除霜段中略有增加。随着除霜接近完成，排气温度上升的速度显著增加。吸气温度的变化趋势与吸气压力的变化趋势基本相似。压缩机功率在除霜期间的变化与排气压力趋势相似，但压缩机吸气压力的增加导致 CO₂ 质量流量也有所增加，在除霜接近结束时，功率的增加更为显著。

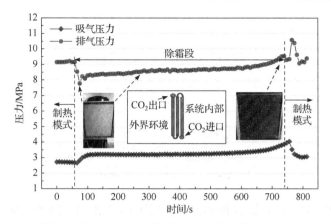

图 4-40　热气旁通除霜方法下压缩机吸气压力和排气压力的变化情况

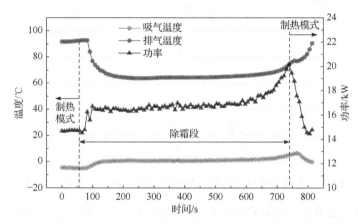

图 4-41　热气旁通除霜方法下的压缩机吸气温度、排气温度和功率的变化情况

4.3.3.2　除霜对系统运行的影响

图 4-42 展示了两种除霜方法在系统长时间运行中的吸气压力和排气压力的变化情况。使用热气旁通除霜方法时，吸气压力和排气压力在除霜结束后的短时间内迅速恢复到正常的制热运行状态。然而，采用逆向除霜方法时，在除霜结束后存在一个建立压差的调节期。在这个调节期内，排气压力逐渐升高，恢复到制热模式下的正常数值。

图 4-43 为系统采用两种除霜方法时吸气温度和排气温度的变化情况。采用逆向除霜方法时，在调节期内，由于系统仍在进行调节，排气温度在进入稳定制热运行之前存在一定的超调，因此略高于采用热气旁通除霜方法时的排气温度。采用逆向除霜方法时，吸气温度在吸气压力出现低压段的对应时间段内呈现略微升高的趋势，导致吸气温度高于稳定制热运行状态下的数值。

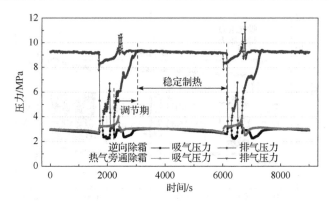

图 4-42　系统采用两种除霜方法时吸气压力和排气压力的变化情况

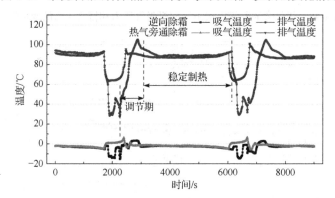

图 4-43　系统采用两种除霜方法时吸气温度和排气温度的变化情况

　　图 4-44 是两种不同除霜方法在长时间运行中进水温度和出水温度的变化情况，这两种方法之间最显著的区别在于出水温度的变化：在使用热气旁通除霜方法时，进水温度和出水温度均下降。当使用逆向除霜方法时，水在除霜期间作为热源供应热量，因此在除霜过程中出水温度低于进水温度。

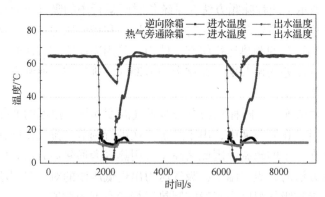

图 4-44　系统采用两种除霜方法时进水温度和出水温度的变化情况(扫描封底二维码查看彩图)

图 4-45 是采用两种除霜方法时总功率、压缩机功率和风机功率的变化情况。当系统在制热模式下运行时，霜会逐渐在蒸发器中积累，风道逐渐被霜堵塞，增加了空气流动的阻力，导致风机的功率增加。在制热模式运行期间，吸气压力稳定下降。吸气压力的下降减少了压缩机吸气口的 CO_2 密度和 CO_2 质量流量，因此压缩机功率减小。综合考虑了压缩机功率和风机功率的变化，总功率在制热运行期间逐渐增加。

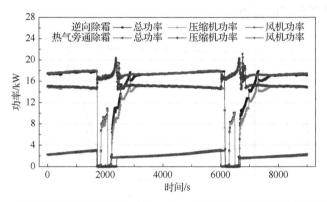

图 4-45　系统采用两种除霜方法时总功率、压缩机功率和风机功率的变化情况

(扫描前言二维码查看彩图)

图 4-46 为系统采用两种除霜方法时制热量的变化情况。随着霜层的积累，制热量在稳定制热运行中逐渐减少，通常降至正常值的 80% 左右。此外，当系统切换回制热模式时，采用热气旁通除霜方法的制热量会高于正常值，这是因为此时吸气压力和排气压力较高。相反地，采用逆向除霜方法时，系统切换回制热模式时制热量低于正常值。

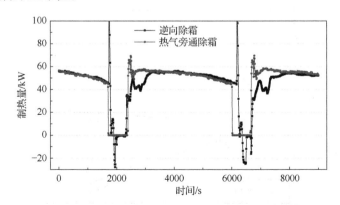

图 4-46　系统采用两种除霜方法时制热量的变化情况

为了探讨系统在整个运行期间的热力学过程，根据瞬态实验数据，绘制了制

热模式、逆向除霜模式和热气旁通除霜模式在压焓图中的系统循环。图 4-47 为制热模式在压焓图中的系统循环，在图 4-47 中，3200s 标志着除霜结束后系统回到稳定制热状态的时间点，而 5900s 则表示系统即将接近除霜开始条件的时间点。无论采用哪种除霜方法，制热模式下的系统循环都是相同的。在这个循环中，过程 1-2 为压缩过程；过程 2-3 为气体冷却器中的放热过程；过程 3-4 为节流过程；过程 4-5 为蒸发器从环境空气中吸收热量的过程；过程 5-1 为从蒸发器出口到压缩机吸气口的流动。

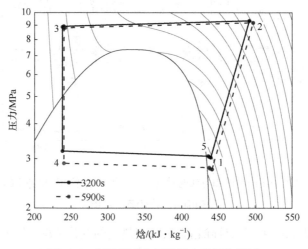

图 4-47　制热模式在压焓图中的系统循环

　　图 4-48 为逆向除霜模式下两个时间点的系统循环。逆向除霜模式下的系统循环包括以下热力过程：过程 1-2 为压缩过程；过程 2-5 为 CO₂ 从压缩机排气口

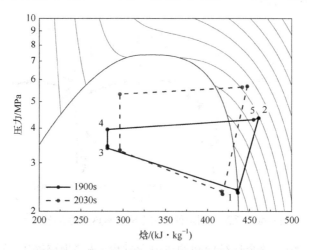

图 4-48　逆向除霜模式在压焓图中的系统循环

流向蒸发器入口；过程 5-4 为制冷剂向蒸发器内的霜释放热量；过程 4-3 为膨胀阀的节流过程；过程 3-1 为 CO_2 在气体冷却器中从水流中吸收热量，然后回流到压缩机的吸气口。

图 4-49 为热气旁通除霜模式下的系统循环。过程 1-2 为压缩过程；过程 2-3 为通过除霜旁通回路的节流过程；过程 3-4 为蒸发器中的放热过程；过程 4-1 为从蒸发器出口到压缩机吸气口的流动过程。

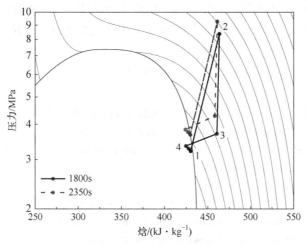

图 4-49　热气旁通除霜模式在压焓图中的系统循环

4.3.4　两种除霜方法的系统性能比较

图 4-50 为采用两种除霜方法下的除霜参数和系统性能比较结果。$t_{df,wh}$ 和 $\overline{W}_{df,wh}$ 表示整个除霜模式所消耗的时间和平均系统功率。t_{df} 和 $\overline{W}_{df}$ 表示不考虑平

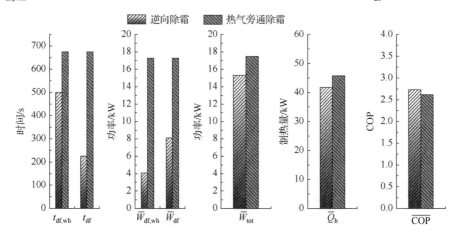

图 4-50　采用两种除霜方法下的除霜参数和系统性能的比较

衡段，仅考虑除霜本身的消耗的时间和平均系统功率。因此，对于逆向除霜方法，纯除霜时间 t_{df} 要比完整除霜时间 $t_{df,wh}$ 更短，纯除霜平均功率 $\overline{W}_{df}$ 要比完整除霜平均功率 $\overline{W}_{df,wh}$ 更高。$\overline{W}_{tot}$、$\overline{Q}_h$ 和 $\overline{COP}$ 分别表示实验记录时间内的平均系统功率、平均制热量和平均 COP。

就总耗电量而言，逆向除霜方法的除霜总耗电量仅为热气旁通除霜方法的 17.5%。对于系统整体运行的平均性能参数来说，采用热气旁通除霜方法下的系统整体平均功率和平均制热量分别比逆向除霜方法下高了 14.01% 和 8.98%。因此，采用逆向除霜的系统整体平均 COP 比采用热气旁通除霜方法时高了 4.61%。

参 考 文 献

[1] 李东哲, 殷翔, 宋昱龙, 等. 跨临界 CO_2 热泵中间换热器对系统性能的影响研究[J]. 压缩机技术, 2016(4): 6-11.

[2] 日本制冷空调协会. 工业用热泵热水器: JRA 4060—2018[S]. 2014-03-20.

[3] DMITRIYEV V I, PISARENKO V E. Determination of optimum refrigerant charge for domestic refrigerator units[J]. International Journal of Refrigeration, 1984, 7(3): 178-180.

[4] 王文斌. 小型风冷热泵制冷剂充注量实验研究[J]. 制冷与空调, 2008, 22(3): 114-117.

[5] 吴腾飞, 臧润清. 制冷系统气液分离器的研究现状分析[J]. 冷藏技术, 2013(1): 4.

[6] SONG M, DENG S, DANG C, et al. Review on improvement for air source heat pump units during frosting and defrosting[J]. Applied Sciences and Engineering Journal, 2018, 211: 1150-1170.

[7] HU B, YANG D, CAO F, et al. Hot gas defrosting method for air-source transcritical CO_2 heat pump systems[J]. Energy and Buildings, 2015, 86: 864-872.

第5章 跨临界 CO_2 热力循环系统性能提升

5.1 跨临界 CO_2 热力循环系统适应性分析

跨临界 CO_2 热力循环是一种在临界点以上运行的系统，其中超临界 CO_2 气体的温度与压力是独立变量。因此，在相同排气压力的条件下，唯一限制气体总放热量的因素是与其进行换热的介质温度。如果高压侧的换热介质温度过高，CO_2 将无法释放足够的热量，导致节流阀前的温度无法降低到理想水平。这不仅会严重影响制冷剂在蒸发器中吸收热量的能力，还会影响系统的效率。

5.1.1 高回水温度下的跨临界 CO_2 热泵性能衰减

CO_2 在超临界工作条件下具有良好的低温流动性，非常适合应用于寒冷地区冬季的运行工况。在跨临界 CO_2 热泵中，无相变的 CO_2 通过在气体冷却器中的巨大温度滑移作用，将循环水直接从低温条件提升到超过 80℃ 的高温条件[1]。图 5-1 为不同回水温度下跨临界 CO_2 热泵的热力学循环。

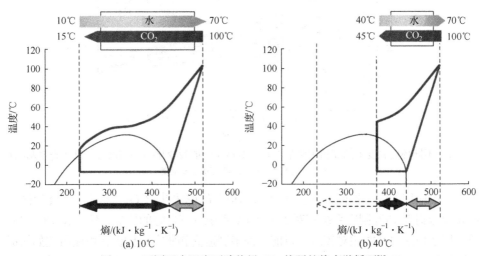

图 5-1 不同回水温度下跨临界 CO_2 热泵的热力学循环[1]

在供暖工况下，系统供水温度通常会超过 70℃，这与跨临界 CO_2 热泵的性能优势相符合。然而，系统的进水温度往往也会超过 40℃，这在很大程度上影

响了跨临界 CO_2 热泵的制热量和能效的发挥(图 5-1(b))。当回水温度升高时,在相同功率输入情况下,CO_2 在气体冷却器中的出口温度升高,跨临界 CO_2 热泵的蒸发器侧焓差减小,导致在大气环境中吸收的热量急剧减少,气体冷却器的制热能力降低,从而影响热泵的性能。简单来说,跨临界 CO_2 热泵的一个技术特点是在其他条件相同的情况下,系统的进水温度越低,系统的制热效果和性能就越好。这种趋势在环境温度降低的情况下尤为明显,从而无法满足供暖系统中暖气片的供热需求。

5.1.2　高环境温度下的商超用跨临界 CO_2 制冷系统性能衰减

阻碍商超用跨临界 CO_2 制冷系统向温暖地区推广的主要原因是高环境温度带来的性能衰减问题。图 5-2 为不同环境温度下的商超用跨临界 CO_2 制冷系统能效变化图。图 5-2 表明,制冷 COP 在高于 30℃ 的环境温度下会明显下降。研究发现,环境温度超过 13℃ 时,R404A 系统的能效就会超过商超用跨临界 CO_2 制冷系统,并且随着环境温度的升高,这个差距会变得越来越大。因此,商超用跨临界 CO_2 制冷系统在寒冷地区的应用已取得成功,但在暖和的地区,推广则比较困难。

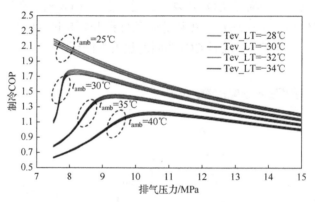

图 5-2　不同环境温度下的商超用跨临界 CO_2 制冷系统能效变化[2](扫描前言二维码查看彩图)
t_{amb}-环境温度;Tev_LT-低压级蒸发温度

考虑应用的综合性能,存在 CO_2 "赤道" 的说法[3]。CO_2 "赤道" 以北地区,商超用跨临界 CO_2 制冷系统相对于 R404A 系统具有良好的性能,然而在 CO_2 "赤道" 以南地区,性能相对较差。目前,许多制造商和研究机构正在积极研究如何提高商超用跨临界 CO_2 制冷系统的效率,以期将 CO_2 "赤道" 向南移动甚至消除。

为了解决跨临界 CO_2 热力循环系统共性问题,研究人员着手从降低节流阀前温度和减少节流损失两个方面进行技术研发。为了降低节流阀前温度,通常在系统层面进行换热器布置和整体循环的创新设计,能够在保障系统性能提升的同时，通过调节运行参数灵活适应各种复杂工况，特别适用于跨临界 CO₂ 热泵，该方案目前已在理论、实验及产品层级获得证实。在减少节流损失的方案中，主要通过对喷射器和膨胀机等核心部件的研发来回收膨胀功，但也多应用于工况相对稳定的商用制冷装置，两者在工况适应性方面都有一定局限性。

5.2　双级压缩跨临界 CO₂ 热力循环系统

在传统的制冷剂循环中，双级压缩中间补气是一种常用的技术，可以提高系统的性能。在跨临界 CO₂ 热力循环中，根据实验和动态仿真结果，不同排气压力下存在不同的最优中间压力。与适用于传统制冷剂循环的最优中间压力理论值不同，在跨临界 CO₂ 系统中需要考虑变工况下排气压力与中间压力的耦合最优运行控制。因此，对于面向 45℃/65℃供暖工况背景的双级压缩跨临界 CO₂ 热力循环系统，本节对其进行了基本循环、实验运行结果和最优控制策略的讨论。

5.2.1　基于中间补气的双级压缩跨临界 CO₂ 热力循环分析

图 5-3 为基于中间补气的双级压缩跨临界 CO₂ 热力循环示意图，如图所示，基于集成的封闭式两级滚动转子压缩机，通过增加额外的回热器(中间换热器)主电子膨胀阀和补气路电子膨胀阀，即可在跨临界 CO₂ 热力循环系统中实现中间补气。其循环中的热力学过程简述如下：

过程 1-2：主路低压 CO₂ 在一级压缩机中的绝热、非等熵压缩过程；

过程 3-4：中压 CO₂ 在二级压缩机中的绝热、非等熵压缩过程；

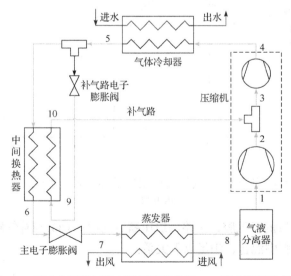

图 5-3　基于中间补气的双级压缩跨临界 CO₂ 热力循环示意图

过程 4-5：高温高压的超临界 CO_2 在气体冷却器中的类显热放热过程；

过程 5-9：补气路高压中温的 CO_2 电子膨胀阀中的等焓节流过程；

过程 5-6：主路高压中温的 CO_2 在回热器中的冷却过程；

过程 9-10：补气路中压 CO_2 在回热器中的吸热过程；

过程 10-2，3：主路一级压缩后的中压 CO_2 与补气路吸热后的中压 CO_2 在二级吸气腔中的混合过程；

过程 6-7：主路高压 CO_2 在主电子膨胀阀中的等焓节流过程；

过程 7-8：主路低压两相 CO_2 在蒸发器中向空气侧的吸热过程；

过程 8-1：主路蒸发器出口 CO_2 在气液分离器中的相态分离过程。

图 5-4 为基于中间补气的双级压缩跨临界 CO_2 热力循环对应的压焓图，在循环中的流量分配满足以下关系：

$$\dot{m}_g = \dot{m}_a + \dot{m}_e \tag{5-1}$$

式中，$\dot{m}_g$ —— 气体冷却器中的 CO_2 质量流量，$kg \cdot s^{-1}$；

　　　$\dot{m}_a$ —— 补气路的 CO_2 质量流量，$kg \cdot s^{-1}$；

　　　$\dot{m}_e$ —— 蒸发器中的 CO_2 质量流量，$kg \cdot s^{-1}$。

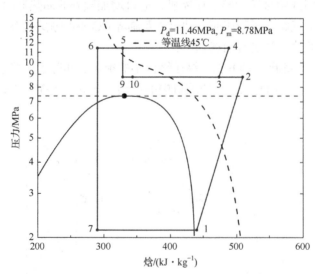

图 5-4　基于中间补气的双级压缩跨临界 CO_2 热力循环压焓图

P_m-中间压力

在二级压缩机的吸气腔，主路一级压缩后的中压 CO_2 与补气路吸热后的中压 CO_2 在二级吸气腔中混合，满足以下关系：

$$\dot{m}_g h_3 = \dot{m}_a h_{10} + \dot{m}_e h_2 \tag{5-2}$$

式中，h_3 —— 二级压缩机吸气口的 CO_2 焓，$kJ \cdot kg^{-1}$；

h_{10} —— 回热器低压侧出口的 CO_2 焓，$kJ \cdot kg^{-1}$；

h_2 —— 一级压缩机排气口的 CO_2 焓，$kJ \cdot kg^{-1}$。

结合如图 5-4 所示的压焓图，基于中间补气的双级压缩跨临界 CO_2 热力循环系统的理论性能计算，整个循环的指示功率包括一级压缩机和二级压缩机指示功率之和：

$$W_i = \dot{m}_e(h_2 - h_1) + \dot{m}_g(h_4 - h_3) \tag{5-3}$$

式中，h_2 —— 一级压缩机排气口的 CO_2 焓，$kJ \cdot kg^{-1}$；

h_1 —— 一级压缩机吸气口的 CO_2 焓，即蒸发器出口的 CO_2 焓，$kJ \cdot kg^{-1}$；

h_4 —— 二级压缩机排气口的 CO_2 焓，$kJ \cdot kg^{-1}$；

h_3 —— 二级压缩机吸气口的 CO_2 焓，$kJ \cdot kg^{-1}$。

系统通过气体冷却器产生的制热量为

$$Q_H = \dot{m}_g(h_4 - h_5) \tag{5-4}$$

式中，h_4 —— 二级压缩机排气口的 CO_2 焓，$kJ \cdot kg^{-1}$；

h_5 —— 气体冷却器出口的 CO_2 焓，即回热器高压侧进口的 CO_2 焓，$kJ \cdot kg^{-1}$。

在回热器中的换热过程为

$$\dot{m}_e(h_5 - h_6) = \dot{m}_a(h_{10} - h_9) \tag{5-5}$$

式中，h_6 —— 回热器高压侧出口的 CO_2 焓，$kJ \cdot kg^{-1}$；

h_{10} —— 回热器低压侧出口的 CO_2 焓，$kJ \cdot kg^{-1}$；

h_9 —— 回热器低压侧进口的 CO_2 焓，$kJ \cdot kg^{-1}$。

系统在蒸发器中的吸热量为

$$Q_C = \dot{m}_e(h_1 - h_7) \tag{5-6}$$

式中，h_7 —— 蒸发器进口的 CO_2 焓，$kJ \cdot kg^{-1}$。

则基于中间补气的双级压缩跨临界 CO_2 热力循环系统性能系数表示为

$$COP_H = \frac{Q_H}{W} = \frac{\dot{m}_g(h_4 - h_5)}{\dot{m}_e(h_2 - h_1) + \dot{m}_g(h_4 - h_3)} \eta_m \eta_{m0} \tag{5-7}$$

式中，η_m —— 压缩机的机械效率；

η_{m0} —— 电动机效率。

由式(5-7)可知，在不同的排气压力和中间压力工况下，压缩机、气体冷却器和蒸发器的焓差以及流量分配都会发生变化，进而影响系统的性能。这些因素的相互作用将耦合影响整个系统的性能，因此很难通过简单定性分析及理论计算来指导中间压力与排气压力的调节。进一步而言，为了优化双级压缩跨临界 CO_2 热力循环系统中的耦合最优排气压力和中间压力调节，需要研究人员进行更加详尽的实验和仿真研究。

图 5-5 为基于中间补气的双级压缩跨临界 CO_2 热力循环系统及其测试系统示意图，气体冷却器出口的 CO_2 被分成两路。其中，补气路 CO_2 经过电子膨胀阀节流降温后达到低温中压状态，并通过一个中间换热器与主路的 CO_2 进行换热。由于补气路 CO_2 经过节流，其温度一定低于主路 CO_2，主路 CO_2 预冷后再进入主路节流阀，从而在一定程度上降低了主路电子膨胀阀前 CO_2 温度。同时，第一路 CO_2 在吸收足够热量后达到过热气体状态，与一级压缩机排气混合后进入双级压缩机内部进行压缩。

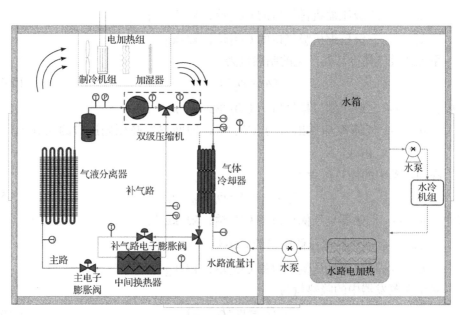

图 5-5 双级压缩跨临界 CO_2 热力循环系统及其测试系统示意图

T-温度传感器；P-压力传感器

排气压力和中间压力由两个独立的电子膨胀阀控制在各自的设定值。气体冷却器采用套管式换热器，蒸发器采用翅片管式换热器，中间换热器采用板式换热器。实验室中，水路的进水温度可以控制，出水温度则通过调节水流量来实现，焓差室中的干湿球温度也可控制满足测试工况需求并保持稳定状态。

在测试期间对样机性能进行了研究，测试条件为环境温度为−12℃和进水温度/出水温度为 45℃/65℃的设计工况，并进一步评估了该样机在环境温度为

-17℃、-12℃、15℃和0℃下的性能，以研究环境温度对系统性能的影响。

5.2.2　中间压力的影响

在实验过程中，首先在设计工况下对双级压缩跨临界 CO_2 热力循环系统样机性能进行研究，设计工况为-12℃的环境温度和 45℃/65℃的进水温度/出水温度。图 5-6 为双级压缩跨临界 CO_2 热力循环系统性能随中间压力的变化图。在恒定排气压力下(11.5MPa)，将补气路电子膨胀阀从零开度(不补气状态)开始调节，如图 5-6(a)所示，随着补气路电子膨胀阀的开度不断增大，中间压力从 8.4MPa 增加到 9.57MPa。在中间压力不断增大的过程中，样机功率几乎保持不变；系统制热量提高 11.35%，在中间压力为 8.78MPa 时达到最大值。随着中间压力的进一步增大，系统制热量迅速下降。通过对系统制热量与功率变化的实验数据进行对比，在中间压力变化的过程中制热量的变化趋势主导了系统 COP 的变化，即存在一个最优中间压力使得系统达到最大 COP。随着中间压力从 8.4MPa 增加到 9.57MPa，COP 对比不补气状态高出约 13.8%。在到达最优中间压力后，随着补气量的进一步增大，系统性能迅速恶化，在最大补气阀开度处系统 COP 低于不补气状态。结果显示，中间过冷补气系统的制热量及 COP 受中间压力的影响特别大，中间补气并非总给系统带来收益，不恰当的中间压力甚至会使系统性能衰减。在双级压缩跨临界 CO_2 热力循环系统中，最优中间压力的控制尤为重要。

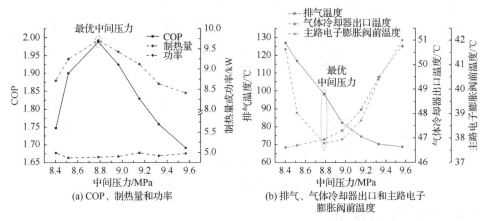

(a) COP、制热量和功率　　　(b) 排气、气体冷却器出口和主路电子膨胀阀前温度

图 5-6　双级压缩跨临界 CO_2 热力循环系统性能随中间压力的变化

图 5-6(b)为中间压力变化过程中的系统参数变化。随着补气量的增加，中间压力增加，而二级压缩机的吸气温度会降低。排气温度从 126.77℃降低到 68.66℃，在气体冷却器中，由于质量流量增大，其出口处的 CO_2 温度从 46.61℃升高到 50.76℃。质量流量的增加和气体冷却器中比焓的降低将导致机组制热量先升高后降低，产生最大制热量。在回热器中，补气路中节流后的 CO_2 从气体冷

却器后的 CO_2 吸收热量，进入主路电子膨胀阀前的温度越低，蒸发器进出口之间的比焓就越大。在最优中间压力下，对应主路电子膨胀阀前温度存在的最小值，同时对应系统制热量的变化趋势。

5.2.3　排气压力的影响

图 5-7 为双级压缩跨临界 CO_2 热力循环系统性能随排气压力的变化曲线。如图所示，在最优补气和不补气运行工况下，分析了排气压力对双级压缩跨临界 CO_2 热力循环系统性能的影响。在不补气工况下，制热量首先快速增加，然后随着排气压力的进一步增大而略微下降，样机功率随着排气压力的增加呈线性上升。在最优补气压力的运行工况下，功率曲线趋势与不补气运行状态的变化趋势几乎相同，系统制热量随着排气压力的增加而不断增大。由于在较高的排气压力下，系统制热量的增长速度小于功率的增长速度，因此仍然存在最优排气压力。在排气压力为 11.5MPa 时，系统的最大 COP 和制热量分别提高 5.02% 和 10.11%。图 5-7(b) 为最优补气/不补气运行状态下的系统排气温度、气体冷却器出口温度及主路电子膨胀阀前温度随排气压力的变化趋势。在最优补气的情况下，主路电子膨胀阀前的温度总是随着排气压力的增加而降低，排气温度先增加后降低，范围在 80~100℃，在 12MPa 时通过补气使得排气温度从 136.06℃ 降到 84.6℃。

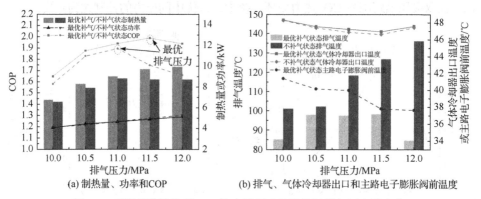

(a) 制热量、功率和COP　　　　　　　　(b) 排气、气体冷却器出口和主路电子膨胀阀前温度

图 5-7　双级压缩跨临界 CO_2 热力循环系统性能随排气压力的变化

5.2.4　进出水温度的影响

通过实验的方式在焓差室中研究了双级压缩跨临界 CO_2 热力循环系统工作时热源侧工况的环境温度对性能的影响，证实了中间过冷补气的双级压缩跨临界 CO_2 热力循环系统在定工况下，同时存在中间压力与排气压力两个优化点，基于第 3 章中建立的部件模型对中间补气的双级压缩跨临界 CO_2 热力循环系统进行动态仿真，开展变进水温度和出水温度下的性能研究。

依据在 5.2.1 小节中获得的变环境温度下的双级压缩跨临界 CO₂ 热力循环系统运行参数和性能的实验数据，对动态仿真模型精度进行验证。图 5-8 为动态仿真系统与实验的结果对比图。在图 5-8 中，用于对比的实验数据涵盖全环境温度工况，即−17℃、−12℃、−5℃及 0℃下性能寻优过程中的运行参数点，包含其最优运行状态和非最优运行状态。对比结果显示，在所有实验工况下，COP 误差范围均在±5%，证明动态模型的精度可以满足要求。

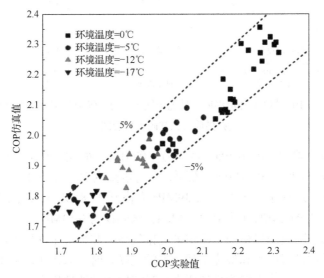

图 5-8　动态仿真系统与实验的结果对比

在仿真中，将进水温度工况设置为 30℃、35℃、40℃、45℃及 50℃，出水温度设置为 60℃、65℃及 70℃。在−20℃、−10℃及 0℃的环境工况中，对变进出水温度工况下的双级压缩跨临界 CO₂ 热力循环系统进行以系统 COP 为性能指标的排气压力及中间压力寻优，得到其最优运行参数(最优排气压力及最优中间压力)，以及对应的系统性能(制热量、功率及 COP)。

图 5-9 为不同环境工况下，中间过冷补气的双级压缩跨临界 CO₂ 热力循环系统的最优排气压力及最优中间压力随进出水温度的变化情况。系统的最优排气压力与最优中间压力均随着进水温度的升高而升高。以环境温度−10℃，出水温度65℃工况为例，随着进水温度从 30℃升高到 50℃，中间过冷补气系统的最优排气压力从 10.16MPa 升高到 11.58MPa，区间为 1.42MPa；最优中间压力从7.34MPa 升高到9.07MPa，区间为 1.73MPa。

出水温度对系统最优运行参数的影响与进水温度紧密相关，随着进水温度的升高，出水温度变化对最优运行参数的影响程度发生改变。以环境温度−10℃工况为例，在进水温度30℃时，随着出水温度从60℃升高到70℃时，最优排气压

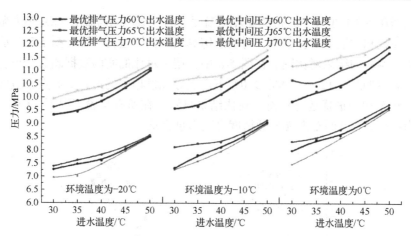

图 5-9　−20℃、−10℃与 0℃环境温度下最优排气压力与最优中间压力随进出水温度的变化
(扫描前言二维码查看彩图)

力从 9.59MPa 升高到 10.61MPa，区间为 1.02MPa；最优中间压力从 7.28MPa 升高到 8.13MPa，区间为 0.85MPa。然而，在进水温度 50℃工况下，相同的出水温度变化区间下，最优排气压力从 11.39MPa 升高到 11.81MPa，区间为 0.42MPa；最优中间压力从 9.02MPa 上升到 9.15MPa，区间仅为 0.13MPa。

　　在系统的实际应用过程中，确定最优排气压力和最优中间压力的策略是必要的。在建立最优排气压力和最优中间压力的关联式时，采用了两种不同的策略。将最优中间压力关联式设定为排气压力和吸气压力的线性组合，最优排气压力关联式则考虑环境温度、进水温度和出水温度的影响。基于图 5-9 中的数据，制订控制策略为

$$P_{m,opt} = 0.31555P_{eva} + 0.707P_{dis} \tag{5-8}$$

$$P_{dis,opt} = 0.04139T_a + 0.067836T_{w,in} + 0.074675T_{w,out} + 3.5518 \tag{5-9}$$

式中，$P_{m,opt}$ —— 最优中间压力，MPa；

　　　P_{eva} —— 蒸发压力，MPa；

　　　P_{dis} —— 排气压力，MPa；

　　　$P_{dis,opt}$ —— 最优排气压力，MPa；

　　　T_a —— 环境温度，$-20℃ \leqslant T_a \leqslant 0℃$；

　　　$T_{w,in}$ —— 进水温度，$30℃ \leqslant T_{w,in} \leqslant 50℃$；

　　　$T_{w,out}$ —— 出水温度，$60℃ \leqslant T_{w,out} \leqslant 70℃$。

　　图 5-10 为该关联式的最优运行结果与全工况仿真中最优运行结果的对比，所有误差几乎均在±5%以内，证明了该策略的准确性。

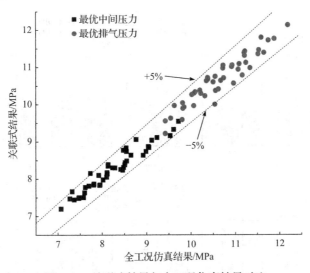

图 5-10　关联式结果与全工况仿真结果对比

　　图 5-11 为图 5-9 中各进出水温度工况下最优运行参数时的功率、制热量及
COP。如图 5-9 所示，系统最优排气压力与最优中间压力随着进水温度与出水温
度的增加而升高。由之前的实验结果可得，系统的功率一般正比于系统排气压
力。因此，在图 5-11 中，系统功率随进出水温度的变化趋势与最优排气压力随
进出水温度的变化趋势相同。最优排气压力随着进水温度的增大而升高，系统功
率随之增大。以环境温度−10℃，出水温度 65℃工况为例，随着进水温从 30℃
升高到 50℃，中间过冷补气系统的最优排气压力从 10.16MPa 升高到 11.58MPa，
压缩机功率提升 28%。在进水温度为 30℃时，随着出水温度从 60℃升高到
70℃，最优排气压力从 9.59MPa 升高到 10.61MPa，系统功率提升 14%；在进水
温度 50℃的工况下，随着出水温度从 60℃升高到 70℃，最优排气压力从
11.39MPa 升高到 11.81MPa，系统功率几乎不变。系统功率受出水温度的影响，
在不同进水温度下表现不同，随着进水温度的升高，最优运行状态下的系统功率
受出水温度的影响在下降。

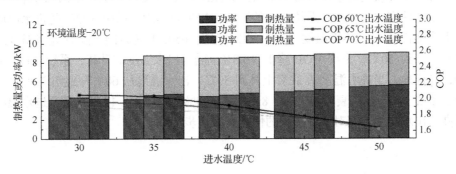

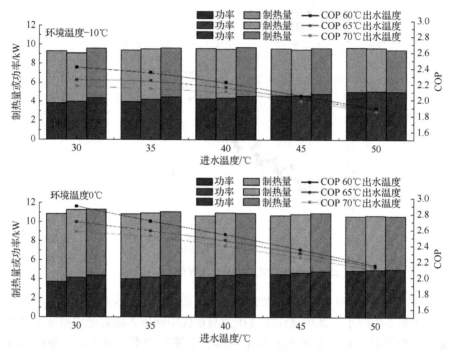

图 5-11　−20℃、−10℃与 0℃环境温度下，功率、制热量及 COP 随进出水温度的变化(扫描前言二维码查看彩图)

对比系统功率受进出水温度的影响，制热量受进出水温度的影响要更为复杂。气体冷却器中的换热由超临界 CO₂ 的放热过程与水的吸热过程共同维持，一般水侧温差超过 20℃，制冷器侧温差超过 60℃，且超临界 CO₂ 本身物性随状态变化剧烈。进水温度降低时，气体冷却器中 CO₂ 能够达到的焓差最低值降低。

在进出水温度工况改变时，分别分析其对双级压缩跨临界 CO₂ 热力循环系统功率及制热量的影响因素。通过相对变化的定量分析及结果图中的定性趋势，进出水温度工况改变对于系统影响最大的是系统功率的改变。系统 COP 随进出水温度改变的变化趋势中，系统功率的影响占据主要因素。系统 COP 随进水温度的上升而降低，以环境温度−10℃、出水温度 65℃工况为例，随着进水温度从 30℃升高到 50℃，系统 COP 降低 16.8%。随着出水温度的升高，系统 COP 下降；同样地，当进水温度从 30℃上升到 50℃，出水温度从 60℃升到 70℃的过程中，系统 COP 依次衰减 9.73%、8.72%、5.38%、2.91%及 1.9%，随着进水温度升高，出水温度升高对系统造成的性能衰减逐步下降。

5.2.5　环境温度的影响

对于跨临界 CO_2 热力基本循环，通过改变排气压力可以获得最高的系统 COP。根据上述分析，同时考虑排气压力和中间压力两个维度的系统性能轮廓图对于研究中间补气的双级压缩跨临界 CO_2 热力循环系统特性是必需的。在给定排气压力下，将补气路电子膨胀阀从零开始调节到最大开度，由此改变系统的中间压力；在该过程中，通过主路电子膨胀阀保持排气压力恒定。

图 5-12 为环境温度为-17℃、-12℃、-5℃和 0℃时系统功率随排气压力和中间压力变化的情况。其中，功率等高线图进一步证实了排气压力对系统功率的影响远大于中间压力。随着环境温度的变化，补气系统的中间压力运行范围也发生改变，在排气压力 10~12MPa 时，系统中间压力运行范围下限随着环境温度的提升不断升高。等高线图右侧为表征实验数据范围的图例，当实验过程中的环境温度发生改变时(-17~0℃)，系统功率的数据范围几乎相同，说明样机功率随环境温度变化不大。图 5-13 为环境温度为-17℃、-12℃、-5℃和 0℃时系统制

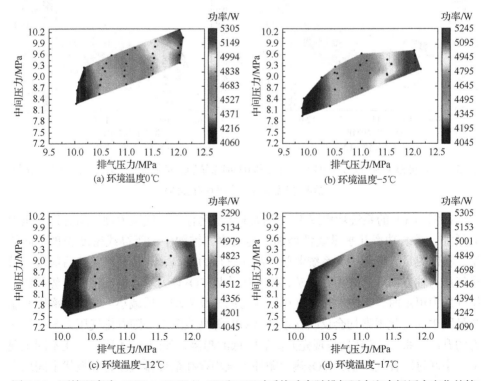

图 5-12　环境温度为-17℃、-12℃、-5℃和 0℃时系统功率随排气压力和中间压力变化的情况(扫描前言二维码查看彩图)

热量随排气压力和中间压力变化的情况。系统制热量最差的工况总是出现在制热量等高线的左上方，表明不适当或过量的补气条件下系统将因排放温度过低而产生严重的性能衰减。由图 5-13 可知，随环境温度升高，系统制热量显著升高。

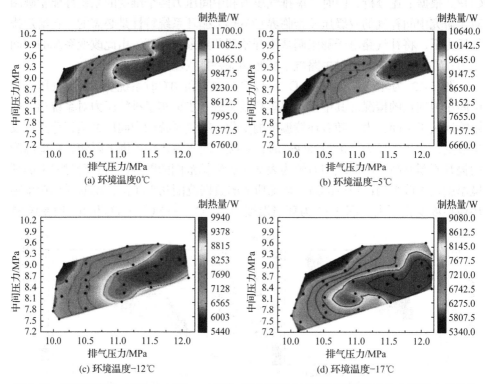

图 5-13　环境温度为 -17℃、-12℃、-5℃ 和 0℃ 时系统制热量随排气压力和中间压力变化的情况(扫描前言二维码查看彩图)

在图 5-12 的系统功率图中，等高线几乎垂直于排气压力轴，随着排气压力的增加，系统功率几乎呈线性增加。与功率二维图中的等高线密度表现不同的是，在制热量二维图中，系统制热量随排气压力升高，先快速增长然后放缓，沿排气压力轴方向等高线由密转疏，这与跨临界 CO₂ 热力基本循环中的趋势相似。排气压力恒定时，系统制热量随中间压力的升高先增大后减小。系统功率图和制热量图中的变化因素均会反映在系统 COP 等高线图中。随着排气压力与中间压力的升高，系统 COP 均呈现先升高后降低的趋势，如图 5-14 所示。在不同工况下，中间过冷补气跨临界 CO₂ 热力循环系统均存在最优排气压力和最优中间压力使得系统性能达到最优，同时，该最优运行参数会随着环境温度的改变而发生变化。

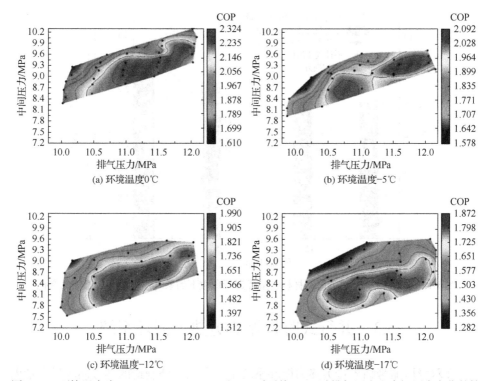

图 5-14　环境温度为-17℃、-12℃、-5℃和 0℃时系统 COP 随排气压力和中间压力变化的情况(扫描前言二维码查看彩图)

在双级压缩跨临界 CO_2 热力循环系统中，同一工况下，系统的功率、制热量及 COP 均会随着排气压力与中间压力的变化而发生改变。如图 5-13 所示，随着环境温度升高，图示系统参数运行范围中，制热量偏差范围在 3740～4940W，约占据对应工况系统制热量最大值的 40%，图 5-14 中的系统 COP 等高线图也是说明了这个问题。类比在跨临界 CO_2 热泵基本循环中的研究，采用对应工况下使得系统性能系数达到最大值的运行参数作为该工况下的运行策略，使用该运行策略下的最优系统性能表征双级压缩跨临界 CO_2 热力循环系统在当前工况下的性能表现。因此，为了评估双级压缩跨临界 CO_2 热力循环系统在不同工况下的性能，排气压力与中间压力的优化是至关重要的一环。

图 5-15 为跨临界 CO_2 热力循环样机在最优运行参数下的系统性能随环境温度的变化，分别对比了最优补气和不补气两种工况。在-17℃的环境温度下，双级压缩跨临界 CO_2 热力循环系统能够实现最大 COP 与制热量分别高出 9.36%和9.53%。然而，随着环境温度的升高，中间过冷补气状态能够获得的 COP 提升在降低。在 0℃的环境温度下，中间过冷补气的双级压缩跨临界 CO_2 热力循环系统能够实现 COP 及制热量分别提高 1.11%和 2.63%。

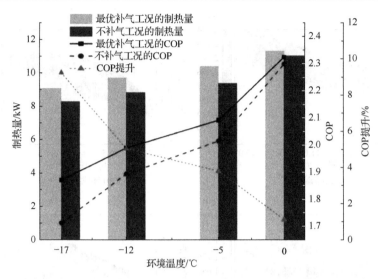

图 5-15　跨临界 CO_2 热力循环样机在最优运行参数下的系统性能随环境温度的变化

5.3　并行式跨临界 CO_2 热力循环系统

在双级压缩跨临界 CO_2 热力循环系统中,利用额外制造的部分制冷量来辅助阀前制冷剂的降温。机械过冷式跨临界 CO_2 热力循环系统是在常规跨临界 CO_2 热力循环外加一个独立的过冷器,利用这个过冷器的额外制冷量来冷却气体冷却器出口的制冷剂。这个额外的过冷设备可以是热电制冷系统,也可直接使用蒸汽压缩循环制冷。并行式跨临界 CO_2 热力循环系统,应用水路控制实现过冷辅助蒸汽压缩循环与跨临界 CO_2 热力循环的耦合与过冷度的调节,在复杂多变的工况条件下,通过不断协调主循环和辅助循环的耦合关系,实现性能提升[4]。

图 5-16 为并行式跨临界 CO_2 热力循环系统示意图,该并行系统主要由三部分组成,包括循环水路部分、辅助循环部分及跨临界 CO_2 热力循环系统。其中,循环水路部分包括水路三通比例调节阀(三通阀)、气体冷却器部分水流量计、总路水流量计、混合罐、热水循环泵、总路进水温度传感器、总路出水温度传感器、辅助循环冷凝器出水温度传感器、辅助循环蒸发器出水温度传感器、CO_2 气体冷却器出水温度传感器和相关连接管路等;辅助循环部分包括压缩机、冷凝器、热力膨胀阀、蒸发器、气液分离器、吸气温度传感器、排气温度传感器、阀前温度传感器、阀后温度传感器、吸气压力传感器、排气压力传感器和相关连接管路等;跨临界 CO_2 热力循环系统包括 CO_2 压缩机、气体冷却器、电子膨胀阀、蒸发器、气液分离器、吸气温度传感器、排气温度传感器、阀前温度传感器、阀后温度传感器、吸气压力传感器、排气压力传感器和相关连接管路等。

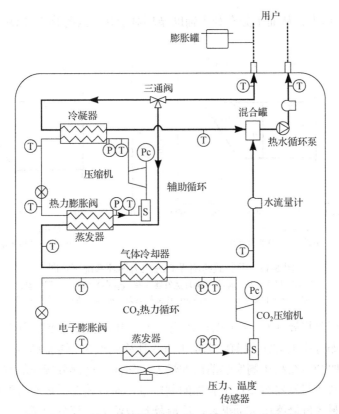

图 5-16　并行式跨临界 CO_2 热力循环系统示意图[5]
T-温度传感器；P-压力传感器；Pc-功率计；S-气液分离器

在供暖工况下，40～50℃的循环水回水通过三通比例调节阀被分配至辅助循环部分的蒸发器和冷凝器。其中，通过三通比例调节阀分流的循环水一部分直接通入冷凝器，另一部分进入辅助循环蒸发器。通入蒸发器的部分循环水在经过冷却后，以较低温度进入跨临界 CO_2 热力循环的气体冷却器进行再加热。被加热至较高温度的循环水随后与来自第一路的循环水在混合罐中混合，形成统一的高温热水，最终输送给用户使用。

5.3.1　并行式跨临界 CO_2 热力循环系统热力学分析

图 5-17 展示了并行式跨临界 CO_2 热力循环系统的压焓图，其中包括跨临界 CO_2 热力循环系统和辅助循环部分。在图 5-17(a)中，通过辅助循环的过冷作用，使得主循环膨胀前的 CO_2 状态点向左移动，从而显著提升整个循环的制热量和制冷量，有效改善了高回水温度条件下跨临界 CO_2 热力循环的性能。即使在蒸发温度低于-20℃的情况下，将辅助循环用作辅助过冷，辅助循环的蒸发温度也能

确保在 10℃ 以上，从而十分有利于辅助循环对于并行式跨临界 CO_2 系统整体性能的提升。

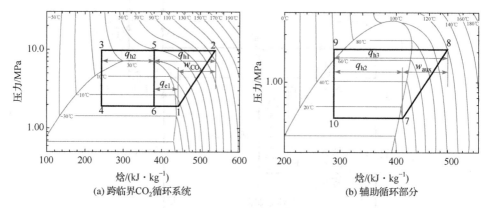

(a) 跨临界 CO_2 循环系统　　　　　　　(b) 辅助循环部分

图 5-17　并行式跨临界 CO_2 热力循环系统压焓图

q_{h1}-气体冷却器焓差；q_{h2}-辅助循环蒸发器焓差；q_{e1}-CO_2 循环蒸发器焓差；
w_{CO_2}-CO_2 压缩机焓差；w_{aux}-辅助循环压缩机焓差；q_{h3}-辅助循环冷凝器焓差

与常规型跨临界 CO_2 热力循环系统相比，引入附加过冷器/预冷器使得跨临界 CO_2 热力循环中的 CO_2 阀前状态点由点 5 迁移到点 3，阀前 CO_2 焓大幅下降，从而显著增加 CO_2 在高压侧换热前后的焓差。然而，这部分额外的制热量实际上相当于辅助循环蒸发器对循环水施加的制冷量。通过辅助循环本身的能量转移，这些额外的制热量最终由辅助循环的冷凝器释放给另一部分的循环水，从而实现整个并行式跨临界 CO_2 热力循环系统制热量和效率的增加。根据热力学第一定律，可以得到以下守恒方程：

$$q_{e1} + w_{CO_2} = q_{h1} \tag{5-10}$$

$$q_{h2} + w_{aux} = q_{h3} \tag{5-11}$$

在循环水路整个流动与换热过程中，循环水会在辅助循环的蒸发器中吸收热量，然后在辅助循环的冷凝器中释放热量，最后在 CO_2 循环的气体冷却器中吸收热量，得到如下的能量守恒方程：

$$Q_{h\text{-}tot} = Q_{h1} + Q_{h3} = Q_{h1} + Q_{h2} + W_{aux} = m_{CO_2} q_{h1} + m_{aux} \left(q_{h2} + \frac{w_{aux}}{\eta_{m,a} \eta_{m_0,a}} \right) \tag{5-12}$$

式中，$Q_{h\text{-}tot}$ —— 系统对外界输出的总能量，即循环水吸收的总能量，kW。

m_{CO_2} —— CO_2 的质量流量，$kg \cdot s^{-1}$；

m_{aux} —— 辅助循环质量流量，$kg \cdot s^{-1}$；

$\eta_{m,a}$ —— 辅助循环压缩机的机械效率；

$\eta_{m_0,a}$ —— 辅助循环压缩机的电动机效率；

w_{aux} —— 辅助循环压缩机焓差，$kJ \cdot kg^{-1}$；

W_{aux} —— 辅助循环压缩机输入电功率，kW。

基于以上步骤可以得到并行式跨临界 CO_2 热力循环系统的总体制热量，系统 COP 可以由式(5-13)计算：

$$COP_{comb} = \frac{Q_{h\text{-}tot}}{W_{tot}} = \frac{m_{CO_2}q_{h1} + m_{aux}\left(q_{h2} + \dfrac{w_{aux}}{\eta_{m,a}\eta_{m0,a}}\right)}{\dfrac{m_{CO_2}w_{CO_2}}{\eta_{m,CO_2}\eta_{m0,CO_2}} + \dfrac{m_{aux}w_{aux}}{\eta_{m,a}\eta_{m0,a}}} = \frac{Q_{h1} + Q_{h2} + W_{aux}}{W_{CO_2} + W_{aux}} \tag{5-13}$$

式中，COP_{comb} —— 并行式系统的总体性能系数；

W_{tot} —— 并行式系统的总输入电功率，kW；

η_{m,CO_2} —— CO_2 循环压缩机的机械效率；

η_{m0,CO_2} —— CO_2 循环压缩机的电动机效率；

W_{CO_2} —— CO_2 压缩机输入电功率。

除了并行式跨临界 CO_2 热力循环系统整体的性能系数 COP_{comb} 之外，还可以得到以下三个能够体现并行式系统状态改变情况的热力学参数，即两个蒸汽压缩循环系统的性能系数，以及不带预冷器单独使用的常规跨临界 CO_2 热力循环系统的性能系数：

$$COP_{aux} = \frac{Q_{h2} + W_{aux}}{W_{aux}} \tag{5-14}$$

$$COP_{CO_2} = \frac{Q_{h1} + Q_{h2}}{W_{CO_2}} \tag{5-15}$$

$$COP_{CO_2\text{-}single} = \frac{Q_{h1}}{W_{CO_2}} \tag{5-16}$$

式中，COP_{aux} —— 并行式系统中辅助循环部分的 COP；

COP_{CO_2} —— 并行式系统中 CO_2 循环部分的 COP；

$COP_{CO_2\text{-}single}$ —— 跨临界 CO_2 热力循环系统独自运行在该条件下时的 COP。

对比式(5-13)～式(5-16)可以看出，式(5-13)的分子和分母分别是式(5-14)和式(5-16)的分子和分母之和。因此，若 COP_{aux} 大于 $COP_{CO_2\text{-}single}$ 时，COP_{comb} 一定大于 $COP_{CO_2\text{-}single}$。反之，若 COP_{aux} 小于 $COP_{CO_2\text{-}single}$ 时，COP_{comb} 一定小于 $COP_{CO_2\text{-}single}$。可以理解为无论在何种工况下，如果辅助循环自身的 COP(蒸发侧制冷剂与中间温度的循环水换热，冷凝侧的制冷剂与供水路的循环水换热)高于

跨临界 CO_2 热力循环系统独自运行在该条件下的 COP(蒸发侧的制冷剂与环境换热，冷凝侧的制冷剂与供水路的循环水换热)，那么为跨临界循环系统添加一个辅助循环系统将有助于提高整体系统性能。反之，如果在特定工况下，辅助循环系统的 COP 小于或等于跨临界 CO_2 热力循环系统独自运行时的 COP，那么给跨临界系统添加辅助循环将失去意义，甚至可能产生负面效果。为了保证该并行式跨临界 CO_2 热力循环系统在全工况下的平稳高效运行，对于并行系统中多参数耦合影响的机理解析及研究尤为重要。

在并行式跨临界 CO_2 热力循环系统中，最优排气压力的判断不仅依据并行式跨临界 CO_2 热力循环系统自身的 COP 是否达到最大，而是考虑整个并行式系统的 COP 是否达到最大。因此判别条件应该从 $COP_{CO_2|P_d}$ 变化为 $COP_{comb|P_d}$，同样地，Q_h 变为 $Q_{h\text{-tot}}$，W_{CO_2} 变为 W_{tot}。此外，在并行式跨临界 CO_2 热力循环系统中，通过调节三通比例调节阀来控制辅助循环系统蒸发器和冷凝器之间的水流量比例，进而调节中间温度，即进入气体冷却器的冷水温度。中间温度的变化对于并行系统中的主循环和辅助循环有相反的影响。举个例子，当通过辅助循环蒸发器的水流量减少时，蒸发器出口的水温会降低，进而使得中间温度降低，这将导致蒸发器的蒸发温度降低，从而降低辅助循环系统的吸气压力并且改变循环压比，引起辅助循环的 COP_{aux} 降低。对于跨临界 CO_2 系统而言，气体冷却器出口能达到的极限温度也降低，这使得状态点 3 有更大的空间向左移动。在保持跨临界 CO_2 热力循环部分压缩机功率基本不变的情况下，能够通过蒸发器吸收更多环境中的热量，跨临界 CO_2 热力循环系统的 COP_{CO_2} 最终会有一定程度的提高。

5.3.2　并行式跨临界 CO_2 热力循环系统最优中间温度

图 5-18 中呈现了环境温度在较宽的范围内变化时(-20～7℃)，并行式跨临界 CO_2 热力循环系统中的水流量比(并行系统中跨临界 CO_2 热力循环系统部分气体冷却器内水流量与并行系统总水流量之比)与中间温度的对应关系。其中，并行系统的循环水进水温度始终设定为恒定值 50℃，循环水出水温度设定为恒定值 70℃。在研究中间温度对于并行系统的性能影响时，所有工况下的跨临界 CO_2 热力循环的排气压力均为最优排气压力工况。由 5.3.1 小节分析可以得出，并行系统中通过调节第二路循环水路(辅助循环部分蒸发器和跨临界 CO_2 热力循环系统部分气体冷却器所在的水路循环部分)的水流量便可以达到调节和控制中间水温的目的，这一分析从图 5-18 所示的系统循环水温度参数变化情况中得到了证实。

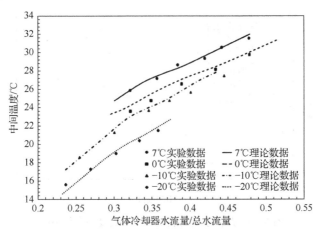

图 5-18　气体冷却器水流量/总水流量和中间温度的变化情况

　　在相同水流量比的情况下，并行系统的中间温度会随着环境温度的升高而升高，并且中间温度的提升十分明显。这主要是因为环境温度对并行系统，尤其是并行系统中的跨临界 CO_2 热力循环系统部分的制热量影响十分重大，当环境温度升高时，并行系统总体的制热量会显著增大，因此在同样的进出水温度条件下，并行系统所需要的循环水流量一定会显著增大。图 5-18 中同样的水流量比实际上对应着较高环境温度下更高的辅助循环系统蒸发器内的水流量。因此，当其他参数保持稳定时，环境温度较高的运行工况条件下，并行系统的中间温度更高。

　　分析图 5-18 可知，并行系统水流量比与并行系统中间温度在测试的任意工况运行条件下都是一一对应的，并不存在不同水流量比条件却对应着同样并行系统中间温度的状况。因此，可以将中间温度作为并行系统性能变化和确定过程中的一个独立参量来进行讨论，分析并行系统的制热量、总功率和系统 COP 随着中间温度不断升高的变化情况，由上述分析可知，越高环境温度条件下对应的并行系统中间温度也会越高。反之，在越低环境温度条件下所对应的并行系统中间温度也越低。

　　图 5-19 为并行系统制热量随中间温度的变化情况，从图中可以看出，并行系统总体的制热量随着中间温度的上升有着较为明显的上升趋势，但上升幅度均会在达到一定程度后减缓，在有的工况运行条件下甚至会出现制热量下降的情况。从理论分析中可以得出，中间温度升高引发了辅助循环部分蒸发温度的提升和制冷剂流量的上涨，辅助循环部分的制热量增加；跨临界 CO_2 热力循环部分气体冷却器进水温度急剧上涨，跨临界 CO_2 热力循环系统部分的制热量降低，总体上造成了并行系统总制热量呈现先上升、后下降或缓慢上升的情况。

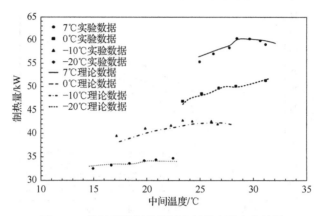

图 5-19   并行系统制热量随中间温度的变化情况

图 5-20 为并行系统功率随中间温度的变化情况。一方面，与制热量的趋势不同，图 5-20 所示并行系统功率随着中间温度的上升持续上升，这是因为并行系统里中间温度的上升必然会带来辅助循环部分蒸发温度和制冷剂循环量的明显上升，因此即便辅助循环部分的压比有少许的降低，但辅助循环的压缩功还是会产生增加的。另一方面，跨临界 CO_2 热力循环部分气体冷却器的进水温度变化几乎不会影响其压缩过程，因此跨临界 CO_2 热力循环部分的压缩功在中间温度的变化过程中几乎保持不变，并行系统功率一定会随之上涨。

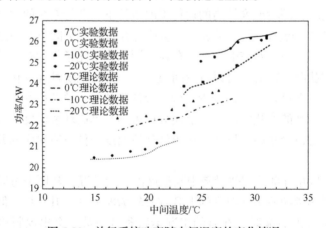

图 5-20   并行系统功率随中间温度的变化情况

图 5-21 为并行系统 COP 随中间温度的变化情况。随着中间温度的升高，并行系统中制热量先快速上升后减缓上升速度甚至呈现下降的趋势，总压缩功率始终上升的情况下，一定会使得并行系统 COP 呈现先上升后下降的趋势。另外，从图 5-21 中还可以看出，环境温度对并行系统的整体性能和最优中间温度影响明显，环境温度越高，并行系统的性能越好，而并行系统的最优中间温度也

越高。最优中间温度随着环境温度的提升而升高，一定程度上也是因为保持水路进出水温度恒定情况下，环境温度的上升和并行系统整体制热量的增加对于循环水量的需求量增强。

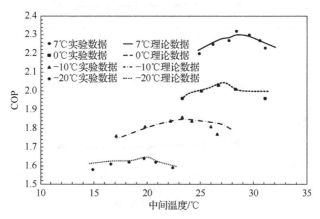

图 5-21　并行系统 COP 随中间温度的变化情况

图 5-22 为并行系统中最优中间温度随运行工况条件的变化情况。可以看出，最优中间温度随着系统回水温度(循环水进水温度)的上升有着明显的下降，这是因为在辅助循环的蒸发器中，循环水进水温度的上升一定会带来蒸发器出水温度(中间温度)的上升，这一点是毋庸置疑的。不过，值得注意的是，并行系统的中间温度变化幅度远不及循环水进水温度变化幅度那样剧烈，当循环水进水温度从 40℃上升到 50℃时，并行系统的最优中间温度仅下降了 6℃左右。另外，并行系统最优中间温度会随着循环水出水温度(供水温度)的上升而下降，这是因为循环水出水温度的上升一定引发水流量的减小，因此经过辅助循环系统蒸发器冷却后的水路温差会增加。基于以上研究基础，以环境温度、循环水进水温度和循环水出水温度为自变量，拟合了并行系统中最优中间温度的预测关联式，表示为式(5-17)和式(5-18)：

$$T_{om} = -0.02T_{w,s} \times (1 - T_{air})^{\frac{1}{16}} + 9.15T_{air} + 0.239T_{w,f}^{1.2}, T_{air} = -10 \sim 0℃ \qquad (5\text{-}17)$$

$$T_{om} = -0.02T_{w,s} \times (1 - T_{air})^{\frac{1}{4}} + 9.15 \times T_{air} + 0.232 \times T_{w,f}^{1.2}, T_{air} = -20 \sim -10℃ \qquad (5\text{-}18)$$

式中，T_{om} —— 并行系统的最优中间温度，℃；

$T_{w,f}$ —— 循环水进水温度，℃；

$T_{w,s}$ —— 循环水出水温度，℃；

T_{air} —— 环境温度，℃。

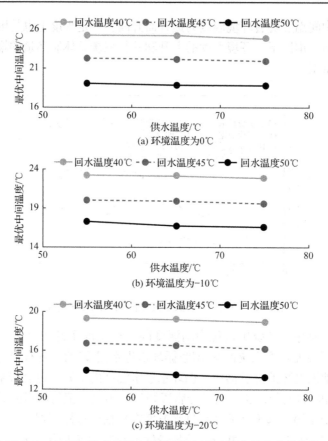

图 5-22   并行系统中最优中间温度随运行工况条件的变化情况

5.3.3   并行式跨临界 CO_2 热力循环系统最优排气压力

在环境温度-10℃，系统循环水进水温度 50℃，循环水出水温度 70℃的运行工况条件下，并行系统制热量、功率及 COP 随着跨临界 CO_2 热力循环排气压力上升的变化情况如图 5-23 所示[6]。从图中可以很明显地看出，系统的功率随着排气压力的升高保持着近似线性的上升趋势，然而系统制热量随着并行式跨临界 CO_2 热力循环排气压力上升的变化趋势却相对复杂一些，表现为先快速上升，随后上升速率明显减缓。

这一现象的主要原因与 2.3 节中解析的最优排气压力存在机理相同，当跨临界 CO_2 热力循环的排气压力上升到一定数值以后，气体冷却器出口位置的 CO_2 等温线几乎呈竖直状态，因而持续提升循环的排气压力对于制热量的提升效果已经不再明显了。正是由于并行系统功率和制热量呈现上述趋势，并行系统 COP 曲线同样呈现排气压力的最优化效应，在制热量曲线发生拐点的前后，并行系统的整体 COP 也呈现出了在大范围压力变动条件下的最大值。

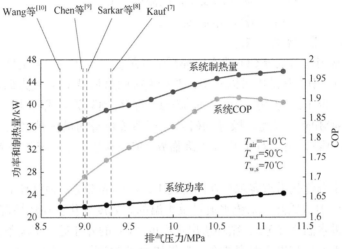

图 5-23　并行系统制热量、功率和 COP 随着排气压力的变化情况[6]

T_{air}-环境温度；$T_{w,f}$-循环水进水温度；$T_{w,s}$-循环水出水温度

　　在并行系统中，尽管最优排气压力的存在机理及趋势与跨临界 CO_2 热力基本循环系统运行并无二致。但是，在并行式跨临界 CO_2 热力循环系统最优化控制的需求下仅仅趋势相同是不够的，要求在对应变化工况下的精确定量控制。虽然在跨临界 CO_2 热力循环系统中已经存在相关最优排气压力预测公式，然而其适用性在并行式跨临界 CO_2 热力循环系统中却受到挑战。Kauf[7]、Sarkar 等[8]、Chen 等[9]、Wang 等[10]提出的四种单机跨临界 CO_2 热力循环系统的最优排气压力预测关联式表示为式(5-19)～式(5-22)：

Kauf [7]的最优排气压力预测关联式：

$$P_{op} = 2.6T_{gc,out} + 7.54 \tag{5-19}$$

Sarkar 等[8]的最优排气压力预测关联式：

$$P_{op} = 4.9 + 2.256T_{gc,out} - 0.17T_e + 0.002T_{gc,out}^2 \tag{5-20}$$

Chen 等[9]的最优排气压力预测关联式：

$$P_{op} = 2.68T_{gc,out} - 6.797 \tag{5-21}$$

Wang 等[10]的最优排气压力预测关联式：

$$\begin{cases} P_{op} = 10.98 + 1.06T_{w,out} + 1.01T_{air} - 0.012T_{air}^2, & 5℃ < T_{air} \leqslant 35℃ \\ P_{op} = 23.08 + 1.22T_{w,out} - 0.004T_{w,out}^2 + 0.16T_{air}, & -15℃ < T_{air} \leqslant 5℃ \end{cases} \tag{5-22}$$

式中，P_{op} —— 最优排气压力；

　　　$T_{gc,out}$ —— CO_2 在气体冷却器出口的温度，℃；

　　　$T_{w,out}$ —— 气体冷却器出水温度，℃；

　　　T_e —— 蒸发温度，℃。

这四种常用的跨临界 CO_2 热力循环系统的最优排气压力预测关联式的预测值反映在图 5-23 中。从图中可以看出，并行系统的跨临界 CO_2 热力循环最优排气压力在当前工况下约为 10.5MPa，远高于通过四种预测关联式所计算出的预测值 (8.718～9.334MPa)。因此，探寻和研究并行系统自身的最优排气压力变化规律并提出新的预测方法，对于并行式跨临界 CO_2 热力循环系统的高效运行至关重要。

在中间水温优化需求客观存在的情况下，跨临界 CO_2 热力循环的排气压力变化一定会相应地造成并行系统水流量及水温的大幅度变化。在环境温度-10℃，系统循环水进水温度 50℃，循环水出水温度 70℃的外在运行工况条件下，并行系统中两股水流量与出水温度的变化趋势如图 5-24 所示。随着跨临界 CO_2 热力循环排气压力的升高，气体冷却器中的循环水流量几乎保持稳定，出水温度却明显升高，这主要是因为排气压力的上涨提高了跨临界 CO_2 热力循环系统部分的制热量。随着并行式跨临界 CO_2 热力循环的排气压力上升，气体冷却器中出水温度升高，为了保持恒定的系统总出水温度(70℃)，辅助循环冷凝器的水流量会小幅上升而出水温度会小幅下降。

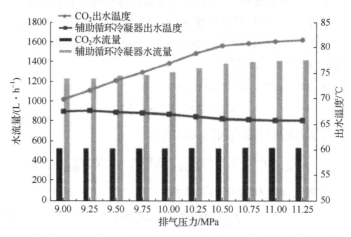

图 5-24　并行系统循环水流量及出水温度随着跨临界 CO_2 热力循环排气压力的变化情况

另外，系统中辅助循环冷凝器和跨临界 CO_2 热力循环系统气体冷却器中水流量的小幅度变化一定会影响到这两个蒸汽压缩循环系统的热力学性能。除了前部分提到的跨临界 CO_2 热力循环系统部分的性能及热力学参数变化情况之外，辅助循环系统部分冷凝器内水流量的明显上升一定会减小冷凝器内循环水的进出水温差，因此冷凝器中的平均水温也会降低。另外，气体冷却器及辅助循环蒸发器内水流量几乎保持恒定，因此辅助循环系统蒸发温度也基本保持稳定，如图 5-25 所示。辅助循环压比的减小造成压缩机容积效率的提升，因此辅助循环的制冷剂质量流量略微增加。类似地，跨临界 CO_2 热力循环系统排气压力的上升造成了压比的上升和压缩机容积效率的减小，跨临界 CO_2 热力循环系统部分的 CO_2 质量流量缓慢下降。

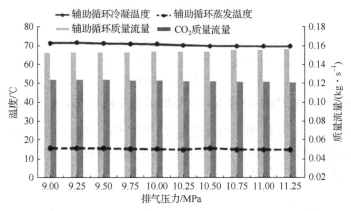

图 5-25　并行系统制冷剂质量流量及辅助循环蒸发/冷凝温度随 CO_2 排气压力的变化情况

　　图 5-26 中呈现了环境温度-10℃，进水温度 50℃，出水温度 70℃工况条件下，气体冷却器出口温度与进水温度随着 CO_2 排气压力的变化情况。由于跨临界 CO_2 热力循环气体冷却器内水流量在排气压力变化过程中几乎保持恒定，因此辅助循环蒸发器内的换热过程并没有受到影响，气体冷却器的进水温度(并行系统的中间温度)保持为一个较为稳定的值。然而，气体冷却器出口温度却随着排气压力的上升呈现了明显的下降趋势，并且逐渐趋近于进水温度，即 CO_2 能够被冷却的温度下限。这一现象的原因主要在于两方面：一方面，随着排气压力上升，压缩机容积效率下降，CO_2 质量流量降低，且排气温度大幅增加，换热器内的换热温差明显提升，夹点温度效应对换热过程的影响降低；另一方面，排气压力升高后的 CO_2 比热容在假临界点附近的突然升高会变小，在与水的换热过程中更有利于 CO_2 温度的降低。

　　本节以上部分着重分析了环境温度-10℃，进水温度 50℃，出水温度 70℃工况条件下，并行系统的主要性能和两个蒸汽压缩循环热力学参数的变化情况。图 5-27 集中呈现了并行系统在其他运行工况条件下的主要性能(包括制热量、功率和系统 COP 等)随着排气压力上升的变化情况，这些运行条件分别如下：环境温度-10℃，进水温度 50℃，出水温度 70℃的散热片工况条件；环境温度-10℃，

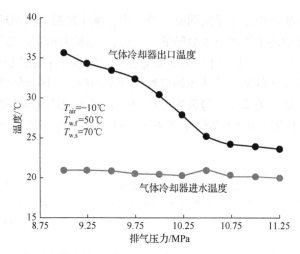

图 5-26　辅助循环部分气体冷却器出口制冷剂温度与进水温度随着排气压力的变化情况

进水温度 40℃，出水温度 50℃ 的地暖辐射工况条件；环境温度-20℃，进水温度 50℃，出水温度 70℃ 的散热片工况条件；环境温度-20℃，进水温度 40℃，出水温度 50℃ 的地暖辐射工况条件。

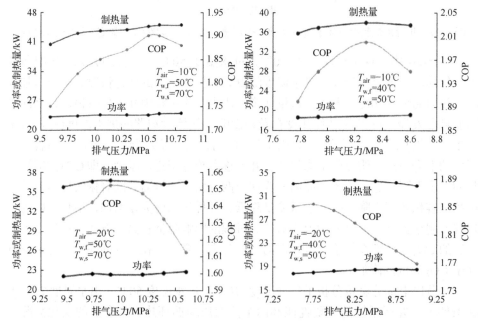

图 5-27　并行系统实验样机制热量、功率、COP 随着排气压力的变化情况

在上述几种工况中均显示并行系统 COP 先上升后下降的趋势，以此证实并行系统中跨临界 CO₂ 热力循环最优排气压力的存在。并行系统功率随着排气压力

的上升依旧按照几乎线性的趋势缓慢上升，但是系统制热量随着排气压力的上升呈现出了先上升后下降的总体趋势。当环境温度降低时，并行系统的制热量、功率及系统 COP 都会出现十分明显的下降，跨临界 CO_2 热力循环的最优排气压力亦是如此，这一点与 Wang 等[10]研究的结果一致。

通过对比可以看出，循环水进出水温度对于并行系统中的跨临界 CO_2 热力循环最优排气压力同样影响重大。随着循环水进水温度和出水温度的降低，跨临界 CO_2 热力循环最优排气压力也出现了十分明显的降低。这个现象的原因主要在于两方面：一方面，循环水进水温度的降低显著减小并行系统中间温度，跨临界 CO_2 热力循环的最优排气压力一定会跟随着气体冷却器出口温度的显著降低而降低；另一方面，并行系统循环水出水温度的降低说明跨临界 CO_2 热力循环系统部分的出水温度要求也同样随之降低，CO_2 排气压力便不必维持在较高值来获取很高的出水温度。

图 5-28 和图 5-29 分别为本节研究的环境温度范围内(-20～7℃)，按照单机跨临界 CO_2 系统最优排气压力预测关联式计算排气压力的相对偏差情况，以及在对应计算压力下运行时的并行系统 COP 的相对偏差情况。由图 5-28 和图 5-29 可以看出，Kauf[7]的最优排气压力预测关联式对于并行系统的适应性最强，其预测出的最优排气压力虽然也低于并行系统在模拟和实验过程中所呈现出的最优排气压力，但却是这四种方法中最为接近实际最优排气压力的，因此当并行系统以Kauf 的预测值进行运行时，系统呈现出的 COP 也最接近并行系统的实际最大COP。另外，Wang 等[10]的预测关联式与并行系统的适应程度与环境温度有关，当环境温度较高时，Wang 等的最优排气压力预测关联式相对偏差最大，但当环境温度很低时，Wang 等的预测关联式计算值便十分接近并行系统呈现出来的最优排气压力。因此，Kauf 的最优排气压力预测关联式计算思路及 Wang 等的最优排气压力预测关联式在低温下的计算思路值得借鉴。

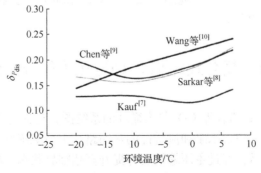

图 5-28　排气压力相对偏差图

$\delta_{P_{dis}}$-排气压力相对偏差

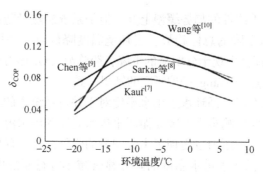

图 5-29　并行系统 COP 相对偏差图

δ_{COP} -并行系统 COP 相对偏差

根据本小节的理论和实验分析可以发现，运行工况条件中的循环水进水温度、出水温度及环境温度等都对并行系统跨临界 CO_2 热力循环系统部分的最优排气压力有着十分重大的影响。同时，由于 Kauf[7] 的最优排气压力预测关联式预测值与并行系统实际的最优排气压力较为接近，Wang 等[10] 的最优排气压力预测关联式的预测值在低环境温度情况下与并行系统实际的最优排气压力较为接近，因此以上两种最优排气压力预测关联式的拟合思路被借鉴到了并行系统中。环境温度、循环水进水温度和循环水出水温度都被考虑为并行系统最优排气压力拟合公式的自变量。基于大量的理论模拟数据，此处提出了一种在广泛工况范围内均适用的并行式跨临界 CO_2 热力循环系统的最优排气压力预测关联式，具体表示为式(5-23)[2]：

$$P_d = 34.5 + 1.135T_{w,f} + 1.1 \times \left(T_{w,s} - T_{w,f}\right) + 0.7T_{air} \tag{5-23}$$

式中，P_d —— 跨临界 CO_2 碳辅助热力循环部分的最优排气压力，MPa。

式(5-23)能够对并行式系统跨临界 CO_2 热力循环部分最优排气压力进行准确预测的适用工况范围如下：环境温度-20～7℃，循环水进水温度 40～50℃，循环水出水温度 50～70℃。

5.4　复合式跨临界 CO₂ 热力循环系统

图 5-30 为复合式跨临界 CO_2 热力循环的系统图，包括跨临界 CO_2 热力循环主系统、辅助系统及包含水泵和流量计的水回路。主系统蒸发器中的两相态 CO_2 吸收环境中的热量后，经过主压缩机压力提升至超临界状态，超临界 CO_2 在气体冷却器中加热回水，然后在过冷-蒸发器中得到冷却，最终经主路电子膨胀阀后节流至亚临界两相态。辅助系统利用过冷-蒸发器作为蒸发器，使两相态 CO_2 能

够吸收主系统气体冷却器出口处的废热。经过辅助系统压缩机后，超临界 CO_2 与主系统在相同的气体冷却器中一同加热回水。在复合式跨临界 CO_2 热力循环系统中，存在主系统排气压力、辅助系统排气压力、主系统压缩机频率及辅助系统压缩机频率这四个可调节量，为实现复合式跨临界 CO_2 热力循环系统的高效应用，首要的是厘清各变量对于系统性能的影响，进而评估复合式热力循环系统在目标工况下的实际性能。

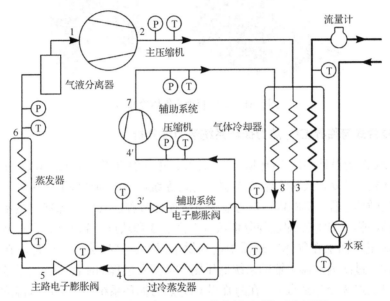

图 5-30　复合式跨临界 CO_2 热力循环系统示意图[11]

P-压力传感器；T-温度传感器

对比并行式跨临界 CO_2 热力循环系统，复合式跨临界 CO_2 热力循环系统采用钎焊板式换热器作为过冷-蒸发器，从而实现过冷系统和主系统之间的热量耦合，避免了应用水路载冷造成的换热损失。在过冷蒸发器中，高压侧为主系统气体冷却器出口的超临界 CO_2，低压侧为辅助系统电子膨胀阀后的两相态 CO_2，两股流体进行逆向换热。为了进一步提升基于复合热力循环系统的集成度，设计一种新型集成套管式气体冷却器，实现复合式跨临界 CO_2 热力循环主系统与辅助系统在高压侧的集成换热。图 5-31 为集成套管式气体冷却器示意图。镀锌钢管内部套有三根铜管，其中两根属于主系统，剩下一根属于辅助系统，两系统在气体冷却器中的铜管内径比及数量比由设计计算中所需的各自气体冷却器换热面积决定。水流经过外管镀锌钢管，下进上出，与高温超临界 CO_2 进行逆向换热以保证换热效果良好。

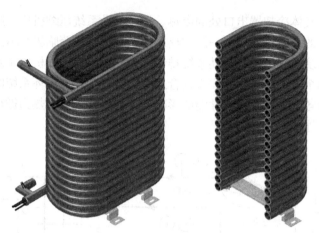

图 5-31　集成套管式气体冷却器

5.4.1　复合式跨临界 CO₂ 热力循环系统热力学分析

图 5-32 为设计工况下(环境温度−12℃，进水温度/出水温度 50℃/70℃)的典型运行参数下的复合式跨临界 CO₂ 热力循环系统压焓图和温熵图，其中 1-2-4-5-1 为主系统循环过程，7-8-3′-4′-7 为辅助系统循环过程。气体冷却器中主系统和辅助系统的超临界 CO₂ 冷却过程分别从点 2 到点 3 和从点 7 到点 8，通过调节回水流质量流量，回水在气体冷却器中达到供水温度，其换热温差也标注在温熵图中。得益于过冷蒸发器中辅助系统低压侧 3′-4 蒸发过程的制冷量，主系统气体冷却器出口从点 3 冷却到点 4。在跨临界 CO₂ 热力循环系统中，高回水温度导致气体冷却器出口温度高(点 3)，从而导致单位质量制冷剂在空气中能够吸收的热量(6-1)极其有限，造成系统性能恶化。复合系统利用辅助系统的制冷量将主路电子膨胀阀前温度从点 3 移动到点 4，以此增大主系统在蒸发器中的焓差，从而提升系统性能。在这一过程中，辅助系统吸收主系统在气体冷却器出口的热量并在气体冷却器中加热回水实现能量利用。辅助系统的蒸发温度明显高于环境温度，导致辅助系统的 COP 相对较高。

在该工况下复合式跨临界 CO₂ 热力循环系统主系统的 COP(COP$_{main}$)可以用式(5-24)表示，利用循环 1-2-3-6-1 中的制热量与功率计算而得，而辅助系统的COP(COP$_{aux}$)可以用式(5-25)表示，该式利用循环 7-8-3′-4′-7 计算而得

$$\mathrm{COP_{main}} = \frac{Q_{h_1}}{W_{main}} = \frac{h_2 - h_3}{h_2 - h_1}\eta_{m,main}\eta_{m0,main} \tag{5-24}$$

$$\mathrm{COP_{aux}} = \frac{Q_{h_2}}{W_{aux}} = \frac{h_7 - h_8}{h_7 - h_{4'}}\eta_{m,a}\eta_{m0,a} \tag{5-25}$$

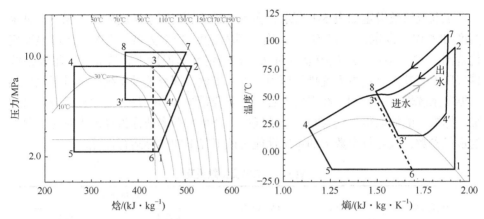

图 5-32　复合式跨临界 CO_2 热力循环系统压焓图及温熵图

式中，$\eta_{\mathrm{m,main}}$——主循环压缩机机械效率；

$\eta_{\mathrm{m0,main}}$——主循环压缩机电动机效率；

$\eta_{\mathrm{m,a}}$——辅助循环压缩机机械效率；

$\eta_{\mathrm{m0,a}}$——辅助循环压缩机电动机效率；

W_{main}——主循环压缩机功率，kW；

Q_{h_1}——单位时间主循环气体冷却器换热量，kW；

Q_{h_2}——单位时间辅助循环气体冷却器换热量，kW；

h_i——焓，$\mathrm{kJ\cdot kg^{-1}}$，$i=1,2,3,7,8,4'$。

复合式跨临界 CO_2 热力循环系统的 COP 可以由总制热量与总功率的比值求得

$$\mathrm{COP}=\frac{Q_{h_1}+Q_{h_2}}{W_{\mathrm{main}}+W_{\mathrm{aux}}}=\frac{W_{\mathrm{main}}\mathrm{COP}_{\mathrm{main}}+W_{\mathrm{aux}}\mathrm{COP}_{\mathrm{aux}}}{W_{\mathrm{main}}+W_{\mathrm{aux}}} \tag{5-26}$$

通过对比式(5-26)与式(5-24)、式(5-25)能够定性得到，复合系统 COP 一定处于 $\mathrm{COP}_{\mathrm{main}}$ 与 $\mathrm{COP}_{\mathrm{aux}}$ 之间，只要辅助系统性能优于主系统，那么对比跨临界 CO_2 热力基本循环系统，辅助系统一定能够获得性能提升。

参考并行式跨临界 CO_2 热力循环系统的研究思路，子系统中的任一可调节量均会对复合系统的性能产生影响。考虑到复合式跨临界 CO_2 热力循环系统中全新的系统部件和耦合方式，结合主系统排气压力、辅助系统排气压力、主系统压缩机频率及辅助系统压缩机频率这四个可调节量，以及热力循环运行的各种典型工况，首要工作是在焓差实验室中厘清各变量对于系统性能的影响，充分收集实验数据，评估复合式跨临界 CO_2 热力循环系统在目标工况下的实际性能，为进一步的机理性仿真研究奠定基础。

工况及参数设定如表 5-1 所示，在冬季恶劣的高回水温度供暖工况下，进水温度/出水温度设定为 50℃/70℃，确定环境温度–12℃为名义工况，环境温度变化范围为–20～0℃。通过控制变量法，在固定环境温度下，首先寻找辅助系统排气压力，其次寻找主系统排气压力，进一步地，探究辅助系统频率对于复合热力循环系统性能的影响。在实验过程中，复合系统 COP 是评估参数调节效果的唯一标准，能够取得最优 COP 的排气压力及系统频率被称为确定为对应工况下的最优参数，该运行参数下的系统性能为该工况下的实际运行性能。

表 5-1　工况及参数设定

环境温度/℃	进水温度/℃	出水温度/℃	压缩机频率/Hz	
			主系统	辅助系统
–20/–12/0	50	70	50	70/80/90

5.4.2　辅助系统与主系统排气压力的影响

在名义工况下，辅助系统压缩机频率为 80Hz，复合式跨临界 CO₂ 热力循环系统制热量、COP 随辅助系统排气压力的变化趋势如图 5-33(a)、(b)所示。在辅助系统排气压力较低时，复合系统制热量增长速率较快，而辅助系统排气压力较高时，复合系统制热量增长速率减慢或略有下降，但下降速率极小。随着辅助系统压力比的增加，辅助系统中压缩机功率几乎呈线性增长，因此导致复合系统的 COP 曲线随辅助系统排气压力升高的过程中存在极大值点。

图 5-33(c)为主系统阀前温度(图 5-32 中点 4 处的温度)的变化趋势，随着辅助系统排气压力的升高，主系统阀前温度先下降到一个较低点，然后随着辅助系统排气压力的进一步增加逐渐上升。在这一过程中，主系统运行参数保持不变，唯一的原因是辅助排气压力增加时吸气压力降低，从而使辅助系统的质量流量下降；

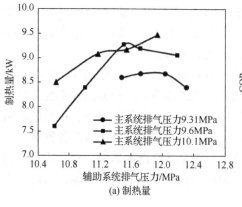

(a) 制热量

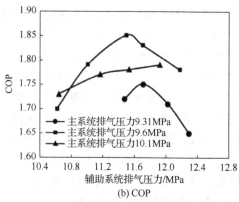

(b) COP

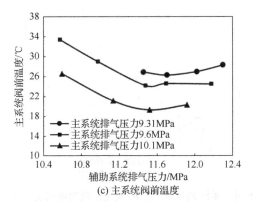

(c) 主系统阀前温度

图 5-33　名义工况下复合系统制热量、COP 及主系统阀前温度随辅助系统排气压力的变化

在辅助系统排气压力升高的过程中，其能提供的制冷量存在极大值，因此主系统阀前温度在达到低点后随着辅助系统排气压力的持续提升转而升高。尽管辅助系统中排气压力的升高会增加其在气体冷却器中的熵差，但是辅助系统的热源有别于一般热力循环系统，在排气压力升高的过程中吸气压力变化大，质量流量的降低也会限制其制热量的升高；另外，主系统阀前温度的升高使得主系统能够从环境中吸收的热量降低，进一步影响复合式跨临界 CO_2 热力循环系统整体效率。

　　在找到特定主系统排气压力下的辅助系统最优排气压力后，改变主系统排气压力以研究其对复合系统性能的影响。图 5-34(a)、(b)为辅助系统最优排气压力运行条件下，复合式跨临界 CO_2 热力循环系统制热量和 COP 随着主系统排气压力的变化趋势。对比图 5-33 中辅助系统排气压力的影响，虽然 COP 变化趋势中也存在对应极大值的主系统最优排气压力，然而在最优排气压力附近的制热量变化趋势却存在不同，当复合系统 COP 达到峰值并开始下降时，其制热量并未显示出如图 5-33(a)中的明显下降趋势。如图 5-34(c)所示，主系统阀前温度的变化趋势也与图 5-33(c)不同，同时解释了制热量曲线变化趋势的原因。随着主系统排气压力的增加，主系统质量流量减少，因此主系统阀前温度持续下降。但是，

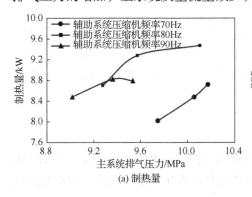

(a) 制热量

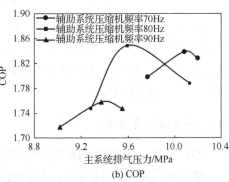

(b) COP

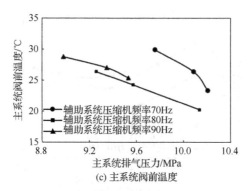

(c) 主系统阀前温度

图 5-34　名义工况下复合系统制热量、COP 及主系统阀前温度随主系统排气压力的变化

主系统阀前温度的下降也导致辅助系统吸气压力的降低(图 5-35(b))，虽然主系统从环境中吸收的热量也会增加，但是辅助系统吸气压力的降低将导致更大的压力比和辅助系统 COP 的下降，在这两个因素的博弈下，复合系统 COP 达到峰值后转而下降。

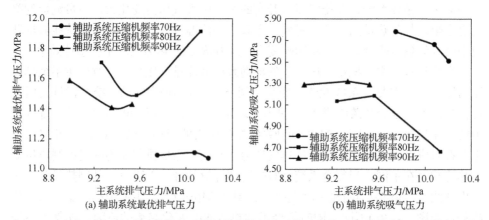

(a) 辅助系统最优排气压力　　　　　　　　(b) 辅助系统吸气压力

图 5-35　名义工况下复合系统辅助系统最优排气压力及辅助系统吸气压力随主系统排气压力的变化

图 5-35 显示了随着主系统排气压力的增加，辅助系统最优排气压力及辅助系统吸气压力的变化。如前文所述，随着主系统排气压力的增加，辅助系统吸气压力趋于下降。从图中还可以看出，辅助系统最优排气压力曲线总体上与辅助系统吸气压力的趋势相反。

5.4.3　频率配比的影响

在图 5-34(a)的制热量随主系统排气压力变化图中，80Hz 曲线高于 90Hz 曲线，90Hz 曲线高于 70Hz 曲线，因此通过增加辅助系统压缩机频率来增加制热量的方式并不总是适用的。在图 5-34(b)所示的 COP 图中，80Hz 曲线可以达到比70Hz 和 90Hz 曲线更高的峰值，因此两个子系统之间的压缩机频率对于复合系统的性能影响很大，在每个工况下可能存在一个最优的辅助系统压缩机频率，以匹配当前主系统的压缩机频率。图 5-36 为复合系统功率、制热量和 COP 随辅助系统压缩机频率的变化曲线，数据点均为不同辅助系统压缩机频率下的最佳排气压力条件。在−12℃的名义工况下，功率和制热量随辅助系统压缩机频率的变化并非线性关系，部分原因是在不同频率配比下，两个子系统的最优排气压力也不同。上述各种因素的叠加导致 COP 曲线从 70Hz 上升到 80Hz，然后从 80Hz 下降到 90Hz，发现 80Hz 是−12℃环境温度下的最优辅助系统压缩机频率。此外，从图 5-36(c)中可以发现，在 0℃环境温度的最优辅助系统压缩机频率为 70Hz，−20℃环境温度的最优辅助系统压缩机频率为 90Hz。从图 5-36 也可以看出，不论辅助系统压缩机频率如何，制热量和 COP 曲线始终在环境温度较高时更高，这意味着供暖能力和 COP 随环境温度的升高而增加。在实验工况的−20℃、−12℃及 0℃环境温度下，复合热力循环系统在最优运行参数下的性能如图 5-37所示。

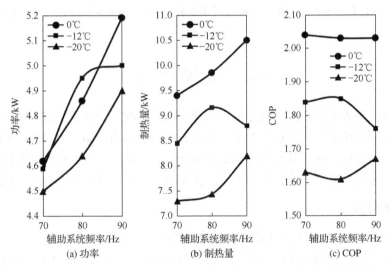

图 5-36　复合系统功率、制热量、COP 随辅助系统压缩机频率的变化

图 5-37(a)展示了最优运行工况下复合系统制热量、功率及 COP 随环境温度的变化，图 5-37(b)为最优运行状态下的子系统排气压力。对比环境温度对制热量的影响，复合热力循环系统的功率随环境变化不大，由此导致 COP 增加了22%。在这一过程中，主系统排气压力从 9.49MPa 增加到 10.09MPa，而辅助系统排气压力从 11.66MPa 降低到 11.07MPa。如前文所述，随着环境温度从−20℃

升高到 0℃，最优的辅助系统压缩机频率从 90Hz 降低到 70Hz。随着环境温度的升高，主系统排气压力增加，这与 Wang 等[10]的实验结果相符。当环境温度升高时，主系统从环境中能够吸收的热量变多，导致 COP 增加，主系统对整个系统制热量的贡献增加，因此辅助系统发挥的作用变得不那么重要，这意味着通过降低辅助系统压缩机频率和排气压力来减少辅助系统的功率将更有利于复合系统整体 COP 的提高。

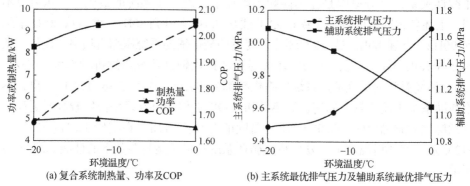

(a) 复合系统制热量、功率及COP　　　　(b) 主系统最优排气压力及辅助系统最优排气压力

图 5-37　复合系统制热量、功率、COP、主系统排气压力及辅助系统排气压力随环境温度的变化

5.5　其他方案

上述三种方案具有广泛的工况适应性，其系统配置方案对于制热量具有增强作用，特别适用于空气源热泵的工作场合，改善了高回水温度下跨临界 CO₂ 热力循环系统的性能表现。其他能够实现跨临界 CO₂ 热力循环系统性能提升的技术方案，主要通过喷射器、平行压缩系统、膨胀机、涡流管及热回收系统实现。

5.5.1　喷射器

喷射器是一种可以提升跨临界 CO₂ 热力循环系统性能的有效方案之一，图 5-38 为基于喷射器的跨临界 CO₂ 系统结构简图和压焓图。在跨临界 CO₂ 热力循环系统中，喷射器被安装在气体冷却器出口，气体冷却器中放热结束后的 CO₂ 进入喷射器后开始膨胀，压力急剧降低，压力能转化为动能，并且低于蒸发器中的 CO₂ 压力，从而可以将蒸发器中蒸发完成的 CO₂ 气体也引入喷射器内，两股流体混合后经过减速增压过程提升到中间压力进入气液分离器，气相部分进入压缩机进行压缩，而液相部分进入蒸发器内进行蒸发吸热。

图 5-39 为基于喷射器和膨胀阀的跨临界 CO₂ 系统在不同回热器效率下的制冷量和 COP 对比。如图所示，在室内环境温度 27℃，相对湿度 30%，室外环境

温度 45℃的测试工况下，对比膨胀阀节流，基于喷射器的跨临界 CO_2 热力循环

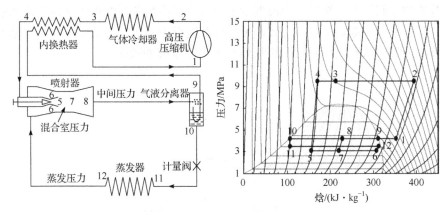

图 5-38　基于喷射器的跨临界 CO_2 系统结构简图和压焓图

系统在各回热器效率工况下均能取得性能提升，系统 COP 和制冷量平均分别提升 7%和 8%。尽管喷射器在设计工况下可能能够达到良好的预期效果，但在非工况条件下系统性能恶化亟须相对应的解决方案研究，以上诸多问题仍然限制着喷射器在跨临界 CO_2 热力循环系统中的应用。

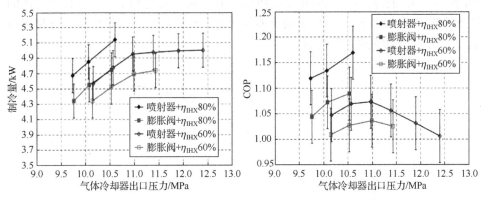

图 5-39　基于喷射器和膨胀阀的跨临界 CO_2 系统在不同回热器效率下的制冷量和 COP 对比[12]

5.5.2　平行压缩系统

　　平行压缩系统通过多个压缩机平行压缩，是兼具两个或多个蒸发温度的一种跨临界 CO_2 热力循环系统，图 5-40 为典型的商超用平行压缩跨临界 CO_2 制冷系统，该系统可同时用于冷藏和冷冻食品柜。该系统分为四个不同压力级别的部分，分别是气体冷却器中的高压部分、气液分离器中的中压部分、中温蒸发器中的中压部分及低温蒸发器中的低压部分。与传统的商超用跨临界 CO_2 制冷系统不同，该系统还配备了一台额外的辅助压缩机，用于直接压缩高压电子膨胀阀后的

闪蒸气体至排气压力。传统的商超用跨临界 CO_2 制冷系统通常会将这种蒸气完全节流到中间压力，然后与中温展示柜出口的制冷剂及低温级压缩机的排气混合在一起。平行压缩系统可以有效避免直接节流至中温蒸发器的中压闪蒸气体带来的节流损失，从而提高商超用跨临界 CO_2 制冷系统的效率。

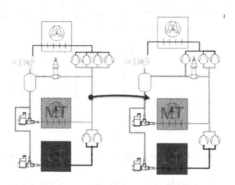

图 5-40　商超用平行压缩跨临界 CO_2 制冷系统[13]

　　图 5-41 为商超用平行压缩跨临界 CO_2 制冷系统性能提升曲线。如图所示，采用平行压缩机系统可以显著提升系统的效能。在环境温度为 25℃时，与商超用跨临界 CO_2 制冷系统(R404A 系统)相比，该系统节能达到 19%。在性能对比的平衡点上升到 38℃时，该系统的节能优势进一步提高，有效地扩展了商超用跨临界 CO_2 制冷系统的适用范围。

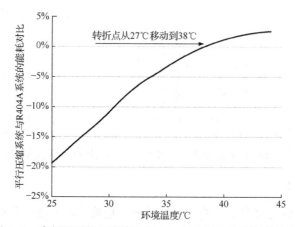

图 5-41　商超用平行压缩跨临界 CO_2 制冷系统性能提升曲线[13]

5.5.3　膨胀机

　　对比传统介质，跨临界 CO_2 热力循环中的压差与节流损失更为显著，因此利用膨胀机进行膨胀功回收更具意义。受制冷剂物性的影响，在与传统介质相比的典型工况下，跨临界 CO_2 热力循环的膨胀比更接近压缩比，这使得可以采用成本更低的容积式膨胀机，并且与压缩机直接连接形成一体式设计，从而实现更低成本且高效的系统。图 5-42 展示了采用直联式压缩-膨胀一体机的跨临界 CO_2 热力循环系统。与常规循环不同的是，该系统使用同轴膨胀机来取代节流阀，实现膨胀功的回收。

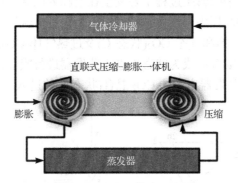

图 5-42　采用直联式同轴压缩-膨胀一体机的跨临界 CO_2 热力循环系统

图 5-43 展示了在环境温度为 30℃、35℃和 40℃时，基于膨胀机的跨临界 CO_2 热力循环(高等循环)系统和跨临界 CO_2 热力基本循环系统的性能对比，其中 η_V 表示膨胀机与压缩机理论排量的比值。计算结果表明，在特定工况下，存在一个最优容积比可以使系统性能达到最大值，而该最优容积比 $\eta_{V,opt}$ 随环境温度的升高而降低。与跨临界 CO_2 热力基本循环相比，35℃工况下性能提升最大，最高可达 33.3%。

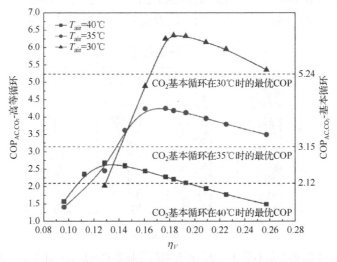

图 5-43　基于膨胀机的跨临界 CO_2 热力循环与基本循环的性能对比[14]

5.5.4　涡流管

涡流管可以将流体进一步分离为一股高温工质和一股低温工质，可起到进一步降低跨临界 CO_2 热力循环系统阀前温度的目的，进而提升综合性能，图 5-44 展示了适用于跨临界 CO_2 热力循环系统的 Maurer 涡流管循环[15]。由于 CO_2 的临界温度较低，该循环中的膨胀过程主要发生在超临界区域。在涡流管中，进口处的气体冷却器出口的高压中温气态 CO_2(状态 3)经过节流后分为三股，分别是饱和液态 CO_2(状态 4)、饱和气态 CO_2(状态 C)及过热气体 CO_2(状态 H)。饱和液态 CO_2 和饱和气态 CO_2 混合后成为状态 6 进入蒸发器进行吸热，过热气体经冷却后成为状态 5，然后与蒸发器出口的 CO_2 混合(状态 1)并进入压缩机。

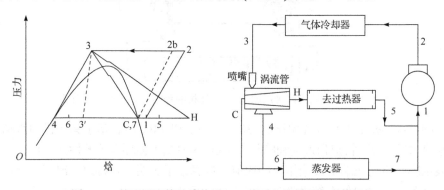

图 5-44　基于涡流管的跨临界 CO_2 热泵空调循环与系统架构

图 5-45 为跨临界 CO_2 热力基本循环、基于回热器的跨临界 CO_2 热力循环及基于涡流管的跨临界 CO_2 热力循环的性能对比。结果表明，涡流管循环能够显著提高跨临界 CO_2 热力循环的效率。当环境温度升高至 40℃时，涡流管对于跨临界

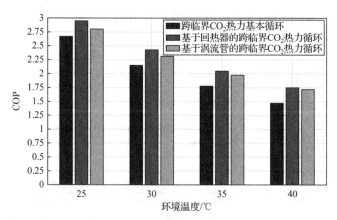

图 5-45　跨临界 CO_2 热力基本循环、基于回热器的跨临界 CO_2 热力循环及基于涡流管的跨临界 CO_2 热力循环的性能对比

CO_2 热力循环系统效率的提升几乎与基于回热器的跨临界 CO_2 热力循环相当。

5.5.5　热回收系统

采用热回收系统可以回收压缩机排气的过热能量，用于加热生活用水或者采暖，从而提高商超用跨临界 CO_2 制冷系统的综合效率。图 5-46 为集成平行压缩、喷射器及热回收技术的商超用跨临界 CO_2 制冷系统示意图。当前的生产厂家和研究机构正在探索综合应用平行压缩机、喷射器及热回收技术，整体提高商超用跨临界 CO_2 制冷系统的效率，以便进一步拓宽其应用范围。这些努力旨在优化商超用跨临界 CO_2 制冷系统，使其更加高效和可持续。

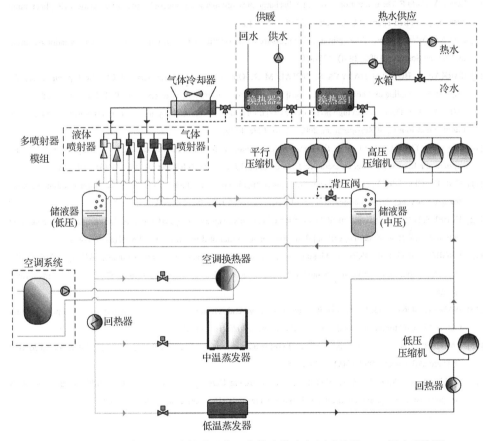

图 5-46　集成平行压缩、喷射器及热回收技术的商超用跨临界 CO_2 制冷系统[16]

参 考 文 献

[1] YANG W, CAO X, HE Y, et al. Theoretical study of a high-temperature heat pump system composed of a CO_2

transcritical heat pump cycle and a R152a subcritical heat pump cycle[J]. Applied Thermal Engineering, 2017, 120: 228-238.

[2] FEELY R A, WANNINKHOF R, TAKAHASHI T, et al. Influence of El Niño on the Equatorial Pacific contribution to atmospheric CO_2 accumulation[J]. Nature, 1999, 398(6728): 597-601.

[3] GE Y T, TASSOU S A. Thermodynamic analysis of transcritical CO_2 booster refrigeration systems in supermarket[J]. Energy Conversion and Management, 2011, 52(4): 1868-1875.

[4] 宋昱龙. 空气源跨临界 CO_2 热泵系统在高回水温度条件下的热力性能及优化方法的研究[D]. 西安: 西安交通大学, 2019.

[5] HE Y J, CHENG J H, CHANG M M, et al. Modified transcritical CO_2 heat pump system with new water flow configuration for residential space heating[J]. Energy Conversion and Management, 2021, 230: 113791.

[6] SONG Y, CAO F. The evaluation of optimal discharge pressure in a water-precooler-based transcritical CO_2 heat pump system[J]. Applied Thermal Engineering, 2018, 131: 8-18.

[7] KAUF F. Determination of the optimum high pressure for transcritical CO_2-refrigeration cycles[J]. International Journal of Thermal Sciences, 1999, 38(4): 325-330.

[8] SARKAR J, BHATTACHARYYA S, GOPAL M R. Optimization of a transcritical CO_2 heat pump cycle for simultaneous cooling and heating applications[J]. International Journal of Refrigeration, 2004, 27(8): 830-838.

[9] CHEN Y, GU J. The optimum high pressure for CO_2 transcritical refrigeration systems with internal heat exchangers[J]. International Journal of Refrigeration, 2005, 28(8): 1238-1249.

[10] WANG S, TUO H, CAO F, et al. Experimental investigation on air-source transcritical CO_2 heat pump water heater system at a fixed water inlet temperature[J]. International Journal of Refrigeration, 2013, 36(3): 701-716.

[11] CAO F, CUI C, WEI X, et al. The experimental investigation on a novel transcritical CO_2 heat pump combined system for space heating[J]. International Journal of Refrigeration, 2019, 106: 539-548.

[12] ELBEL S, HRNJAK P. Experimental validation of a prototype ejector designed to reduce throttling losses encountered in transcritical R744 system operation[J]. International Journal of Refrigeration, 2008, 31(3): 411-422.

[13] ENGINEERING TOMORROW. Making the case for CO_2 refrigeration in warm climates[R/OL]. [2016-02-01]. https://www.danfoss.com/en/service-and-support/case-stories/dcs/making-the-case-for-co2-refrigeration-in-warm-climates/.

[14] WANG H, SONG Y, QIAO Y, et al. Rational assessment and selection of air source heat pump system operating with CO_2 and R407C for electric bus[J]. Renewable Energy, 2022, 182: 86-101.

[15] SARKAR J. Cycle parameter optimization of vortex tube expansion transcritical CO_2 system[J]. International Journal of Thermal Sciences, 2009, 48(9): 1823-1828.

[16] GULLO P, TSAMOS K M, HAFNER A, et al. Crossing CO_2 equator with the aid of multi-ejector concept: A comprehensive energy and environmental comparative study [J]. Energy, 2018, 164: 236-263.

第6章　跨临界 CO_2 热力循环系统控制

6.1　跨临界 CO_2 热力循环系统控制方法

跨临界 CO_2 热力循环系统的排气压力是对系统性能产生重大影响的因素。因此，通过实时控制排气压力维持当前工况下的最优值，是确保跨临界 CO_2 热力循环系统高效稳定运行的必要条件。当前采用跨临界 CO_2 热力循环系统的热泵热水器、热泵空调等产品采用的最优排气压力控制方法主要基于 PI(比例+积分)控制的电子膨胀阀开度调节方法。图 6-1 为基于 PI 控制的跨临界 CO_2 热力循环系统最优排气压力控制示意图，在运行时通过计算系统当前运行工况下的最优排气压力来确定 PI 控制器的设定值，同时利用压力传感器测量压缩机排气压力作为 PI 控制器的测量值，通过调整膨胀阀的开度来使系统运行在设定的排气压力下。该

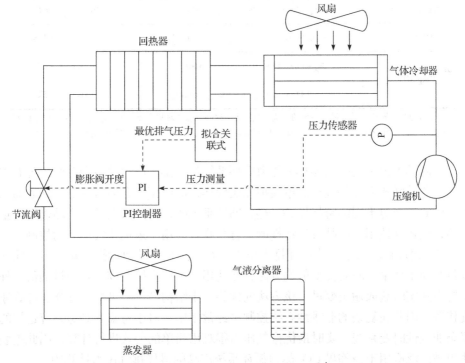

图 6-1　基于 PI 控制的跨临界 CO_2 热力循环系统最优排气压力控制

控制策略的核心在于实时获得系统不同运行工况下的最优排气压力设定值，目前主要采用拟合关联式计算或通过查表法直接获得这些设定值。

(1) 通过拟合关联式计算最优排气压力是一种常见的方法。许多国内外学者根据自己的研究情况，提出了不同的跨临界 CO_2 热力循环系统最优排气压力的拟合关联式。表 6-1 列举了国内外学者在主流学术期刊上发表的最优排气压力拟合关联式及其适用范围。这些拟合关联式为跨临界 CO_2 热力循环系统中的最优排气压力的确定提供了宝贵的参考价值，起到了重要的指导作用。

表 6-1 各文献中最优排气压力拟合关联式统计及其适用范围

文献	拟合关联式	适用范围
Kauf[1]	$P_{opt} = 2.6t_{air} \approx 2.6t_{gc,out} + 7.54$	$30℃ \leqslant t_{air} \leqslant 50℃$
Liao 等[2]	$P_{opt} = (2.778 - 0.0157t_e)t_{gc,out} + 0.381t_e - 9.34$	$-10℃ < t_e < 20℃$ $30℃ < t_{gc,out} < 60℃$
Sarkar 等[3]	$P_{opt} = 4.9 + 2.256t_{gc,out} - 0.17t_e + 0.002t_{gc,out}^2$	$30℃ \leqslant t_{air} \leqslant 50℃$ $-10℃ \leqslant t_e \leqslant 10℃$
Sarkar 等[4]	$P_{opt} = 8.545 + 0.0774t_{w,in}$	$20℃ \leqslant t_{w,in} \leqslant 40℃$
Chen 和 Gu[5]	$P_{opt} = 2.68t_{air} + 0.975 = 2.68t_{gc,out} - 6.797$	$30℃ \leqslant t_{air} \leqslant 50℃$
Qi 等[6]	$P_{opt} = 13.23 - 0.84t_{gc,out} + 0.03t_{gc,out}^2 - 2.77 \times 10^{-4}t_{gc,out}^3$	$20℃ \leqslant t_{gc,out} \leqslant 45℃$
Wang 等[7]	$P_{opt} = 1.09 + 0.106t_{w,out} + 0.101t_{air} - 0.001t_{air}^2$	$5℃ < t_{air} < 35℃$
	$P_{opt} = 2.47 + 0.122t_{w,out} - 0.0004t_{w,out}^2 + 0.016t_{air}$	$-15℃ < t_{air} < 5℃$

注：P_{opt} 为跨临界 CO_2 热力循环系统的最优排气压力，MPa；t_{air} 为环境温度，℃；$t_{gc,out}$ 为 CO_2 在气体冷却器出口的温度，℃；t_e 为蒸发温度，℃；$t_{w,in}$ 为气体冷却器进水温度，℃；$t_{w,out}$ 为气体冷却器出水温度，℃。

不同学者提出的跨临界 CO_2 热力循环系统最优排气压力的拟合关联式各有差异，这些关联式主要是基于简单模拟或实验样机的数据拟合而得到的，缺乏通用性。因此，面对不同的跨临界 CO_2 热力循环系统时，需要根据具体产品进行大量实验，以建立适用于产品自身特性的拟合关联式，用于最优排气压力的控制。

(2) 通过查表法来计算最优排气压力。查表法是一种通过提前建立多个输入变量与输出变量之间直接映射的方法，在使用时可以直接查询或者通过插值、外推等方式实时获取输出变量。该方法的优势在于结构简单、可操作性强、计算速度快等，因此在复杂的非线性系统控制中经常使用。对于跨临界 CO_2 系统这样的复杂非线性时变系统，实时最优排气压力很难用简单的公式进行计算，因此查表法也被广泛应用于跨临界 CO_2 热力循环系统产品的最优排气压力计算中。

跨临界 CO_2 热力循环系统的查表法主要包括参数配置、数据标定及插值方法等步骤。首先，进行系统参数配置，确定影响最优排气压力的输入变量(如蒸发温度、气体冷却器出口温度等)，并将最优排气压力作为输出变量；其次，通过进行大量实验，标定系统在不同运行工况下的最优排气压力，并建立表格数据；最后，确定断点数据、插值方法和外推方法等。控制器在工作时，根据实时采集的输入变量确定其在表格中的位置，并利用构建的插值和外推方法对表格数据进行计算，生成相应的最优排气压力作为 PI 控制器的设定值。该方法逻辑清晰简单、计算复杂度低，且运行稳定可靠。然而，该方法的主要挑战和工作量在于需要进行大量实验数据的标定，以获取不同工况下的最优排气压力。

跨临界 CO_2 热力循环系统是一种复杂的多输入、多输出、强耦合、时变、非线性系统，其性能受到运行工况和负荷变化等多种因素的影响。随着跨临界 CO_2 热力循环系统在制热、制冷和新能源汽车等领域的应用越来越广泛，复合需求及性能提升导致系统架构愈发复杂，传统的拟合关联式和查表的最优压力控制已经不再满足精度和广度的要求。

6.2　基于极值搜索控制算法的最优排气压力控制

本节介绍了基于极值搜索控制(ESC)的跨临界 CO_2 热力循环系统最优排气压力控制方法。与前述的拟合关联式不同，ESC 不需要模拟或实验数据，也不需要建立复杂的系统模型。它是一种无模型的实时优化策略，主要通过梯度搜索来找到系统的最优控制输入，仅依赖于系统测量的输出。本节首先介绍了极值搜索控制算法基本原理。其次针对用于排气压力的极值搜索控制参数，在实际的跨临界 CO_2 热泵热水器中进行了极值搜索控制设计。最后在多种工况下使用跨临界 CO_2 热泵热水器样机对该方法的效果进行了验证。

6.2.1　极值搜索控制算法基本原理

ESC 是一种在线的实时优化策略，其通过梯度下降的方法寻找一个非线性时变系统的最优控制输入 $u^*(t)$，使得系统的性能 $f(u)$ 最优。图 6-2 为经典的极值搜索控制算法的框图，其中，$F_I(s)$ 与 $F_O(s)$ 分别表示预测的系统动态输入与输出特性，$N(t)$ 表示噪声，设计的周期性的扰动和解调信号 $S(t)$ 和 $M(t)$ 用来估计系统的在线梯度，设计的高通滤波器 $F_{HP}(s)$ 及低通滤波器 $F_{LP}(s)$ 用来提取系统的梯度信息，梯度信号在经过低通滤波器后，进入积分器消除稳态误差并驱动系统的输入朝着最优值 u^* 变化，最终稳定在系统的最优输入点，实现最优控制。

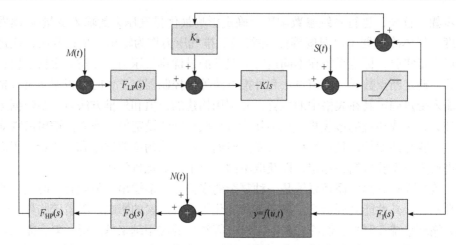

图 6-2　极值搜索控制算法框图
K_a-反馈系数；K-积分系数

在图 6-2 中，假定系统 $y = f(u)$ 存在唯一的最优值 u^* 使得系统性能达到最优。给系统输入变量叠加一个调制信号 $S(t) = a\sin(\omega t)$ 后为

$$u = \hat{u} + a\sin(\omega t) \tag{6-1}$$

式中，a —— 调制信号幅值；

　　　ω —— 调制信号频率。

调制后的系统输出 y 为

$$y = f\left[\hat{u} + a\sin(\omega t + \varphi_{\text{in}})\right] \tag{6-2}$$

式中，φ_{in} —— 由系统动态输入特性在扰动频率时造成的相角变化。将式(6-2)进行泰勒展开可得

$$y = f(\hat{u}) + \frac{\mathrm{d}f(\hat{u})}{\mathrm{d}\hat{u}} a\sin(\omega t + \varphi_{\text{in}}) + \frac{1}{2}\frac{\mathrm{d}^2 f(\hat{u})}{\mathrm{d}\hat{u}^2} a^2 \sin^2(\omega t + \varphi_{\text{in}}) + \cdots$$

$$\approx f(\hat{u}) + \frac{\mathrm{d}f(\hat{u})}{\mathrm{d}\hat{u}} a\sin(\omega t + \varphi_{\text{in}}) + \frac{1}{4}\frac{\mathrm{d}^2 f(\hat{u})}{\mathrm{d}\hat{u}^2} a^2 - \frac{1}{4}\frac{\mathrm{d}^2 f(\hat{u})}{\mathrm{d}\hat{u}^2} a^2 \cos\left[2(\omega t + \varphi_{\text{in}})\right] \tag{6-3}$$

经过高通滤波器后，输出中的低频直流信号被移除，通过的高频信号 y_{h} 为

$$y_{\text{h}} \approx \frac{\mathrm{d}f(\hat{u})}{\mathrm{d}\hat{u}} a\sin(\omega t + \varphi_{\text{in}} + \varphi_{\text{HP}}) - \frac{1}{4}\frac{\mathrm{d}^2 f(\hat{u})}{\mathrm{d}\hat{u}^2} a^2 \cos\left[2(\omega t + \varphi_{\text{in}} + \varphi_{\text{HP}})\right] \tag{6-4}$$

式中，φ_{HP} —— 高通滤波器导致的相角变化。经过高通滤波后信号 y_{h} 乘以解调信号可得(θ 为扰动信号和解调信号之间的相角差)

$$y_h \cdot M(t) = \left\{ \frac{df(\hat{u})}{d\hat{u}} a\sin(\omega t + \varphi_{in} + \varphi_{HP}) - \frac{1}{4} \frac{d^2 f(\hat{u})}{d\hat{u}^2} a^2 \cos\left[2(\omega t + \varphi_{in} + \varphi_{HP}) \right] \right\} a\sin(\omega t + \theta)$$

$$= \frac{a^2}{2} \frac{df(\hat{u})}{d\hat{u}} \left[\cos(\varphi_{in} + \varphi_{HP} - \theta) - \cos(2\omega t + \varphi_{in} + \varphi_{HP} + \theta) \right] + \text{h.o.t}$$

$$(6-5)$$

式中，h.o.t —— 高阶项。解调后的结果经过低通滤波器移除高阶项后输出低频直流项，输出项中包含系统的当前梯度信息：

$$y_1 = C \cdot \frac{df(\hat{u})}{d\hat{u}} \tag{6-6}$$

经过低通滤波器处理后，包含梯度信息的信号进入积分器，用于消除稳态误差。积分器的作用是驱动系统的控制输入变量向零梯度方向逼近，最终稳定在系统的最优输入点，从而完成系统的最优控制。关于 ESC 的理论解释和稳定性证明的详细内容，请参考文献[8]，部分 ESC 在热泵及空调系统中的应用请参考文献[9]~[12]。在 ESC 的具体设计过程中，可遵循以下原则：①对变量通道进行开环阶跃响应测试，以估计该变量通道动态输入特性。②扰动信号的频率通常应在对应变量的动态输入特性带宽内确定。③扰动信号的幅值应既足够小以降低系统的稳态误差，又足够大以保证扰动后的信号具有足够的信噪比。④设计高通或带通滤波器时应确保扰动后的谐波得到保留，而低通滤波器的设计则应提供足够的衰减以应对两倍扰动频率下的信号。⑤设计扰动信号与解调信号之间的相角偏差时要保证系统的真实性。⑥积分增益的设置应保证输入变量在允许的范围内能达到适当的收敛速度。在选择积分增益时，需要综合考虑系统随输入变量变化的性能特性，以及扰动的幅度和频率。适当的积分增益可以改善极值搜索控制的瞬态性能。

6.2.2 跨临界 CO_2 热力循环系统中的极值搜索控制设计

图 6-3 为分级控制策略示意图，如图所示，实验台的控制策略由本地控制回路和高级控制回路组成，在高级控制回路和本地控制回路之间实行实时的数据交互。在本地控制回路中，采用可编程逻辑控制器(PLC)中的脉冲信号驱动步进电机，进而通过电子膨胀阀对排气压力进行控制，响应极值搜索控制的排气压力设定值，采用 PLC 控制器中的温度和压力拓展模块接收系统中的压力和温度传感器信号，由此得到此时的系统状态参数及当下对应的性能，并且将其反馈到极值搜索控制器中。PLC 控制器与设计的极值搜索控制器通过 OPC 服务器(OPC Server)在主机中进行实时交互，极值搜索控制算法通过对样机实时反馈的 COP 进行解析，从而达到当前系统的梯度，进而在积分器中进行积分来改变当下的排

气压力，使得系统运行在能使性能更加优异的排气压力处。

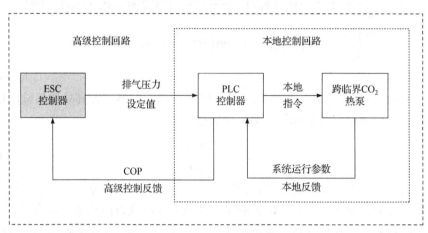

图 6-3 分级控制策略

图 6-4 为样机中的极值搜索控制设计框图，与理论情况中的极值搜索控制框图不同的是，实际实验过程中进行信号测量时存在大量高频噪声，因此采用额外的递归均值滤波器对信号进行处理。其余模块内容均与图 6-2 中的极值搜索控制程序控制算法框图相同，此处不再赘述。

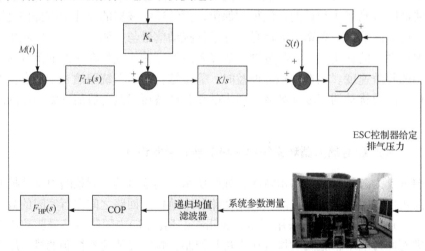

图 6-4 样机中的极值搜索控制设计框图[13]

如图 6-4 所示，极值搜索控制器以 COP 为反馈，排气压力为受控调节量。在焓差室中将极值搜索控制器的设计工况确定为环境温度 0℃，气体冷却器进水温度固定为 40℃，进水流量保持不变。在该工况下对跨临界 CO₂ 热力循环系统进行开环阶跃响应，将标准化的 COP 定义为

$$\mathrm{COP_N} = \frac{\mathrm{COP}(t) - \mathrm{COP_0}}{\mathrm{COP_S} - \mathrm{COP_0}} \tag{6-7}$$

式中，$\mathrm{COP_0}$—— 阶跃响应前的初始稳态值；

$\qquad \mathrm{COP_S}$—— 阶跃响应后的新稳态值；

$\qquad \mathrm{COP}(t)$—— 阶跃响应过程中任意时态的瞬时值。

在开环阶跃响应测试过程中，对排气压力实施 9.0～9.5MPa 及 9.5～10MPa 的开环阶跃，标准化的系统 COP 响应曲线如图 6-5(a)所示，因而将排气压力通道的动态输入特性估计为

$$\hat{F}_{\mathrm{I,Dis}}(s) = \frac{0.006^2}{s^2 + 2 \times 1 \times 0.006s + 0.006^2} \tag{6-8}$$

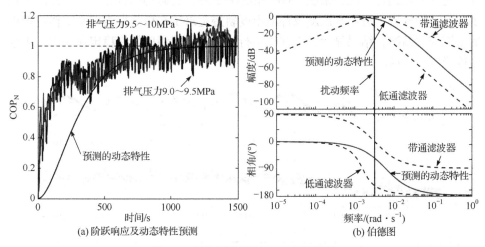

(a) 阶跃响应及动态特性预测　　　　　(b) 伯德图

图 6-5　排气压力通道 ESC 参数设计

图 6-5(b)为预测的系统动态输入特性及设计的带通滤波器和低通滤波器的伯德图。其中，扰动频率设计为 0.0005Hz，扰动幅度设计为 0.2MPa，带通滤波器以及低通滤波器设计为

$$\hat{F}_{\mathrm{BP,Dis}}(s) = \frac{2 \times 1 \times 0.00314s}{s^2 + 2 \times 1 \times 0.00314s + 0.00314^2} \tag{6-9}$$

$$\hat{F}_{\mathrm{LP,Dis}}(s) = \frac{0.00157s}{s^2 + 2 \times 0.5 \times 0.00157s + 0.00157^2} \tag{6-10}$$

解调信号相角 a_{Dis} 满足：

$$\theta = \angle\hat{F}_{\mathrm{I,Dis}}(\mathrm{j}\omega) + \angle\hat{F}_{\mathrm{BP,Dis}}(\mathrm{j}\omega) + a_{\mathrm{Dis}} = 0° \tag{6-11}$$

依据排气压力通道的动态输入特性和带通滤波器动态特性，相角 a_{Dis} 确定为 45°。

6.2.3 极值搜索控制实验验证

6.2.3.1 设计工况

在实验过程中，首先在极值搜索控制设计工况(环境温度 0℃，进水温度 40℃，水流量保持恒定)对跨临界 CO₂ 热泵热水器进行极值搜索控制。图 6-6 为设计工况下极值搜索控制过程中排气压力、COP、进出水温度及环境温度随时间的变化。如图所示，极值搜索控制在 1380s 开启，排气压力初始值为 9.5MPa，系统 COP 稳定在 2.23。在排气压力和 COP 随时间变化图中，极值搜索控制运行的稳态最优工况用虚线标出。如图所示，极值搜索控制在运行 4167s 后，系统排气压力首次达到极值搜索控制的稳态结果 10MPa，极值搜索控制结束寻优阶段并且进入稳定运行阶段，系统 COP 稳定在 2.36，比起初始状态，系统性能实现了 5.83%的提升。进出水温度及环境温度轨迹记录了在极值搜索控制工作过程中的工况控制情况，结果显示，在样机运行过程中环境温度始终稳定在 0℃，进水温度稳定在 40℃。

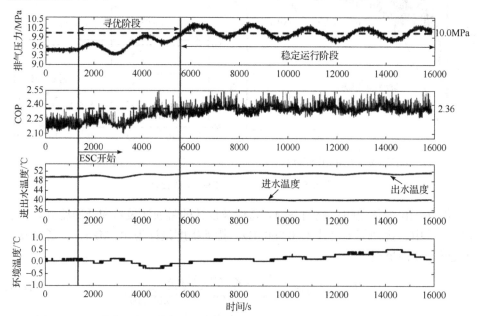

图 6-6　40℃进水温度下排气压力、COP、进出水温度、环境温度随时间变化情况

图 6-7 为设计工况下极值搜索控制过程中的跨临界 CO₂ 热泵热水器中的其他参数随时间的变化，分别为压缩机功率、吸气压力、排气温度及水流量。如图 6-7 所示，压缩机排气压力上升的同时，压缩机吸气压力下降，此时系统功率及排气温度增加。对比系统吸气压力曲线，此时的系统排气温度曲线相对光滑很多，这是因为系统本身的巨大比热容就相当于温度信号的低通滤波器。

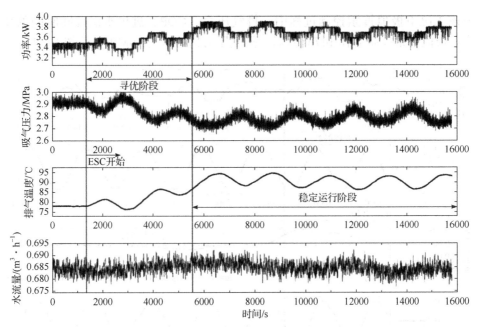

图 6-7　40℃进水温度下压缩机功率、吸气压力、排气温度及水流量随时间变化情况

在恒定水流量运行工况下，此时压缩机排气焓的增大导致了出水温度及制热量的升高。随着排气压力的升高，压缩机功率及系统制热量均升高，然而两者随着排气压力升高而提升的速率不同，导致跨临界系统的 COP 在排气压力升高的过程中存在最优值，并且该最优值受环境工况及跨临界机器部件结构与参数的影响，不同的机器及同一机器在不同运行工况下均存在很大差异。为了使得系统达到当前工况下的最优性能，极值搜索控制不断改变排气压力，因此系统的 COP 对应上升。

图 6-8 为设计工况下的极值搜索控制过程中高通滤波器后、解调、低通滤波器后及扰动的信号随时间的变化。经低通滤波器处理后的信号表征系统指标量对系统输入量的梯度信号的大小，梯度信号越远离 0 表征系统距离最优运行状态越远。在图 6-8 中的低通滤波器后信号随时间变化的曲线显示，当排气压力与系统 COP 进入稳定运行阶段后，低通滤波器后的信号始终在 0 处振荡，表征系统稳定运行在系统最优性能处。

6.2.3.2　非设计工况

考虑进水温度对跨临界 CO_2 热泵热水器性能的巨大影响，探究设计工况下的极值搜索控制参数在非设计工况下的适用性，将设计工况下的 40℃进水温度改为 45℃，并且在该工况下运行极值搜索控制的跨临界 CO_2 热泵热水器样机。图 6-9

为该工况下极值搜索控制过程中，排气压力、COP、进出水温度随时间的变化。极值搜索控制器在 1476s 开启，排气压力初始值为 10MPa，系统 COP 稳定

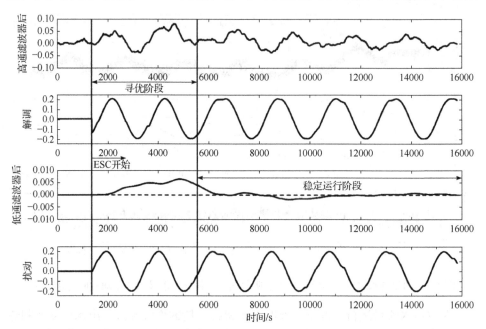

图 6-8　40℃进水温度下高低通滤波器后、解调以及扰动信号随时间变化情况

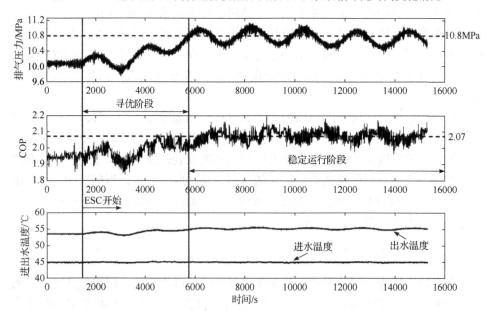

图 6-9　45℃进水温度下排气压力、COP 及进出水温度随时间变化情况

在 1.93。在排气压力和 COP 图中，极值搜索控制运行的稳态最优工况用虚线标出。如图所示，极值搜索控制在运行 4287s 后，系统排气压力首次达到极值搜索控制的稳态结果 10.8MPa，极值搜索控制结束寻优阶段并且进入稳定运行阶段，系统 COP 稳定在 2.07，比起初始状态，系统性能实现了 7.25%的提升。进出水温度中曲线显示在样机运行过程中进水温度始终稳定在 45℃，在排气压力升高的过程中，出水温度也随之提升。图 6-10 为该工况下极值搜索控制过程中压缩机功率、吸气压力及排气温度曲线，反映该工况下样机在极值搜索控制过程中的运行特性。

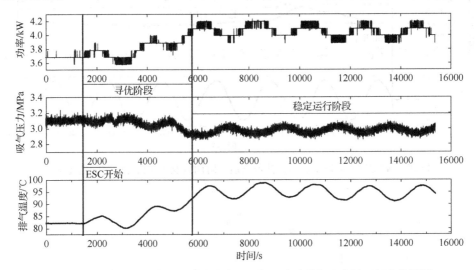

图 6-10　45℃进水温度下压缩机功率、吸气压力及排气温度随时间变化情况

图 6-11 为该工况下极值搜索控制过程中高通滤波器后、解调、低通滤波器后及扰动的信号随时间的变化。图 6-11 中的低通滤波器后信号随时间变化的曲线显示，当排气压力与系统 COP 进入稳定运行阶段后，低通滤波器后的信号始终在 0 振荡，表征系统稳定运行在系统最优性能处。

为了验证在设计工况及在非设计工况中运行的极值搜索控制的稳态结果确实为系统在对应工况下的最优性能，分别在这两个工况下对样机的稳态性能进行实验研究，结果如图 6-12 所示。在这两个工况下，以稳态结果的压力为中心向两端进行样机的稳态性能探究。由稳态结果实验点绘制的趋势线可得，在进水温度 40℃及 45℃的情况下，该跨临界 CO₂ 热泵热水器的 COP 随着排气压力的升高均呈现先升高后下降的趋势，极值点与极值搜索控制稳态结果的压力基本吻合。如图 6-12 所示，在进水温度 40℃工况下，机组的稳态最优值及极值搜索控制最优值分别为 2.43 以及 2.40；在进水温度 45℃工况下，机组的稳态最优值及极值搜索控制最优值分别为 2.12 及 2.10。

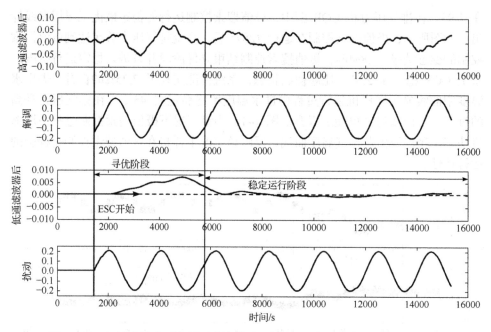

图 6-11　45℃进水温度下高低通滤波器后、解调以及扰动信号随时间变化情况

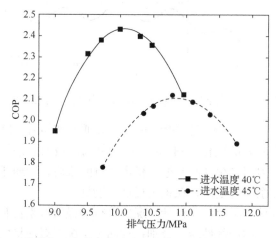

图 6-12　系统排气压力的真实稳态最优值与极值搜索控制最优值对比
点表示真实稳态最优值，线表示极值搜索控制最优值

6.2.3.3　连续变化工况

本部分对极值搜索控制在进水温度连续变化工况下的跨临界 CO₂ 热泵热水器进行实验研究，实验总时长为 43945s。首先，在实验时刻为 10706s 时进水温度从 40℃升到 45℃，然后在实验时刻为 30825s 时进水温度从 45℃再降回 40℃。图 6-13 中展示了在该工况下极值搜索控制过程中进出水温度、排气压力及系统

COP 随时间变化的曲线。在这三段连续的进水温度工况中，极值搜索控制的排气压力分别稳定在 10.13MPa、10.73MPa 及 10.00MPa，系统 COP 分别稳定在 2.43、2.07 以及 2.36。

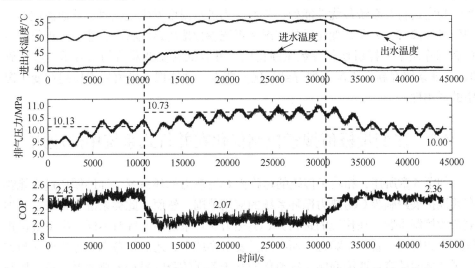

图 6-13　进水温度变化情况下进出水温度、排气压力及 COP 随时间变化情况

图 6-14 为该工况下的极值搜索控制过程中高通滤波器后、解调、低通滤波

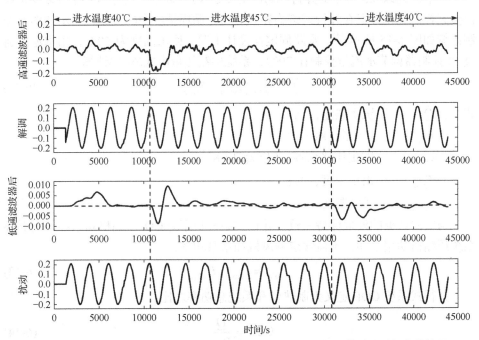

图 6-14　进水温度变化情况下高低通滤波器后、解调以及扰动信号随时间变化情况

器后及扰动的信号随时间的变化。图 6-14 的低通滤波器后信号随时间变化的曲线显示，第一段进水温度为 40℃的工况中，在极值搜索控制的作用下，排气压力与系统 COP 进入稳定运行阶段后，低通滤波器后的信号始终在 0 振荡，表征系统稳定运行在系统最优性能处。然而，当进水温度发生变化时，低通滤波器后的信号偏离 0，表明在变化后的工况下系统参数偏离最优状态，然而在极值搜索控制的作用下，样机运行参数重新稳定，并且低通滤波器后的信号重新收敛到 0，表征系统在新的工况下搜寻到最优性能点。这体现了极值搜索控制在变工况中的适用性。

6.3 多变量极值搜索控制优化在并行式系统中的应用

如第 5 章所述，相较于传统的跨临界 CO_2 热力循环系统，辅助循环过冷能够有效地扩展跨临界 CO_2 热力循环系统的应用范围。然而，此类系统也带来了更加复杂的控制难题。在传统的跨临界 CO_2 热力循环系统中，针对不同工况下最优排气压力的控制一直是个难题，而在此类复杂系统中，还需要考虑 CO_2 主循环与辅助循环之间的容量匹配问题，这给传统基于关联的跨临界 CO_2 热力循环系统控制方案带来了巨大挑战。

本节研究以 5.3 节中的并行式跨临界 CO_2 热力循环系统为例，探讨多变量极值搜索控制优化方案在并行式跨临界 CO_2 热力循环系统中的应用，其示意图及控制系统如图 6-15 所示[14]。水路固定在设计工况，回水温度为 50℃，出水温度通过 PI 控制器调节水流量控制在 70℃，系统中制热量由式(6-12)计算：

$$\dot{Q} = \dot{m}_w c_p \left(T_{w,su} - T_{w,re} \right) \tag{6-12}$$

式中：$\dot{Q}$ —— 系统制热量，kW；

$\dot{m}_w$ —— 水流量，$kg \cdot s^{-1}$；

c_p —— 水的定压比热容，$kJ \cdot kg^{-1} \cdot K^{-1}$；

$T_{w,su}$ —— 出水温度，℃；

$T_{w,re}$ —— 回水温度，℃。

与实验数据的处理保持一致，并行式系统功率为 CO_2 压缩机功率和辅助循环系统压缩机功率之和，不包含定频风机和水泵功率：

$$P_{total} = P_{aux} + P_{CO_2} \tag{6-13}$$

并行式系统 COP 定义为制热量和系统总功率之比：

$$COP = \frac{\dot{Q}}{P_{total}} \tag{6-14}$$

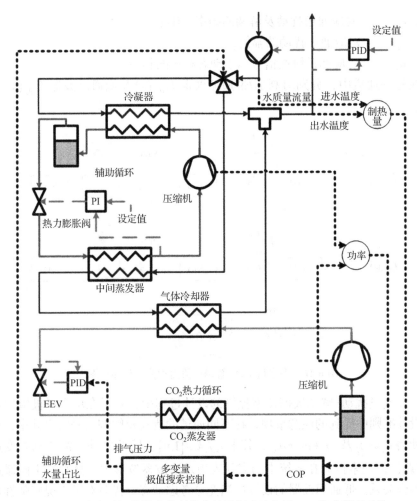

图 6-15　多变量极值搜索控制优化的并行式跨临界 CO_2 热力循环系统

6.3.1　并行式跨临界 CO_2 热力循环系统中的多变量极值搜索控制参数设计

6.3.1.1　多变量极值搜索控制

如图 6-16 所示，在多变量扰动-解调极值搜索控制的程序框图中，扰动与解调信号，带通及低通滤波器的设计依然是基本组成部分。与单变量不同的是，多变量极值搜索控制需要对每一通道的变量分别进行参数设计。扰动与解调信号由此变为

$$S(t) = \left[a_1 \sin(\omega_1 t), \cdots, a_n \sin(\omega_n t) \right]^{\mathrm{T}} \tag{6-15}$$

$$M(t) = \left[\sin(\omega_1 t + \alpha_1), \cdots, \sin(\omega_n t + \alpha_n) \right]^{\mathrm{T}} \tag{6-16}$$

式中，ω_i —— 对应通道扰动及解调的频率，Hz；

　　　　a_i —— 对应通道扰动的幅值；

　　　　α_i —— 对应通道解调信号用于动态补偿的相角，(°)。

在每一通道中，分别对高通/带通滤波器 $F_{HPi}(s)$ 及低通滤波器 $F_{LPi}(s)$ 进行设计。

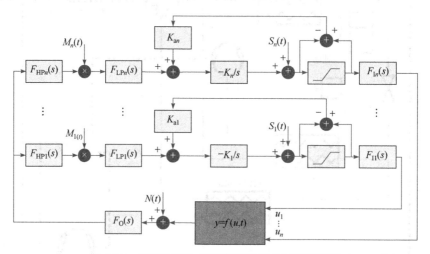

图 6-16　多变量扰动-解调极值搜索控制程序框图

在多变量扰动-解调极值搜索控制的设计过程中，除了在单变量极值搜索控制的设计准则中提到的注意事项，在不同通道的扰动及解调信号的设计中，应当确保使得 $\omega_i \neq \omega_j$ 及 $\omega_i + \omega_j \neq \omega_k$，其中 $i,j,k \in [1,n]$。除此之外，需要从多变量扰动-解调极值搜索控制在系统中的实际表现及滤波器波形中充分观察不同通道的参数耦合关系。低通滤波器的设计应当充分考虑动态寻优时对于工况跟随性及稳态寻优时的精度要求，在针对各通道增益 K_i 进行设计时，应当考虑不同通道变量对系统性能的不同影响，从而保证各变量能在相仿的时间中完成寻优，进而增强系统稳定性，并且提高寻优表现。在系统寻优时，若某一通道受另一通道影响过大，且经过低通滤波器及增益的参数调试无果后，建议更改该通道频率重新进行参数设计。

6.3.1.2　参数设计

在设计工况下，环境温度为 -10℃，回水温度/出水温度为 50℃/70℃，在该工况下对并行式跨临界 CO₂ 热力循环系统进行开环阶跃响应测试，标准化的系统 COP 定义与式(6-7)相同：

$$COP_N = \frac{COP(t) - COP_0}{COP_S - COP_0} \tag{6-17}$$

在 CO_2 排气压力变量通道进行开环阶跃响应测试过程中，辅助循环回路水流量比固定为 0.7，对 CO_2 排气压力实施 9.9～10.2MPa、10.5～10.8MPa 及 11.1～11.4MPa 的开环阶跃，标准化的系统 COP 响应曲线如图 6-17(a)所示，CO_2 排气压力通道的动态输入特性估计为

$$\hat{F}_{I,Dis}(s) = \frac{0.006^2}{s^2 + 2 \times 0.6 \times 0.006s + 0.006^2} \tag{6-18}$$

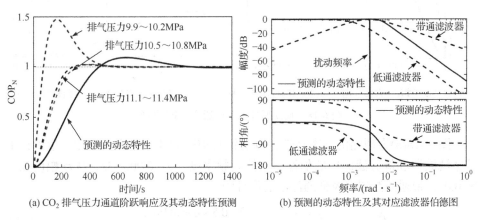

(a) CO_2 排气压力通道阶跃响应及其动态特性预测　　(b) 预测的动态特性及其对应滤波器伯德图

图 6-17　CO_2 排气压力通道 ESC 设计

图 6-17(b)为预测的动态特性，以及针对 CO_2 排气压力变量通道设计的带通滤波器和低通滤波器的伯德图。扰动频率设计为 0.0005Hz，扰动幅度设计为 0.1MPa，带通滤波器及低通滤波器设计为

$$\hat{F}_{BP,Dis}(s) = \frac{2 \times 1 \times 0.00314s}{s^2 + 2 \times 1 \times 0.00314s + 0.00314^2} \tag{6-19}$$

$$\hat{F}_{LP,Dis}(s) = \frac{0.001557^2}{s^2 + 2 \times 1 \times 0.001557s + 0.001557^2} \tag{6-20}$$

解调信号相角 a_{Dis} 要满足：

$$\theta = \angle \hat{F}_{I,Dis}(j\omega) + \angle \hat{F}_{BP,Dis}(j\omega) + a_{Dis} = 0° \tag{6-21}$$

依据排气压力通道的动态输入特性和带通滤波器动态特性，相角 a_{Dis} 确定为 41.01°。

在对辅助循环回路水流量比通道进行开环阶跃响应测试过程中，CO_2 排气压力固定为 11MPa，对辅助循环回路水流量比通道实施 0.61～0.64、0.67～0.7 及 0.73～0.76 的开环阶跃，标准化的系统 COP 响应曲线如图 6-18(a)所示，辅助循

环回路水流量比通道的动态输入特性估计为

$$\hat{F}_{\mathrm{I,WaterRatio}}(s) = \frac{0.01^2}{s^2 + 2 \times 0.8 \times 0.01s + 0.01^2} \tag{6-22}$$

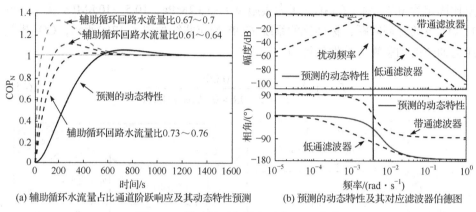

(a) 辅助循环水流量占比通道阶跃响应及其动态特性预测　　(b) 预测的动态特性及其对应滤波器伯德图

图 6-18　辅助循环水量比通道 ESC 设计

图 6-18(b)为预测的动态特性，以及针对辅助循环回路水流量比通道设计的带通滤波器和低通滤波器的伯德图。扰动频率设计为 0.0006Hz，扰动幅度设计为 0.01，带通滤波器以及低通滤波器设计为

$$\hat{F}_{\mathrm{BP,WaterRatio}}(s) = \frac{2 \times 0.8 \times 0.004396s}{s^2 + 2 \times 0.8 \times 0.004396s + 0.004396^2} \tag{6-23}$$

$$\hat{F}_{\mathrm{LP,WaterRatio}}(s) = \frac{0.002198^2}{s^2 + 2 \times 0.8 \times 0.002198s + 0.002198^2} \tag{6-24}$$

解调信号相角 $a_{\mathrm{WaterRatio}}$ 要满足：

$$\theta = \angle\hat{F}_{\mathrm{I,WaterRatio}}(\mathrm{j}\omega) + \angle\hat{F}_{\mathrm{BP,WaterRatio}}(\mathrm{j}\omega) + a_{\mathrm{WaterRatio}} = 0° \tag{6-25}$$

依据排气压力通道的动态输入特性和带通滤波器动态特性，相角 $a_{\mathrm{WaterRatio}}$ 确定为 55.44°。

6.3.2　设计工况下的多变量极值搜索控制

图 6-19 为并行式跨临界 CO₂ 热力循环系统在设计工况下，COP 随 CO₂ 排气压力及辅助循环回路水流量比变化的曲面。在该性能曲面中，CO₂ 排气压力从 9MPa 开始以 0.3MPa 为间隔增加到 12MPa，辅助循环回路水流量比从 0.55 开始以 0.03 为间隔增加到 0.82，该曲面由 110 个不同的并行式系统参数点构建而成。随着 CO₂ 排气压力及辅助循环回路水流量比的增加，系统 COP 都呈现先增长后

降低的趋势，存在最优的 CO₂ 排气压力及辅助循环回路水流量比组合使得并行系统 COP 取得最大值。当 CO₂ 排气压力为 10.5MPa 且辅助循环回路水流量比为 0.67 时，系统 COP 取得最大值，在曲面覆盖的所有计算情况中能够将 COP 最大值提升 50.25%。

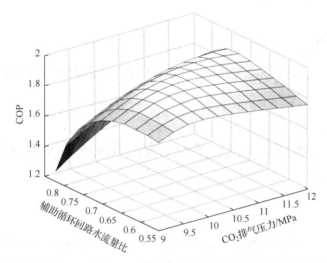

图 6-19　并行式跨临界 CO₂ 系统 COP 随 CO₂ 排气压力与辅助循环回路水流量比的变化

图 6-20 为设计工况下极值搜索控制过程中并行式跨临界 CO₂ 热力循环系统 COP、CO₂ 排气压力及辅助循环回路水流量比在极值搜索控制过程中随时间的变化的曲线。在图 6-19 的性能曲面中测得的稳态最优工况性能及其运行参数在图 6-20 中用虚线标出。极值搜索控制器在 2000s 时开启，CO₂ 排气压力与辅助循环回路水流量比初始值分别为 11MPa 和 0.6，在大约 7000s 后，系统 COP 达到并且稳定在提前测得的系统最优值。系统 COP 提升了 3.2%，CO₂ 排气压力与辅助循环回路水流量比分别收敛到 10.5MPa 和 0.67。

在极值搜索控制过程中，当 CO₂ 排气压力及辅助循环回路水流量比改变时，水路 PI 控制器调节回水流量将出水温度稳定在设定值。如图 6-21 所示，出水温度能够稳定保持在 70℃ 而且偏差小于 0.1℃。在回水温度与出水温度稳定的情况下，并行式系统制热量下降 1.7%。在图 6-21 中的 CO₂ 热力循环系统压缩机功率(简称 "CO₂ 压缩机功率")随时间变化轨迹中，CO₂ 压缩机功率下降 4.75%。综合系统制热量与 CO₂ 压缩机功率的变化，造成了在极值搜索控制过程中并行式系统 COP 的上升。图 6-22 为 CO₂ 排气压力通道和辅助循环回路水流量比通道梯度随时间变化的轨迹在极值搜索控制过程中的变化，两路梯度均收敛到 0，表明在设计工况下，设计的多变量极值搜索控制能够使跨临界并行式 CO₂ 热力循环系统达到并稳定在系统最优运行状态。

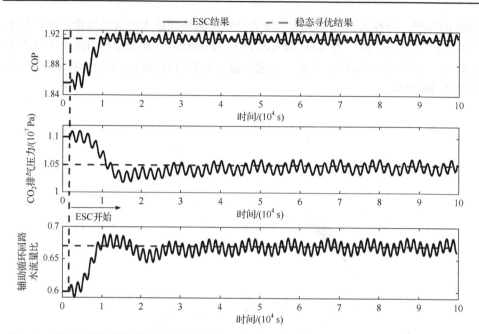

图 6-20　设计工况下极值搜索控制过程中 COP、CO_2 排气压力、辅助循环回路水流量比随时间的变化

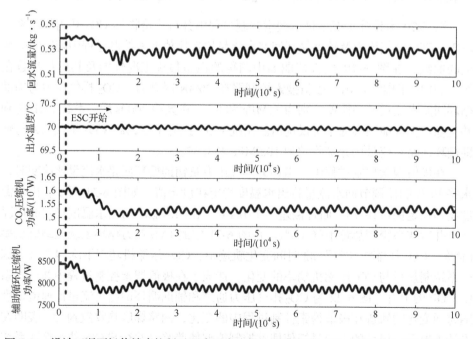

图 6-21　设计工况下极值搜索控制过程中回水流量、出水温度、CO_2 压缩机功率及辅助循环压缩机功率随时间的变化

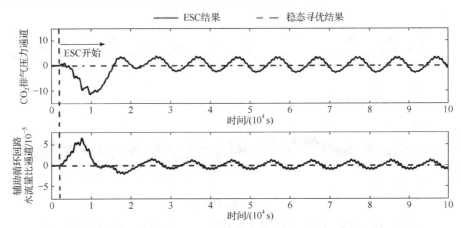

图6-22 设计工况下极值搜索控制过程中 CO_2 排气压力通道、辅助循环回路水流量比通道梯度随时间变化

6.3.3 实际环境温度变化工况下的多变量极值搜索控制

在本小节中，应用多变量极值搜索控制对实际环境温度变化工况下并行式系统进行最优控制。考虑到并行式系统的实际运行地区及设计的供暖工况，实际环境温度采用北京地区的供暖季实际数据，计算时间总长为1000000s(1 月 1 日～1月12日)。图 6-23 为实际环境温度变化工况下极值搜索控制时环境温度、COP、CO_2 排气压力及辅助循环回路水流量比随时间变化曲线。在极值搜索控制运行的过程中，CO_2 排气压力及辅助循环回路水流量比随着环境温度的改变而不断变化，从而使复合系统在变工况下保持最优性能。如图 6-23 所示，极值搜索控制下的 CO_2 排气压力随着环境温度升高而升高，辅助循环回路水流量比随着环境温度升高而降低。

图 6-23 中虚线为常量控制策略运行参数及结果(定值输入结果)，将其与极值搜索控制结果进行对比。在常量控制策略中，运行参数取环境温度为-14℃和2℃

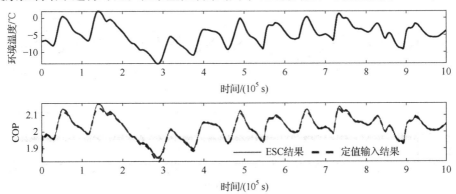

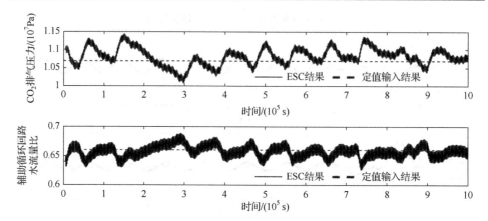

图 6-23　环境温度、COP、CO_2 排气压力及辅助循环回路水流量比随时间变化

时的 CO_2 排气压力及辅助循环回路水流量比最优值的中间值。对比显示，在实际环境温度变化工况下，除了在开始阶段极值搜索控制下的系统 COP 总是大于常量控制策略的 COP。在开始工作阶段，极值搜索控制策略需要一段时间将 CO_2 排气压力及辅助循环回路水流量比从初始值改变到当前工况下的最优值。对比结果表明，多变量极值搜索控制策略在实际环境温度变化工况下能够通过改变 CO_2 排气压力及辅助循环回路水流量比实时优化复合系统 COP。

如图 6-24 中的出水温度及回水流量随时间变化曲线所示，在环境温度变化及受多变量极值搜索控制的系统运行参数改变时，水路 PI 控制器能够通过改变回水流量将出水温度稳定在设定的 70℃，并且偏差小于 0.1℃。在图 6-24 中，回水流量、CO_2 压缩机功率及辅助循环压缩机功率曲线随时间变化的趋势与环境温度曲线呈现相同的趋势。环境温度越高，并行式系统功率增加，制热量变大，系统 COP 升高。

图 6-25 为两变量通道的梯度随时间变化曲线，结果显示在极值搜索控制作用下，虽然环境温度在变化，但是两变量通道的梯度都在 0 附近振荡，表明该多

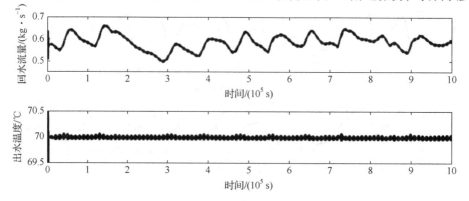

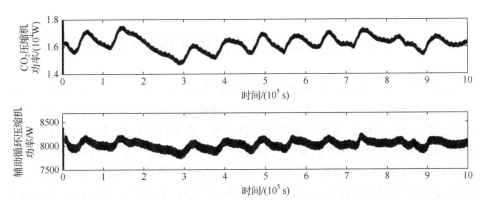

图 6-24　回水流量、出水温度、CO_2 压缩机功率以及辅助循环压缩机功率随时间的变化

变量极值搜索控制使双级压缩跨临界 CO_2 热力循环系统在实际环境温度变化下始终运行在系统最优状态。图 6-26 将极值搜索控制的系统 COP 与系统最优 COP 在环境温度变化下的实验值进行对比，结果显示 ESC 结果与实验最优值高度吻合，有效支撑了多变量极值搜索控制策略的实时优化特性。

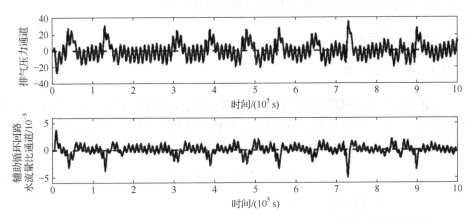

图 6-25　CO_2 排气压力通道、辅助循环回路水流量比通道梯度随时间的变化

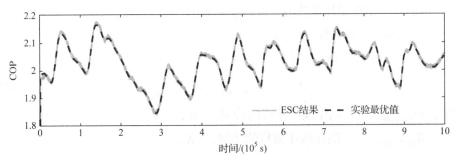

图 6-26　实际环境温度变化工况下极值搜索控制结果与实验最优值对比

6.4　基于连续卡尔曼滤波器的相量预测极值搜索控制算法

在上述经典的基于扰动-解调机制的 ESC 算法中，设计准则[15]中对于扰动信号、高通滤波器和低通滤波器的参数设计指导相对笼统，在实验和仿真过程中需要进行大量试错去根据优化结果调整设计参数。在实际样机中进行参数设计时，由于扰动-解调机制要求的扰动信号变化十分缓慢，这会加剧调参过程的工作难度并且限制极值搜索控制算法的进一步推广。为了改善这一情况，本节介绍基于相量预测极值搜索控制算法的控制优化策略在双级压缩跨临界 CO₂ 热力循环系统的多参数优化中的应用。首先，设计了相量预测极值搜索控制用于排气压力的单变量控制优化，提出了用于参数调试的适用准则，并且对比了基于扰动-解调极值搜索控制的寻优结果。其次，进一步设计了多变量相量预测极值搜索控制，用于中间压力和排气压力的多参数寻优，在设计工况与阶跃工况下分别对其性能进行验证。最后，对比了相量预测极值搜索控制和扰动-解调极值搜索控制这两种多变量极值搜索控制的变工况寻优跟随性及性能表现。

6.4.1　控制逻辑与算法

6.4.1.1　控制方案

本小节中双级压缩跨临界 CO₂ 热力循环系统控制方案如图 6-27 所示，压缩机定速运行，在变环境工况下应用独立的 PI 控制器，通过改变水流量来满足出水温度要求，机组制热量及功率计算如式(6-26)及式(6-27)所示：

$$\dot{Q} = \dot{m}_{w} c_{p} \left(T_{w,out} - T_{w,in} \right) \tag{6-26}$$

式中，$\dot{Q}$ —— 系统制热量，kW；

$\dot{m}_{w}$ —— 水流量，$kg \cdot s^{-1}$；

c_{p} —— 水的定压比热容，$kJ \cdot kg^{-1} \cdot K^{-1}$；

$T_{w,out}$ —— 出水温度，℃；

$T_{w,in}$ —— 进水温度，℃。

$$W_{total} = W_{low\text{-}stage} + W_{high\text{-}stage} \tag{6-27}$$

式中，$W_{low\text{-}stage}$ —— 低压级压缩机的功率，kW；

$W_{high\text{-}stage}$ —— 高压级压缩机的功率，kW。

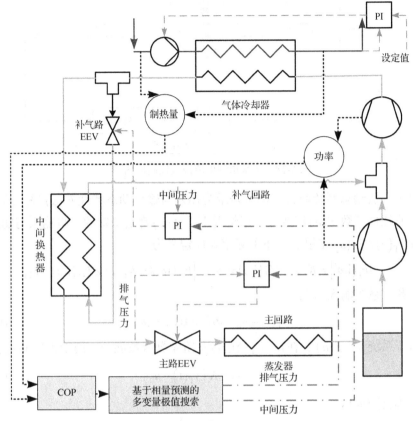

图 6-27　基于多变量相量预测极值搜索控制的双级压缩跨临界 CO_2 热力循环系统

系统 COP 被实时计算并传输到相量预测多变量极值搜索控制器，控制器输出排气压力和中间压力的设定值，以驱动热力循环系统在最佳状态下运行。其中，排气压力与中间压力的调控分别通过两路独立的 PI 控制器，调节主路电子膨胀阀与补气路电子膨胀阀开度实现。COP 计算公式为

$$COP = \frac{\dot{Q}}{P_{total}} \tag{6-28}$$

6.4.1.2　相量预测极值搜索控制算法

如图 6-28 所示，相量预测极值搜索控制与扰动-解调极值搜索控制一样，通过对系统输入 u_0 施加正弦扰动 $a\sin(\omega t)$，扰动后的系统性能信号成为极值搜索控制器的输入信号。不同的是，在相量预测极值搜索控制算法中，对扰动后的信号进行直接解析，通过预测幅值与相角得到系统当前梯度信息，进一步地，将梯度信息积到系统输入 u_0，从而驱使系统达到梯度零点，进而实现性能寻优。

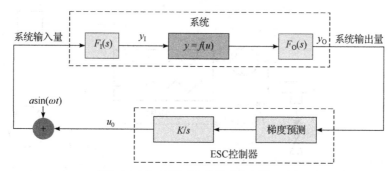

图 6-28　相量预测极值搜索控制框图[14]

对于一般动态系统而言，都可表示为输入与输出动态特性 $F_I(s)/F_O(s)$，以及稳态非线性函数 $f(u)$ 组成，一般情况下，$f(u)$ 都是未知的。将输入与输出动态特性 $F_I(s)/F_O(s)$ 在频率 ω 下的频率响应定义为

$$\left|F_I(i\omega)\right|=K_I，\angle F_I(i\omega)=\varphi_I，\left|F_O(i\omega)\right|=K_O，\angle F_O(i\omega)=\varphi_O$$

由此，系统输入 y_I 为

$$y_I(t)=u_0+aK_I\sin(\omega t+\varphi_I) \tag{6-29}$$

对于系统 $y=f(u)$，在 $u=u_0$ 处进行一阶泰勒级数展开，用于近似 $y(t)$：

$$y(t)\approx f_0+K\left(y_I(t)-u_0\right) \tag{6-30}$$

式中，$f_0=f(u_0)$；

K——$f(u)$ 在 u_0 处的梯度，$K=\dfrac{\partial y(t)}{\partial u(t)}\bigg|_{u_0}$。

将式(6-29)代入式(6-30)，非线性函数 $y(t)$ 输出为

$$y(t)\approx f_0+K\left[u_0+aK_I\sin(\omega t+\varphi_I)-u_0\right]=f_0+aKK_I\sin(\omega t+\varphi_I) \tag{6-31}$$

以此类推，进一步地，系统输出 $y_O(t)$ 为

$$y_O(t)\approx f_0+aK_OKK_I\sin(\omega t+\varphi_I+\varphi_O)=\beta_0+\alpha_1\sin(\omega t)+\beta_1\cos(\omega t) \tag{6-32}$$

式中，$\beta_0=f_0$；

$\alpha_1=aK_OKK_I\cos(\varphi_I+\varphi_O)$；

$\beta_1=aK_OKK_I\sin(\varphi_I+\varphi_O)$。

由此方式，系统输出可以看作是常数部分、正弦部分和余弦部分的组合。当扰动频率 ω 相对较小的条件下，相移 $(\varphi_I+\varphi_O)$ 可以忽略，此时 α_1 与系统梯度 K 成正比，进而可以通过逼近正弦部分的系数 α_1 来获得梯度信息系统当前的梯度信息。通过使正弦部分的系数 α_1 趋近于 0 时，系统能够取得最优性能。

1. 相量预测器

由式 (6-32) 可得，系统输出可以通过求解傅里叶级数 $C(t) = \left[1, \sin(\omega t), \cos(\omega t)\right]$ 的系数来预测。根据 Khaled 等[16]的研究，其系数可以表示为随机游走过程，系统输出由此表示为状态变量 $z = [\beta_0, \alpha_1, \beta_1]^T$ 的线性时变空间状态系统的输出：

$$\begin{cases} \dot{z}(t) = w(t) \\ y_O(t) = C(t)z(t) + v(t) \end{cases} \tag{6-33}$$

式中，过程噪声 $w(t)$ 和测量噪声 $v(t)$ 为协方差 Q 和 r 的高斯白噪声。状态向量 $z = [\beta_0, \alpha_1, \beta_1]^T$ 可以通过应用卡尔曼-布西滤波器来求解，该滤波器包括以下微分方程：

$$\dot{z}(t) = L(t)\left(y_O(t) - C(t)z(t)\right) \tag{6-34}$$

$$\dot{P}(t) = Q(t) - L(t)R(t)L^T(t) \tag{6-35}$$

式中，$L(t)$ 为卡尔曼增益，由式 (6-36) 计算：

$$L(t) = P(t)C^T(t)R^{-1}(t) \tag{6-36}$$

需要指出的是，$R(t)$ 是数值为 r 的标量，Q 是缩放的单位矩阵，$Q = qI$。

2. 多变量的相量预测器

当相量预测器拓展到多变量应用，用于确定系统最优输入 $u_{opt}(t) = \arg\max_{u \in R^m} \cdot f(u, t)$ 时，其扰动的选择应当遵循 Mario 等[15]提出的多变量极值搜索控制设计准则，其中 $\omega_i \neq \omega_j$，并且 $\omega_i + \omega_j \neq \omega_k$，其中 $i, j, k \in [1, m]$。与式 (6-32) 类似，在多变量工况下，系统输出可以估计为

$$y_O(t) \approx \beta_0 + \sum_{j=1}^{m} \alpha_{j,1} \sin(\omega_j t) + \sum_{j=1}^{m} \beta_{j,1} \cos(\omega_j t) \tag{6-37}$$

$$\beta_0 = f(u_0), \quad \alpha_{j,1} \propto K_j \cos(\varphi_{1,j} + \varphi_{O,j}), \quad \beta_{j,1} \propto K_j \sin(\varphi_{1,j} + \varphi_{O,j}), \quad K_j = \left.\frac{\partial y_O}{\partial u_j}\right|_{u_{0,j}}.$$

在相量估计器应用于实时优化中间补气的跨临界 CO_2 热泵热水器的排气压力和中间压力的情况下，傅里叶级数项 $C(t)$ 和卡尔曼-布西滤波器中的状态向量 z 分别变为以下形式：

$$C(t) = \left[1, \sin(\omega_d t), \cos(\omega_d t), \sin(\omega_m t), \cos(\omega_m t)\right] \tag{6-38}$$

$$z = [\beta_0, \alpha_d, \beta_d, \alpha_m, \beta_m]^T \tag{6-39}$$

6.4.2　基于相量预测极值搜索控制的排气压力控制优化

在工况为环境温度-10℃，进水温度/出水温度分别为 45℃/65℃，中间压力设定为 8.5MPa 的条件下，对排气压力进行相量预测极值搜索控制设计，在其参数设计的过程中对相量预测极值搜索控制的设计准则进行总结，并且将其与基于扰动-解调极值搜索控制结果作对比。

6.4.2.1　参数设计

正如 Khaled 等[16]所指出的，过程噪声协方差 q 和测量噪声协方差 r 的选择将影响卡尔曼-布西滤波器的参数收敛。在最优值变化较快的条件下需要较大的 q，而对于非线性较为严重的系统，应选择较大的 r 以确保其一阶近似的有效性。因此，在本小节中，保证滤波器工作波形稳定的情况下选择了尽可能大的 q 和 r，并且最终确定为 $\mathrm{diag}(q) = \left[5 \times 10^{-5}, 1 \times 10^{-5}, 1 \times 10^{-5}\right]$ 及 $r = 1 \times 10^{-3}$。与扰动-解调极值搜索控制算法类似，相量预测极值搜索控制的参数设计过程首先从最重要的确定扰动频率 ω 开始。关于扰动幅度的选择，应当在确保信噪比的前提下，尽可能减小对系统稳态性能的影响，因此将扰动幅度确定为 0.1MPa。

图 6-29 为系统排气压力、滤波后的 COP、梯度信息在扰动频率为 0.001Hz、0.003Hz、0.005Hz 和 0.007Hz 时的轨迹。为了便于比较，排气压力为极值搜索控制中积分器给出的排气压力稳态设定值，COP 为卡尔曼-布西滤波器中的 β_0 项。在图 6-29 中，所有的相量预测极值搜索控制的增益为 30000，在积分器中的初始值设定为 10.5MPa。结果显示，所有梯度预测器都收敛到零，排气压力均收敛到稳定的工作状态。随着扰动频率从 0.001Hz 增加到 0.007Hz，最终排气压力分别稳定在 10.95MPa、11.06MPa、11.15MPa 和 11.24MPa，相应的 COP 分别为 2.029、2.031、2.027 和 2.018。在相量预测极值搜索控制的运行下，最终稳定性能随不同扰动频率改变而发生变化，当扰动频率从 0.001Hz 增加到 0.003Hz 时系统稳态 COP 不断增加，在扰动频率从 0.003Hz 增加到 0.007Hz 时，系统稳态 COP 随之减少。因此，存在一个最优扰动频率 0.003Hz，能够使得相量预测极值搜索控制取得最优的稳态结果，这也可以作为向量极值搜索控制中确定扰动频率的标准。

图 6-30 展示了系统性能随积分增益 k 从 10000 变化到 70000，步长为 20000 时的变化情况。所有相量预测极值搜索控制均以 0.003Hz 的扰动频率和 0.1MPa 的振幅运行，在积分器中的初始值都设定为 10.50MPa。梯度预测器从相同的预测值开始，最终均收敛到 0，但收敛速度不同。所有的排气压力曲线均收敛到 11.06MPa，系统 COP 提升 2.5%。值得注意的是，完成搜索过程所需的时间随

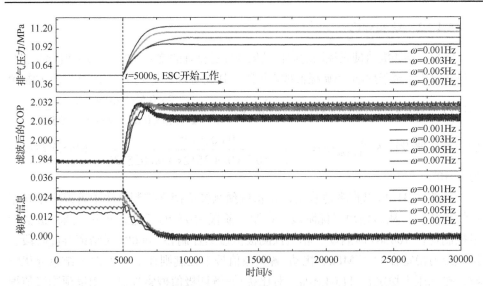

图 6-29　不同扰动频率下相量预测极值搜索控制工作过程中排气压力、滤波后的 COP 及梯度
信息的轨迹(扫描前言二维码查看彩图)

积分增益而变化。当积分增益分别为 10000、30000、50000 和 70000 时，完成搜索过程所需的时间分别为 5120s、1340s、560s 和 290s，这意味着较大的积分增益可以加快收敛速度。在本节中，考虑到系统超调仍保持在可接受范围内，因此选择积分增益为 70000。

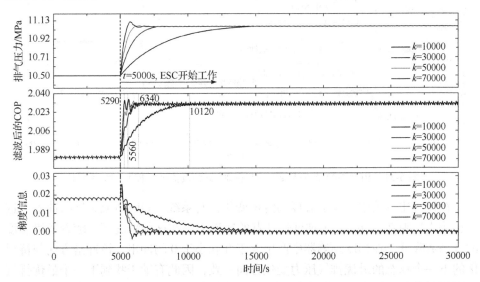

图 6-30　不同积分增益下相量预测极值搜索控制工作过程中排气压力、COP 及梯度的轨迹
(扫描前言二维码查看彩图)

6.4.2.2　结果对比

将相量预测极值搜索控制的运行结果与经过良好的扰动-解调的极值搜索控制结果进行对比。至于扰动-解调极值搜索控制，其扰动频率设计为 $8×10^{-4}$Hz，扰动幅值设计为 0.1MPa，带通滤波器设计为 $\hat{F}_{BP}(s)=\dfrac{2×0.5×0.005024s}{s^2+2×0.5×0.005024s+0.005024^2}$，低通滤波器设计为 $\hat{F}_{LP,Dis}(s)=\dfrac{0.002512^2}{s^2+2×0.7×0.002512s+0.002512^2}$，积分增益设计为 $5×10^8$。

从图 6-31 可以直观地看出，在相量预测极值搜索控制算法中可以应用频率更快的扰动，从而缩短寻优阶段。在第一阶段-10℃的环境温度下，两种极值搜索控制均在 10000s 时启动，相量预测极值搜索控制在 10600s 时结束寻优阶段，排气压力稳定在 11.17MPa。扰动-解调极值搜索控制则在 17810s 时才结束寻优阶段，排气压力稳定在 11.04MPa。对比扰动-解调极值搜索控制，相量预测极值搜索控制能够将寻优阶段缩短 92.32%。

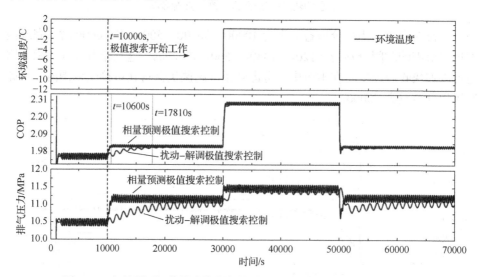

图 6-31　相量预测极值搜索控制与扰动-解调极值搜索控制的结果对比

在该对比算例中，环境温度的阶梯变化会对系统 COP 造成突然的冲击，这种影响也反映在图 6-32 中梯度估计器的轨迹上。在这种情况下，随着环境温度的升高或降低，在梯度预测器中产生大于 0 和小于 0 的冲击，该冲击方向与待寻优的下一个稳态的最优排气压力变化方向一致，因此有助于找到下一个最优排气压力，并缩短排气压力的寻优阶段，因此系统 COP 在两种极值搜索控制器下均能快速收敛达到新的最优值。尽管两种极值搜索控制算法下系统 COP 的变化差异微小，但排气压力和梯度预测曲线可以反映出相量预测极值搜索控制算法的表现更好。当环境温度在 30000s 上升到 0℃并在 50000s 下降到−10℃时，相量预测极值搜索控制的梯度分别在 30870s 和 51240s 时收敛到 0，而扰动-解调极值搜索控制的搜索过程分别在 33980s 和 55730s 时收敛到 0，相量预测极值搜索控制分别将寻优阶段缩短了 78.14%和 78.36%。

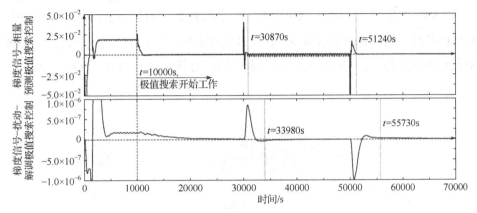

图 6-32　相量预测极值搜索控制与扰动-解调极值搜索控制运行过程中的梯度信息

　　基于实际的调参过程，提出了相量预测极值搜索控制参数设计过程中实用指南，对比结果显示，相量预测极值搜索控制能应用于更快的扰动，从而将寻优阶段缩短 92.32%。除了系统性能的提升外，相量预测极值搜索控制对实际样机的算法推广具有重要意义。由于更加清晰的评判准则标准，降低了调节难度，应用更快扰动能够极大缩短调节时间。

6.4.3　基于多变量相量预测极值搜索控制的多参数优化

　　在设计工况下基于排气压力通道的单变量相量预测极值搜索控制，开展了多变量相量预测极值搜索控制参数设计，该设计的主要目标是通过同时调节排气压力和中间压力来优化系统性能。中间压力通道的扰动设计为 $1\times10^5\sin(2\pi\times0.004\times t)$，确保相量预测极值搜索控制在扰动矢量 $S(t)=\left[a_{\mathrm{d}}\sin(\omega_{\mathrm{d}}t),a_{\mathrm{m}}\sin(\omega_{\mathrm{m}}t)\right]^{\mathrm{T}}$ 下取得最优系统稳态性能。积分增益矢量 k 确定为 $\left[k_{\mathrm{d}},k_{\mathrm{m}}\right]^{\mathrm{T}}=\left[40000,30000\right]^{\mathrm{T}}$，以确保排气压力和中间压力能够用尽快收敛到最佳值，同时保证超调在可接受的范围。在卡尔曼-布西滤波器中，过程噪声协方差矩阵 q 和测量噪声协方差 r，分别确定为 $\mathrm{diag}(q)=\left[5\times10^{-5},1\times10^{-5},1\times10^{-5},1\times10^{-6},1\times10^{-6}\right]$ 及 $r=1\times10^{-3}$。在设计工况下，对多变量极值搜索控制的运行性能进行评估。

6.4.3.1　设计工况下的多变量相量预测极值搜索控制

1. 稳态性能寻优

固定环境温度为 –10℃、进水温度/出水温度为 45℃/65℃，对系统 COP 随排气压力和中间压力变化的稳态性能图进行预校准，以评估多变量相量预测极值搜索控制的寻优结果。如图 6-33 所示，排气压力从 10.5MPa 变化到 12MPa，中间压力从 8MPa 变化到 9.5MPa，COP 呈现为一个凸表面，反映出随着排气压力和中间压力的升高，COP 先增加后减少。存在最优的输入矢量 $u_{opt}(t)=\left[p_d(t),p_m(t) \right]^T$ 能够使得系统取得最优 COP，排气压力和中间压力分别为 11.2MPa 和 8.6MPa。

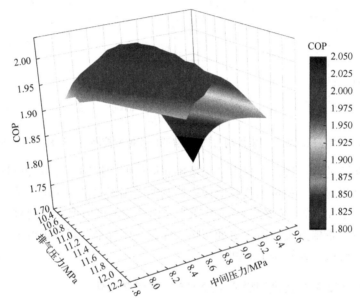

图 6-33　设计工况下 COP 随排气压力和中间压力的变化(扫描前言二维码查看彩图)

2. 设计工况下多变量相量预测极值搜索控制寻优结果

图 6-34 展示了在设计工况下，多变量相量预测极值搜索控制的运行轨迹，排气压力和中间压力初始值分别为 10.5MPa 和 8MPa。在 2000s 时，相量预测极值搜索控制开始工作，然后排气压力和中间压力都开始上升。在图 6-34 中，图 6-33 测得的稳态最优工况用虚线标出。该寻优阶段持续约 1660s，在此之后，系统 COP 达到稳态最优值并在此收敛振荡。排气压力和中间压力稳定在 11.1MPa 和 8.6MPa，COP 对比初始运行状态性能提升了 5.56%，与稳态最优值几乎相同。与崔策[13]进行的扰动-解调极值搜索控制的结果对比，在相似条件下，寻优阶段缩短了 76.28%。

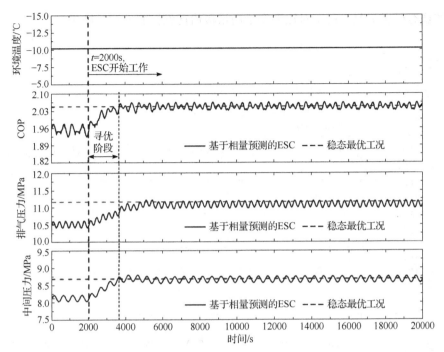

图 6-34　设计工况下 COP、排气压力和中间压力在多变量相量预测极值搜索控制的运行轨迹

在多变量相量预测极值搜索控制的运行过程，主路电子膨胀阀和辅助电子膨胀阀由两个 PID 控制器控制，以执行极值搜索控制器给出的压力设定值。图 6-35展示了包括主路电子膨胀阀开度、补气路电子膨胀阀开度、水流量、功率和制热量在内的运行轨迹。随着排气压力和中间压力的增加，系统 COP 提升 5.6%。

图 6-36 中的梯度信息是极值搜索控制器的关键，通过合适的增益进行积分，进而能够驱动排气压力和中间压力改变，以获得更高的 COP。在初始阶段，排气压力通道和中间压力通道的梯度预测器分别稳定在 0.011 和 0.019，因此当极值搜索控制开始工作后，排气压力和中间压力不断上升。当排气压力和中间压力接近最优运行条件时，两个梯度预测器都减小并接近 0。随着梯度预测器在0 附近振荡，标志着系统在 COP 的凸曲线上达到最高点，排气压力和中间压力稳定在最优运行状况。

6.4.3.2　阶跃变化工况下的多变量相量预测极值搜索控制寻优结果

将环境温度从-10℃变为 0℃再变为-10℃，以探究在工况条件发生变化时多变量相量预测极值搜索控制的运行方式，并验证不同变化方向下同一工况运行结果的可重复性。在-10℃和 0℃两个环境温度下，改变排气压力和中间压力，并凭借此种方式提前测绘了系统 COP 的性能曲面，在图 6-37 中用虚线表示寻优得到的稳态最优工况, 用于对比多变量向量极值搜索控制的运行结果。

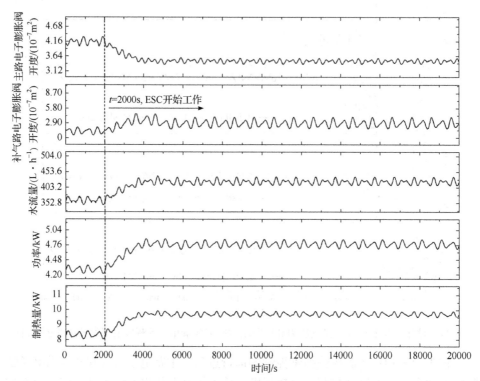

图 6-35　设计工况下主路电子膨胀阀开度、补气路电子膨胀阀开度、水流量、功率、制热量
在多变量相量预测极值搜索控制下的运行轨迹

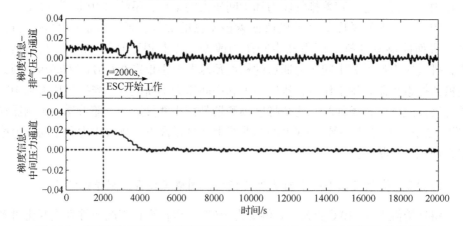

图 6-36　多变量相量预测极值搜索控制下排气压力和中间压力通道的梯度信息

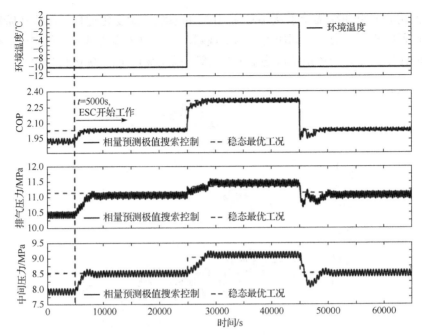

图 6-37　环境温度阶跃工况下 COP、排气压力和中间压力在多变量相量预测极值搜索控制下的轨迹

随着环境温度在 25000s 从-10℃增加到 0℃，由于热源温度升高，系统 COP 也会增加。环境温度变为 0℃时，排气压力和中间压力在多变量相量预测极值搜索控制的驱动下随之升高，直到系统 COP 达到稳态最优值并在其附近振荡。排气压力和中间压力分别在稳态的最优值下重新稳定。当环境温度在 45000s 从 0℃降低到-10℃时，COP 突然降低对梯度预测器中的梯度信息造成冲击，从而使排气压力和中间压力迅速下降，并且出现超调。在多变量相量预测极值搜索控制的连续调控下，排气压力和中间压力也从超调状态返回并稳定在稳态最优值。

在环境温度阶梯变化情况下，将多变量相量预测极值搜索控制下的 COP 轨迹绘制在 COP(P_{Dis}, P_{Med}) 的空间坐标系中，同时绘制了在-10℃和 0℃两个环境温度下的稳态 COP 曲面。如图 6-38 所示，四面体符号、球体符号和光滑曲线分别表示在-10℃(t 从 0~25000s)、从-10℃到 0℃(t 从 25000~45000s)和从 0℃到-10℃(t 从 45000~65000s)下的 COP 轨迹。与图 6-37 相对应，四面体符号曲线起始在(10.5MPa、8.0MPa、1.926)并在此振荡；在多变量相量预测极值搜索控制开始工作后，系统 COP 沿着环境温度为-10℃的凸曲面爬升至最高点(11.2MPa、8.6MPa)并在其附近稳定。由于在 25000s 时环境温度发生阶跃变化，球体符号曲线 COP 轨迹从-10℃下的凸曲面过渡到 0℃下的凸曲面，并沿着 0℃下的稳态性能曲面继续上升，直至到达曲面顶部(11.5MPa、9.2MPa)，然后在最优运行参数附近振荡。光滑曲线描绘了从 0℃到-10℃的系统性能变化过程，尽管在阶段的调试过程中排气压力与中间压力，均出现超调，但由于多变量相量预测极值搜索控制的作用，热力循环系统最终稳定在与第一阶段相同的最优运行参数。

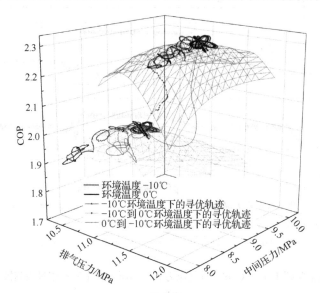

图 6-38　阶跃工况下 COP 在多变量相量预测极值搜索控制下的寻优轨迹

6.4.4　连续变化环境温度工况下的多变量相量预测极值搜索控制

考虑到中间补气跨临界 CO₂ 热泵的实际运行场景，在连续变化的环境温度工况下对多变量相量预测极值搜索控制的运行效果展开研究。

6.4.4.1　与定值控制策略的对比

将多变量相量预测极值搜索控制运行在一个持续 500000s 的实际环境温度变化工况，环境温度的范围为-10~4℃。在 10000s 时多变量相量预测极值搜索控制开始工作，排气压力和中间压力初始值分别为 10.5MPa 和 9.0MPa。如图 6-39 所示，此时的梯度信息在排气压力通道中大于零，在中间压力通道中小于 0。因此，在多变量相量预测极值搜索控制开始工作后，排气压力升高，吸气压力降低，系统 COP 得到提升。环境温度发生变化，测得的系统 COP 随之变化，在多变量相量预测极值搜索控制的算法机制下，排气压力和中间压力在实时预测的梯度信息的控制下自动调节；尽管环境温度发生变化，梯度预测器中的梯度信息始终都会稳定在零附近，表明中间补气的跨临界 CO₂ 热泵热水器始终在最优参数下运行。

在图 6-40 中，在多变量相量预测极值搜索控制下，排气压力和中间压力随

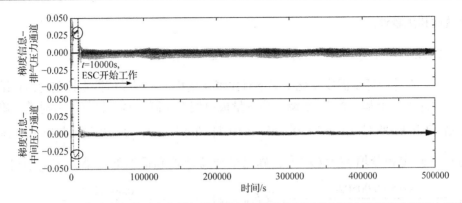

图 6-39　连续环境温度变化时多变量相量预测极值搜索控制下排气压力通道和中间压力通道的梯度信息

着环境温度的升高而升高，随着环境温度的降低而降低。在该环境温度范围中，最优运行的排气压力范围为 10.9～11.5MPa，中间压力范围为 8.4～9.4MPa。基于该结果，制订一种基于其上限和下限平均值的恒定策略(排气压力和中间压力分别固定在 11.2MPa 和 8.9MPa)，并基于其结果与多变量相量预测极值搜索控制进行对比。结果显示，多变量相量预测极值搜索控制的 COP 始终高于常量控制策略下的 COP；常量控制策略的运行参数与多变量相量预测极值搜索控制结果相差越远，COP 的偏差就越大，这证明了多变量相量预测极值搜索控制算法的

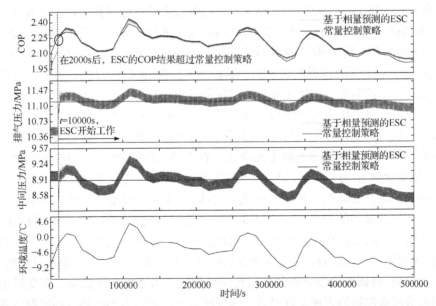

图 6-40　连续环境温度变化时 COP、排气压力和中间压力在多变量相量预测极值搜索控制的轨迹

有效性和优越性。

6.4.4.2　与扰动-解调机制的多变量极值搜索控制的运行结果对比

为了在连续环境温度变化工况下对比多变量相量预测极值搜索控制的运行结果，设计了一个基于扰动-解调的多变量极值搜索控制。对于排气压力通道，确定扰动和解调信号为 $1\times10^5\sin\left[\left(8\times10^{-4}\right)\times2\pi t\right]$ 以及 $\left(2\times10^{-5}\right)\sin\left[\left(8\times10^{-4}\right)\times 2\pi t\right]$，确定积分增益为 6×10^8，确定带通滤波器和低通滤波器为 $\hat{F}_{BP,Dis}(s)=$ $\dfrac{2\times0.5\times0.005024s}{s^2+2\times0.5\times0.005024s+0.005024^2}$ 及 $\hat{F}_{LP,Dis}(s)=\dfrac{0.002512^2}{s^2+2\times0.7\times0.002512s+0.002512^2}$；对于中间压力通道，确定扰动和解调信号为 $1\times10^5\sin\left[\left(6\times10^{-4}\right)\times2\pi t\right]$ 及 $\left(2\times10^{-5}\right)\sin\left[\left(6\times10^{-4}\right)\times2\pi t\right]$，确定积分增益为 4×10^8，带通滤波器和低通滤波器确定为 $\hat{F}_{BP,Med}(s)=\dfrac{2\times0.5\times0.003768s}{s^2+2\times0.5\times0.003768s+0.003768^2}$ 及 $\hat{F}_{LP,Med}(s)=$ $\dfrac{0.001884^2}{s^2+2\times0.7\times0.001884s+0.001884^2}$。

如图 6-41 所示，在 200000s 的环境温度连续变化工况下，相量预测极值搜索控制和扰动-解调极值搜索控制都在 10000s 时开始，排气压力与中间压力的初始值分别为 10.5MPa 与 9.0MPa。结果显示两种极值搜索控制算法均表现良好，且从 COP 曲线的差异较小。将系统 COP 沿时间轴进行积分，相量预测极值搜索控制的系统 COP 比扰动-解调极值搜索控制高 0.08%。然而，在排气压力和中间压力的运行结果中可以直观地观察到，随着环境温度的变化，扰动-解调极值搜索控制运行结果的响应总是晚于相量预测极值搜索控制。

在对最优排气压力与中间压力随环境温度变化进行定性分析时，最优排气压力和中间压力的变化方向应与环境温度的变化方向一致，均随着环境温度的升高而升高，并随着环境温度的降低而降低。在扰动-解调多变量极值搜索控制的排气压力和中间压力运行结果中，可以观察到明显的反趋势。区域 I 持续10800s，环境温度降低，然而，在扰动-解调多变量极值搜索控制的结果中，排气压力却呈现增加的趋势；在区域 II 中也可以观察到类似的结果，说明扰动-解调极值搜索控制无法在环境温度拐点附近跟随环境温度的变化，这本质上是因为扰动-解调极值搜索控制算法要求更慢的扰动，其在部分工况下不能及时跟随。

与扰动-解调极值搜索控制的运行结果相比，由于更快的扰动，多变量相量预测极值搜索控制的表现要好得多。排气压力和中间压力的趋势与环境温度的趋势匹配良好，在环境温度趋势发生变化时，排气压力和中间压力曲线中可以找到

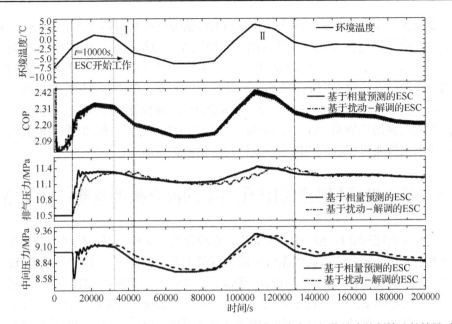

图 6-41 连续环境温度变化时基于相量预测与扰动-解调的多变量极值搜索控制算法的结果对比

明显的对应转折点，这表明相量预测极值搜索控制具有出色的环境温度工况跟随性。如图 6-42 所示，在另一个 200000s 连续变化环境温度的工况下，环境温度变

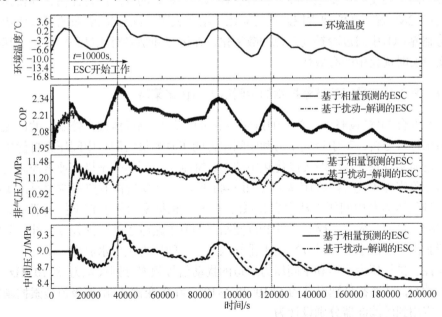

图 6-42 3倍环境温度变化速度下相量预测与扰动-解调的多变量极值搜索控制算法的结果
对比

化速度加快了 3 倍，在此工况下，相量预测极值搜索控制跟随特性的优越性更加明显，图中结果包括多变量相量预测极值搜索控制和扰动-解调极值搜索控制下系统排气压力、中间压力和 COP 的曲线。如图 6-42 所示，扰动-解调极值搜索控制中扰动缓慢的缺点完全暴露出来，排气压力的变化只能在总体趋势跟随变化的环境温度。沿时间轴将 COP 积分，相量预测极值搜索控制的性能比扰动-解调极值搜索控制的性能高 0.19%，表明在变化更快的工况下，扰动-解调极值搜索控制的系统性能与相量预测极值搜索控制的偏差会增加。

6.5　基于极值搜索控制优化结果的混合模型预测控制策略

随着综合能源管理系统的不断集成，系统建模在某些情况下仍然不可避免，扰动的引入在稳定性要求高的系统中需要审慎考虑。因此，本节在对多变量极值搜索控制的优化运行结果进行分析的基础上，提出了一种混合 MPC 策略的解决方案。在跨临界 CO_2 中间过冷补气系统中，基于极值搜索控制的寻优结果开发了一种中间压力自优化策略。在此基础上，对新系统(整合内优化策略)进行动态系统识别，应用模型预测控制策略在变工况下对主路电子膨胀阀开度及水流量进行决策，从而实现系统性能优化及出水温度保持。在稳态工况、连续环境温度变化工况和出水温度阶梯变化工况下，对混合 MPC 策略的效果进行评估，并将其与多变量扰动-解调极值搜索控制进行对比。结果表明，混合 MPC 策略可以成功实现跨临界 CO_2 中间过冷补气系统的数字化，在运行和结果对比过程中展示了其在多变量实时优化中的有效性。

6.5.1　基于多变量极值搜索控制的中间压力内优化策略

在混合 MPC 策略中，首先通过对多变量扰动-解调极值搜索控制下的最优运行结果进行分析，基于排气压力和中间压力的实时测量值制订中间压力自优化策略，进而实现系统在实时控制优化中的参数降维。应用多变量极值搜索控制的双级压缩跨临界 CO_2 热力循环系统如图 6-43 所示，多变量极值搜索控制通过实时改变排气压力及中间压力从而提高系统 COP。根据来自极值搜索控制器及提前设定的给定值，应用三路独立的 PID 控制器调节主路电子膨胀阀开度、补气路电子膨胀阀开度及水泵流量分别用于排气压力、中间压力及出水温度的调控。排气压力通道和中间压力通道的扰动信号频率分别设定为 8×10^{-4}Hz 及 6×10^{-4}Hz，其增益分别设计为 6×10^8 和 4×10^8，在多变扰动-解调极值搜索控制器中，应用到的滤波器分别设计为

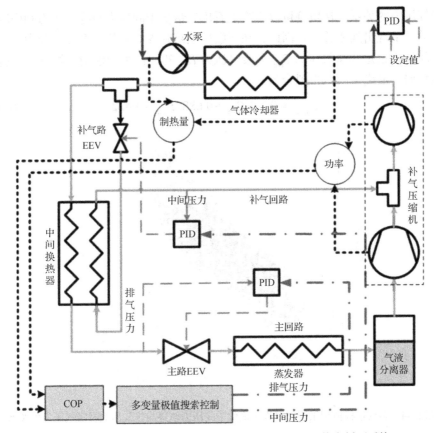

图 6-43　多变量极值搜索控制的双级压缩跨临界 CO₂ 热力循环系统

$$\hat{F}_{\mathrm{BP,Dis}}(s)=\frac{2\times0.5\times0.005024s}{s^2+2\times0.5\times0.005024s+0.005024^2} \tag{6-40}$$

$$\hat{F}_{\mathrm{LP,Dis}}(s)=\frac{0.002512^2}{s^2+2\times0.7\times0.002512s+0.002512^2} \tag{6-41}$$

$$\hat{F}_{\mathrm{BP,Med}}(s)=\frac{2\times0.5\times0.003768s}{s^2+2\times0.5\times0.003768s+0.003768^2} \tag{6-42}$$

$$\hat{F}_{\mathrm{LP,Med}}(s)=\frac{0.001884^2}{s^2+2\times0.7\times0.001884s+0.001884^2} \tag{6-43}$$

　　将出水温度设定为 65℃，然后将多变量极值搜索控制的双级压缩跨临界 CO₂ 热力循环系统运行在连续变化的真实环境温度工况，以最优 COP 为目标对排气压力和中间压力进行调控，并且对一段 500000s 的运行结果进行分析。

　　图 6-44 为多变量极值搜索控制工作过程中，最优中间压力轨迹与排气压力

和吸气压力的关系。从轨迹可以直观地看出，最优中间压力与排气压力和中间压力的关系呈现出强相关性。因此，在双级压缩跨临界 CO_2 热力循环系统中，将最优中间压力设定为排气压力 P_{Dis} 和吸气压力 P_{Suc} 的线性组合模型。根据其运行轨迹的数据，最优中间压力拟合为

$$P_{Med,opt} = 0.329P_{Dis} + 0.6883P_{Suc} + 3.422 \tag{6-44}$$

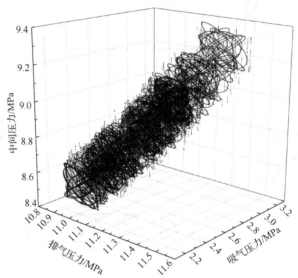

图 6-44　多变量极值搜索控制过程中最优中间压力轨迹与排气压力及吸气压力的关系

基于实时测量的排气压力与吸气压力，应用一个独立的 PID 控制器用于调节补气路电子膨胀阀，从而执行中间压力自优化策略。

6.5.2　MPC 算法设计

考虑到双级压缩跨临界 CO_2 热力循环系统中部件及制冷剂物性的强非线性，基于实际物理规则的建模方式不再适用。受 Stevens 等[17]对于非线性系统动态识别相关研究的启发，本小节选定能够表征双级压缩跨临界 CO_2 热力循环系统性能与控制需求的变量进行采样，基于采样数据确定核函数的系数矩阵，从而建立系统的控制方程。

6.5.2.1　非线性系统识别

将 x、u、d 及 y 分别定义为双级压缩跨临界 CO_2 热力循环系统的状态参数、输入、扰动及输出量，则系统的动态过程能够由离散的线性状态空间模型表示为

$$x(i) = f\big(x(i-1), u(i-1), d(i-1)\big) \tag{6-45}$$

$$y(i) = h(x(i), u(i), d(i)) \tag{6-46}$$

具体而言，在双级压缩跨临界 CO_2 热力循环系统中，定义系统状态为 $x(i) = \begin{bmatrix} T_{wo}(i) & P_d(i) \end{bmatrix}^T$，定义系统输入参数为 $u(i) = \begin{bmatrix} m_w(i) & A_m(i) \end{bmatrix}^T$，定义系统扰动为 $d(i) = \begin{bmatrix} T_a(i) \end{bmatrix}^T$，定义系统输出为 $y(i) = \begin{bmatrix} P(i) & Q(i) & COP(i) \end{bmatrix}^T$。其中，函数关系 $f(\cdot)$ 与 $y(\cdot)$ 的具体形式未知，需要从数据中进行学习得到。

具体的学习过程主要包括核函数、系统状态方程和系统输出在核函数空间中的对应系数矩阵确定：

$$x(i) = \beta_1^T \theta_1(x(i-1), u(i-1), d(i-1)) \tag{6-47}$$

$$y(i) = \beta_2^T \theta_2(x(i), u(i), d(i)) \tag{6-48}$$

式中，θ_1 与 θ_2 —— 对应核函数形式构成的多维函数空间；

β_1 与 β_2 —— 需要从全部训练数据中学习获得的系数矩阵。

通过对动态仿真模型的输入参数 u 及系统扰动 d 在恒定采样周期和预设范围的随机噪声下进行改变，进而得到一系列的系统数据。将采集到的所有数据沿时间轴排布为

$$X^T = \begin{bmatrix} x(1) \\ x(2) \end{bmatrix} = \begin{bmatrix} T_{wo}(1) & T_{wo}(2) & \cdots & T_{wo}(M) \\ P_d(1) & P_d(2) & \cdots & P_d(M) \end{bmatrix} \tag{6-49}$$

$$U^T = \begin{bmatrix} u(1) \\ u(2) \end{bmatrix} = \begin{bmatrix} m_w(1) & m_w(2) & \cdots & m_w(M) \\ A_m(1) & A_m(2) & \cdots & A_m(M) \end{bmatrix} \tag{6-50}$$

$$D^T = \begin{bmatrix} d(1) \end{bmatrix} = \begin{bmatrix} T_a(1) & T_a(2) & \cdots & T_a(M) \end{bmatrix} \tag{6-51}$$

$$Y^T = \begin{bmatrix} y(1) \\ y(2) \\ y(3) \end{bmatrix} = \begin{bmatrix} Q(1) & Q(2) & \cdots & Q(M) \\ W(1) & W(2) & \cdots & W(M) \\ COP(1) & COP(2) & \cdots & COP(M) \end{bmatrix} \tag{6-52}$$

依据方程(6-47)和方程(6-48)的形式，将整个数据集重新排列，从而在大量的数据中对系数矩阵进行学习并验证其效果：

$$X_2^M = \beta_1^T \theta_1(X_1^{M-1}, U_1^{M-1}, D_1^{M-1}) \tag{6-53}$$

$$Y_2^M = \beta_2^T \theta_2(X_2^M, U_2^M, D_2^M) \tag{6-54}$$

式中，X_1^{M-1}、U_1^{M-1} 及 D_1^{M-1} —— 第 1～M-1 列的数据向量集；

X_2^M、U_2^M 及 D_2^M —— 第 2～M 列的数据向量集。

由此，非线性系统的动态识别转化为基于核函数的线性回归问题。将损失函

数确定为平方损失函数：

$$\underset{\hat{\beta}_1,\hat{\beta}_2}{\text{minimize}}\, l\left(\hat{\beta}\right) = (Y - \hat{Y})^2 \tag{6-55}$$

回归系数因此得以确定。

应用一阶核函数预测系统状态，应用三阶核函数描述系统输出，包括制热量、功率及 COP，最终确定用于预测系统动态的数据驱动模型为

$$\begin{bmatrix} T_{\text{wo},i+1} \\ P_{\text{d},i+1} \end{bmatrix} = \beta_{1,0}^{\text{T}} + \beta_{1,1}^{\text{T}} T_{\text{wo},i} + \beta_{1,2}^{\text{T}} P_{\text{d},i} + \beta_{1,3}^{\text{T}} \dot{m}_{\text{w},i} + \beta_{1,4}^{\text{T}} A_{\text{m},i} + \beta_{1,5}^{\text{T}} T_{\text{a},i} \tag{6-56}$$

$$\begin{bmatrix} Q_i \\ W_i \\ \text{COP}_i \end{bmatrix} = \beta_{2,0}^{\text{T}} + \beta_{2,1}^{\text{T}} \begin{bmatrix} T_{\text{a},i} \\ \dot{m}_{\text{w},i} \\ A_{\text{m},i} \\ T_{\text{wo},i} \\ P_{\text{d},i} \\ 1 \end{bmatrix} T_{\text{a},i}^2 + \beta_{2,2}^{\text{T}} \begin{bmatrix} \dot{m}_{\text{w},i} \\ A_{\text{m},i} \\ T_{\text{wo},i} \\ P_{\text{d},i} \\ 1 \end{bmatrix} T_{\text{a},i}\dot{m}_{\text{w},i} + \beta_{2,3}^{\text{T}} \begin{bmatrix} A_{\text{m},i} \\ T_{\text{wo},i} \\ P_{\text{d},i} \\ 1 \end{bmatrix} T_{\text{a},i} A_{\text{m},i}$$

$$+ \beta_{2,4}^{\text{T}} \begin{bmatrix} T_{\text{wo},i} \\ P_{\text{d},i} \\ 1 \end{bmatrix} T_{\text{a},i} T_{\text{wo},i} + \beta_{2,5}^{\text{T}} \begin{bmatrix} P_{\text{d},i} \\ 1 \end{bmatrix} T_{\text{a},i} P_{\text{d},i} + \beta_{2,6}^{\text{T}} T_{\text{a},i} + \beta_{2,7}^{\text{T}} \begin{bmatrix} \dot{m}_{\text{w},i} \\ A_{\text{m},i} \\ T_{\text{wo},i} \\ P_{\text{d},i} \\ 1 \end{bmatrix} \dot{m}_{\text{w},i}^2$$

$$+ \beta_{2,8}^{\text{T}} \begin{bmatrix} A_{\text{m},i} \\ T_{\text{wo},i} \\ P_{\text{d},i} \\ 1 \end{bmatrix} \dot{m}_{\text{w},i} A_{\text{m},i} + \beta_{2,9}^{\text{T}} \begin{bmatrix} T_{\text{wo},i} \\ P_{\text{d},i} \\ 1 \end{bmatrix} \dot{m}_{\text{w},i} T_{\text{wo},i} + \beta_{2,10}^{\text{T}} \begin{bmatrix} P_{\text{d},i} \\ 1 \end{bmatrix} \dot{m}_{\text{w},i} P_{\text{d},i} + \beta_{2,11}^{\text{T}} \dot{m}_{\text{w},i}$$

$$+ \beta_{2,12}^{\text{T}} \begin{bmatrix} A_{\text{m},i} \\ T_{\text{wo},i} \\ P_{\text{d},i} \\ 1 \end{bmatrix} A_{\text{m},i}^2 + \beta_{2,13}^{\text{T}} \begin{bmatrix} T_{\text{wo},i} \\ P_{\text{d},i} \\ 1 \end{bmatrix} A_{\text{m},i} T_{\text{wo},i} + \beta_{2,14}^{\text{T}} \begin{bmatrix} P_{\text{d},i} \\ 1 \end{bmatrix} A_{\text{m},i} P_{\text{d},i} + \beta_{2,15}^{\text{T}} A_{\text{m},i}$$

$$+ \beta_{2,16}^{\text{T}} \begin{bmatrix} T_{\text{wo},i} \\ P_{\text{d},i} \\ 1 \end{bmatrix} T_{\text{wo},i}^2 + \beta_{2,17}^{\text{T}} \begin{bmatrix} P_{\text{d},i} \\ 1 \end{bmatrix} T_{\text{wo},i} P_{\text{d},i} + \beta_{2,18}^{\text{T}} T_{\text{wo},i} + \beta_{2,19}^{T} \begin{bmatrix} P_{\text{d},i} \\ 1 \end{bmatrix} P_{\text{d},i}^2 + \beta_{2,20}^{\text{T}} P_{\text{d},i}$$

$$\tag{6-57}$$

应用一组全新的系统输入和扰动，用于对比数据驱动模型的结果和实际物理模型的结果。如图 6-45 所示，实线为实际物理模型的运行结果，虚线为线性回归得到的数据驱动模型的结果。对比结果显示，该数据驱动模型能够捕捉双级压

缩跨临界 CO_2 热力循环系统的动态特性。

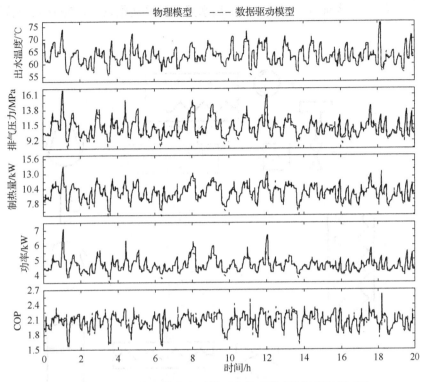

图 6-45　面向控制的数据驱动模型和物理模型的运行结果对比

6.5.2.2　MPC 框架设计

图 6-46 为基于混合模型预测控制策略的双级压缩跨临界 CO_2 热力循环系统。基于实时测量的排气压力与吸气压力给出当前的最优排气压力，应用一个独立的 PI 控制器调节补气路电子膨胀阀来执行中间压力自优化策略。水路质量流量 $\dot{m}_w$ 及主路电子膨胀阀开度 A_m 为建立的数据驱动模型的输入参数，由模型预测控制策略提供。模型预测控制策略主要用于求解 $u = \underset{u}{\text{argmin}}\, J(x,u,d)$ ，其中 $u = \begin{bmatrix} \dot{m}_w & A_m \end{bmatrix}^T$ 为系统模型的输入，由模型预测控制策略根据当前系统扰动下最小化目标函数求解得到。在本小节中，目标函数设计为最优化系统 COP 的同时保证出水温度：

$$J = a\sum_{k=1}^{N}\left| T_{\text{wo}}\left(j+k|j\right) - T_{\text{wo,ref}}\left(k+j\right) \right| + b\sum_{k=1}^{N}\left[-\text{COP}\left(j+k|j\right) \right] \tag{6-58}$$

式中，N—— 从第 j 步开始的预测范围；

$j+k|j$ —— j 时刻预测的系统在第 $j+k$ 时刻的状态；

a，b —— 表征目标函数中保证出水温度及最优化系统 COP 这两个目标的权重。

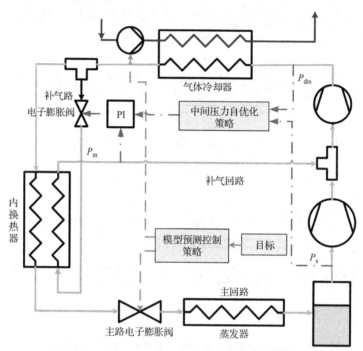

图 6-46　基于混合模型预测控制策略的双级压缩跨临界 CO_2 热力循环系统

在本模型预测控制问题中，系统状态参数为 $x=\left[T_{wo}\ P_d\right]^T$，即系统出水温度及排气压力；输出参数为 $y=\left[P\ \ Q\ \ COP\right]^T$，即系统功率、制热量及 COP；系统状态参数及输出参数分别由式(6-56)及式(6-57)中的数据驱动模型计算。此外，系统状态参数 $x(k)$、输入参数 $u(k)$ 及输入参数变化幅度 $\Delta u(k)$ 受预设的最大值和最小值限制，其约束条件如下：

$$x(k+1)=f\big(x(k),u(k),d(k)\big) \tag{6-59}$$

$$y(k)=h\big(x(k),u(k),d(k)\big) \tag{6-60}$$

$$x(k)\in\left[x_{min},x_{max}\right] \tag{6-61}$$

$$u(k)\in\left[u_{min},u_{max}\right] \tag{6-62}$$

$$\Delta u(k)\in\left[\Delta u_{min},\Delta u_{max}\right] \tag{6-63}$$

任意步数 j，在约束条件的限制下求解基于目标函数的最优化问题，从而获得预测范围内的系统输入参数 $u_j^* = \left\{ u_{j+1|j}^*, \cdots, u_{j+N|j}^* \right\}$，其中预测的第一步输入参数 $u_{j+1|j}^* = \left[m_{w,j+1} \quad A_{m,j+1} \right]^T$ 用于作为下一时刻双级压缩跨临界 CO₂ 热力循环系统的运行参数。在步数 $j+1$，重复此优化过程，使得模型预测控制策略能够连续求解产生系统的运行参数。在本章中，将模型控制策略的步长定义为180s，预测范围 N 设计为5。

6.5.3 设计工况下的 MPC 策略

如图 6-33 所示，COP 随排气压力和中间压力的变化呈现凸面的形式。在图 6-33 中的运行参数范围中，系统 COP 随排气压力和中间压力的变化都呈现先增加后减小的趋势。在排气压力为 11.2MPa，中间压力为 8.6MPa 时，系统获得最优 COP 为 2.0321，在被测参数的范围中实现了最大 17.23% 的 COP 提升。

图 6-47 为稳态工况下，主路电子膨胀阀开度、补气路电子膨胀阀开度及水路质量流量轨迹在混合模型预测控制策略下随时间变化的轨迹。此外，在图 6-33 测得的该工况下双级压缩跨临界 CO₂ 热力循环系统稳态最优工况的参数也在图 6-47 和图 6-48 中用虚线标出。混合模型预测控制策略在 5000s 时开启，主路电子膨胀阀开度及水路质量流量在混合模型预测控制策略的目标函数驱动下开始工作。图 6-48 中，混合 MPC 策略控制下的系统性能与图 6-33 中提前测绘得到的系统最优性能保持一致。

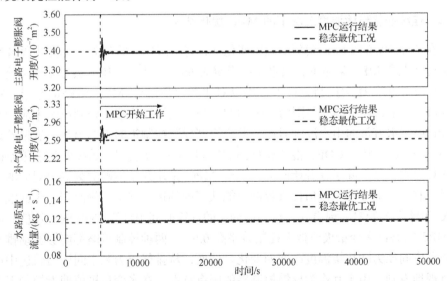

图 6-47　稳态工况下主路电子膨胀阀开度、补气路电子膨胀阀开度及水路质量流量在混合 MPC 策略控制下的轨迹

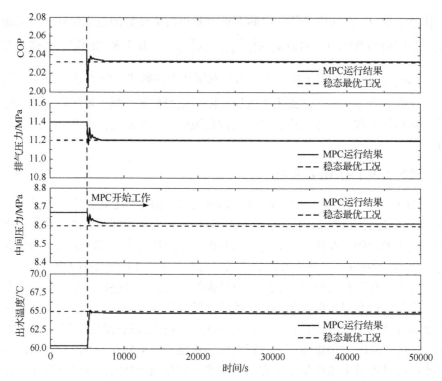

图 6-48　稳态工况下系统 COP、排气压力、中间压力及出水温度在混合 MPC 策略控制下的
轨迹

6.5.4　连续变化环境温度工况下的 MPC 优化结果

在 500000s 的实际连续环境温度变化下，将双级压缩跨临界 CO_2 热力循环系统运行在混合 MPC 策略下，出水温度设定为 65℃。此外，还将热力循环系统运行在多变量极值搜索控制策略下，用以对比和评估混合 MPC 策略的结果。如图 6-49 所示，环境温度范围为−10～4℃，与多变量极值搜索控制策略中应用水路 PI 控制水流量的出水温度对比，混合模型预测控制策略下的出水温度偏差始终小于 0.5℃。至于 COP，混合模型预测控制策略与多变量极值搜索控制策略的曲线吻合得很好。除了在开始阶段，混合 MPC 策略几乎能够立刻输出对应的最优运行状态，而多变量极值搜索控制只能从当前的运行状态缓慢改变，因此混合 MPC 策略在开始时表现更好。在 500000s 的计算时间中计算 COP 的平均值，混合 MPC 策略比多变量极值搜索控制策略高 0.6%。两种控制策略都能够驱动排气压力和中间压力随环境温度改变而变化。然而，从排气压力和中间压力轨迹中可以直观地看到，由于其作为反馈控制器的固有特性，在多变量极值搜索控制下系统参数的变化始终慢于混合模型预测控制策略。

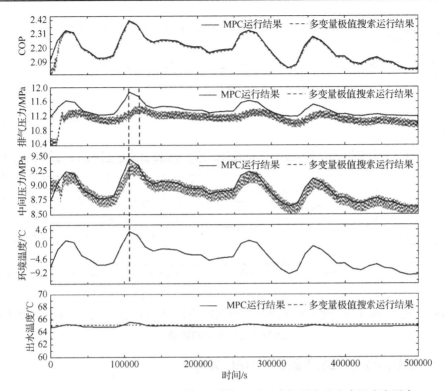

图 6-49　连续环境温度变化工况系统 COP、排气压力、中间压力及出水温度在混合 MPC 策略控制下的轨迹

图 6-50 显示了在连续环境温度变化工况下，主路电子膨胀阀开度、补气路电子膨胀阀开度和水路质量流量随时间变化的轨迹。从原理上看，在多变量极值搜索控制的工作过程中，运行参数中的扰动是不可避免的，因此可能会在系统稳定度要求高的场合受到限制。与主路电子膨胀阀开度和水路质量流量的轨迹对比，很难直观解析补气路电子膨胀阀开度与环境温度变化趋势之间的相关性。如果在面向控制的数据驱动模型中将中间压力和补气路电子膨胀阀纳入系统状态参数和输入参数中，在要求实现多参数优化及目标出水温度的标准下，建模的难度将会极大加剧，而这也恰恰体现了本章基于极值搜索控制稳态最优工况而实现的内优化策略和控制参数降维的优越性。对比多变量极值搜索控制策略和混合模型预测控制策略中间压力自优化策略下的补气路电子膨胀阀开度轨迹，两者吻合度很高。根据与多变量极值搜索控制运行结果的对比，可以验证所提出的混合模型预测策略在连续环境温度变化工况下的有效性。

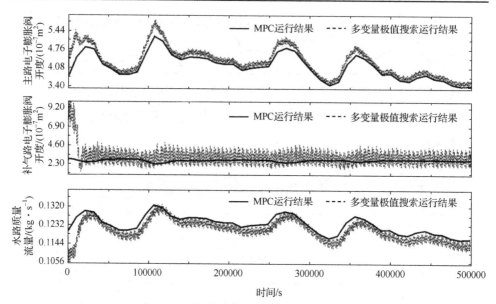

图 6-50 连续环境温度变化工况下主路电子膨胀阀开度、补气路电子膨胀阀开度和水路质量流量随时间变化的轨迹

6.5.5 阶跃出水温度工况下的混合 MPC 策略

在 6.5.4 小节最后一个案例中，出水温度在变化的环境温度中进行阶跃变化。出水温度每隔 100000s 依次设置为 63℃、65℃、61℃、67℃和 65℃，将混合模型预测控制策略和多变量极值搜索控制策略均运行在这样的工况下。图 6-51 显示了阶跃出水温度工况下 COP、排气压力、中间压力和环境温度随时间变化的轨迹。更加复杂的工况给模型预测控制中的模型带来巨大的挑战，然而，在混合模型预测控制策略下的出水温度与设定值的偏差仍能控制在 1℃以内。对比混合 MPC 模型预测控制策略和多变量极值搜索控制策略的 COP 曲线，两者在图示区间中几乎重叠在一起，在出水温度阶梯变化开始时甚至表现得更加出色。

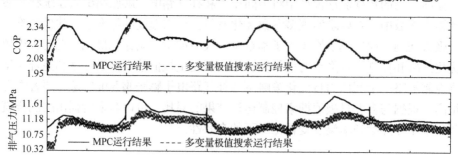

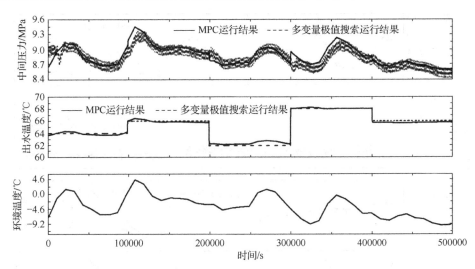

图 6-51 阶跃出水温度变化工况下系统 COP、排气压力、中间压力及环境温度在混合 MPC 策略控制下的轨迹

在稳定工况下，考虑到系统 COP 随排气压力和中间压力变化呈凸面状，在多变量极值搜索控制算法的机制中，排气压力和中间压力分别受各自 COP 对运行参数的偏导数驱动而作相应改变。在工况改变时，工况对 COP 造成冲击的同时也会施加在运行参数的变化中。在出水温度变化的情况下，最优排气压力和中间压力的变化方向与水温变化对 COP 的冲击相反，这将导致在水温阶跃改变时，极值搜索控制过程中排气压力和中间压力在开始阶段与应当改变的方向呈相反趋势。例如，当 200000s 时出水温度从 65℃降低到 61℃时，由于气体冷却器中的换热量增加，系统 COP 增大；COP 的突然增大导致在开始阶段排气压力与中间压力稍微上升，与本应降低的改变方向相反。这种特性在某些场合也会对极值搜索控制算法的性能产生影响。

图 6-52 展示了主路电子膨胀阀开度、补气路电子膨胀阀开度和水路质量流量的轨迹。两种策略的结果相互匹配得很好，表明混合模型预测控制策略仍然可以为系统 COP 的实时优化提供精确解决方案，同时保持出水温度在设定值。

随着应用场景的进一步拓宽，作为强耦合、时变、非线性的复杂系统，跨临界CO₂热力循环系统的性能受到运行工况、负荷变化等多种因素的影响，呈现出多输入、多输出的特性。针对跨临界CO₂热力循环系统的控制优化难题，基于传统拟合关联式和查表的最优排气压力控制方案无法满足其控制精度和应用范围的要求，基于智能控制算法的高级策略的发展与应用几乎是必然的趋势。

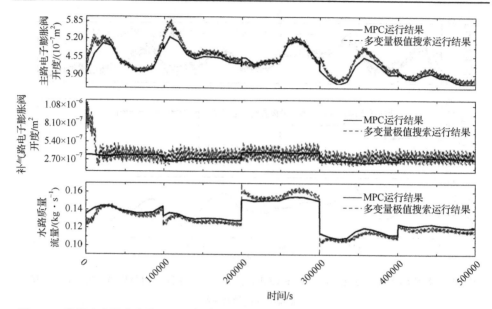

图 6-52　阶跃出水温度变化工况下主路电子膨胀阀开度、补气路电子膨胀阀开度和水路质量流量的轨迹

参 考 文 献

[1] KAUF F. Determination of the optimum high pressure for transcritical CO₂-refrigeration cycles[J]. International Journal of Thermal Sciences, 1999, 38(4): 325-330.

[2] LIAO S M, ZHAO T S, JAKOBSEN A. A correlation of optimal heat rejection pressures in transcritical carbon dioxide cycles[J]. Applied Thermal Engineering, 2000, 20(9): 831-841.

[3] SARKAR J ,BHATTACHARYYA S, GOPAL M R. Optimization of a transcritical CO₂ heat pump cycle for simultaneous cooling and heating applications[J]. International Journal of Refrigeration, 2004, 27(8): 830-838.

[4] SARKAR J, BHATTACHARYYA S, GOPAL M R. Simulation of a transcritical CO₂ heat pump cycle for simultaneous cooling and heating applications [J]. International Journal of Refrigeration, 2006, 29(5): 735-743.

[5] CHEN Y, GU J. The optimum high pressure for CO₂ transcritical refrigeration systems with internal heat exchangers[J]. International Journal of Refrigeration, 2005, 28(8): 1238-1249.

[6] QI P C, HE Y L, WANG X L, et al. Experimental investigation of the optimal heat rejection pressure for a transcritical CO₂ heat pump water heater[J]. Applied Thermal Engineering, 2013, 56(1-2):120-125.

[7] WANG S, TUO H, CAO F, et al. Experimental investigation on air-source transcritical CO₂ heat pump water heater system at a fixed water inlet temperature [J]. International Journal of Refrigeration, 2013, 36(3): 701-716.

[8] KRSTICH M, WANG H H. Stability of extremum seeking feedback for general nonlinear dynamic systems[J]. Automatica, 2000, 36(4): 595-601.

[9] LI X, LI Y, SEEM J E, et al. Dynamic modeling and self-optimizing operation of chilled water systems using extremum seeking control[J]. Energy and Buildings, 2013, 58: 172-182.

[10] DONG L, LI Y, MU B, et al. Self-optimizing control of air-source heat pump with multivariable extremum seeking[J]. Applied Thermal Engineering, 2015, 84: 180-195.

[11] WANG W, LI Y. Intermediate pressure optimization for two-stage air-source heat pump with flash tank cycle vapor injection via extremum seeking[J]. Applied Energy, 2019, 238: 612-626.

[12] WANG W, LI Y, CAO F. Extremum seeking control for efficient operation of an air-source heat pump water heater with internal heat exchanger cycle vapor injection[J]. International Journal of Refrigeration, 2019, 99: 153-165.

[13] 崔策. 基于过冷补气的跨临界二氧化碳热泵热力性能与优化控制研究[D]. 西安: 西安交通大学, 2023.

[14] CUI C, REN J, RAMPAZZO M, et al. Real-time energy-efficient operation of a dedicated mechanical subcooling based transcritical CO_2 heat pump water heater via multi-input single-output extreme seeking control[J]. International Journal of Refrigeration, 2022, 144: 76-89.

[15] ROTEA M A. Analysis of multivariable extremum seeking algorithms[C]. Chicago: Proceedings of the American Control Conference, 2000.

[16] KHALED N, LEUS G, DESSET C, et al. A robust joint linear precoder and decoder MMSE design for slowly time-varying MIMO channels[J]. Montreal: 2004 IEEE International Conference on Acoustics, Speech, and Signal Processing, 2004.

[17] STEVENS B L, LEWIS F L, JOHNSON E N. Aircraft Control and Simulation: Dynamics, Controls Design, and Autonomous Systems[M]. New York: John Wiley & Sons, 2015.

第7章 跨临界 CO_2 热力循环的应用与前景展望

7.1 车辆热泵空调

相较于传统燃油车，新能源汽车在冬季制热没有发动机余热可以利用，需要依靠正温度系数热敏电阻(PTC)辅助加热来供暖，这会导致续航里程严重减少。冬季制热问题成为新能源汽车面临的一个痛点。跨临界 CO_2 热力循环凭借其出色的制热特性和环保特性，成为车用空调领域热泵空调的最佳替代方案之一。本节主要针对新能源汽车的相关应用前景展开阐述。

7.1.1 工作原理

7.1.1.1 乘用车

由于乘用车多场景及需求模式的多类别，加之车型的多样化，跨临界 CO_2 热泵空调在汽车领域的应用，相较于建筑和商用热泵领域更加复杂。它涉及制冷、制热、除湿，以及电池、电机、电控热管理等多种模式，受到空间限制、零部件成熟度、乘员舱安全性、综合用能需求及集成化便捷性等多个因素的影响，循环构型呈现多样化的特点，主要分为直接式 CO_2 热泵空调和间接式 CO_2 热泵空调两大类。

1. 直接式 CO_2 热泵空调

图 7-1 展示了一个典型的新能源汽车直接式 CO_2 热泵空调系统，它由一个室外换热器和两个室内换热器组成。空调箱内的两个室内换热器，一个在制冷模式下充当蒸发器，在制热模式下同时充当气体冷却器；另一个在制热模式下充当气体冷却器，在制冷模式下通过风门的切换，处于屏蔽不工作状态。此外，系统还设有回热器，用于在制冷模式下提升系统性能。低压侧设有气液分离器以调节系统 CO_2 工质循环量。节流装置采用双向节流阀，以确保在制冷和制热模式下制冷剂流路方向切换后可以正常工作。制冷和制热模式的切换通过四通换向阀实现，也可以通过三通阀或电磁阀组合实现。直接式 CO_2 热泵空调因直接换热，一般性能更好，系统的动态响应特性更快，其模式切换依赖多样化的阀件组合；但不适合危险性制冷剂使用，且对阀件等产业化成熟度要求更高。

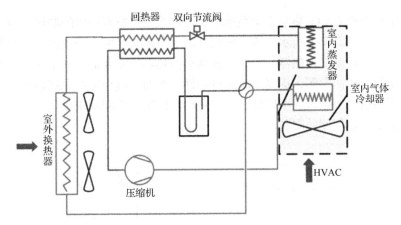

图 7-1 典型的新能源汽车直接式 CO₂ 热泵空调系统

HVAC-暖通空调系统

为了进一步提高跨临界 CO_2 热泵空调系统的高温制冷性能并最大程度利用室内空调箱空间，衍生出了串联蒸发器式跨临界 CO_2 热泵空调系统，其工作原理如图 7-2 所示。主要的差异在于室内的两个换热器被串联配置，在制冷模式下两个换热器均充当蒸发器，在制热模式下两个换热器均充当气体冷却器。这种换热器布置方式能够提高热管理系统室内侧的换热能力，在制冷模式下提高蒸发温度，在制热模式下降低 CO_2 热力循环阀前温度，从而实现性能提升。然而，需要注意的是，串联蒸发器式跨临界 CO_2 热泵空调系统的设计和控制相对复杂，需要综合考虑换热器的换热效率和压力损失，尤其是受系统含油量的影响，压降和换热效率对综合性能的影响程度更为复杂。

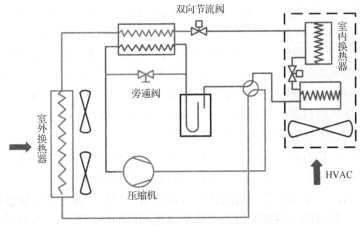

图 7-2 串联蒸发器式跨临界 CO₂ 热泵空调系统

受到四通换向阀、双向节流阀等零部件成熟度的限制，还有一种阀件组合直接式乘用车跨临界 CO₂ 热泵空调系统的实现形式是将空调箱内的制热和制冷换热器功能分开，如图 7-3 所示。该系统包括两个节流阀、两个旁通阀、一个室外换热器、一个室内制冷换热器、一个室内制热换热器等主要部件。采用这种方案可以避免使用四通换向阀，提高系统的可靠性。然而，这也增加了换热器、节流阀和旁通阀的数量，系统成本增加，并且室内空调箱的空间利用率较低，从而对系统性能造成一定程度的限制。

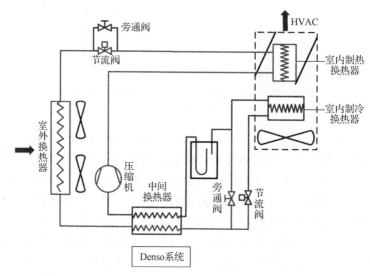

图 7-3　阀件组合直接式乘用车跨临界 CO₂ 热泵空调系统[1]

2. 间接式 CO₂ 热泵空调

在考虑跨临界 CO₂ 系统的高压安全性和泄漏至乘员舱将导致乘员存在潜在窒息风险的基础上，结合直接式热泵空调的高效换热特点，可以采用半间接式跨临界 CO₂ 热泵空调系统[2]，如图 7-4 所示。该系统中，室外换热器采用 CO₂ 与空气直接换热的形式，避免了二次换热带来的热损失。室内则通过两个换热器分别实现在制冷和制热时将冷水和热水引入空调箱内的水-空气换热器，以达到给乘员舱制冷或加热的目的。这种形式下，乘员舱内没有高压 CO₂ 工质进入，避免了安全风险，同时室外换热器的换热性能也较好。

由于跨临界 CO₂ 热泵的工质高压特性和跨临界循环的特殊性，整体热系统的部件与传统热系统相比发生了较大变革，热系统部件成本提高。此外，新能源汽车的多功能需求，导致热系统管路接头数量骤增，增加了泄漏等可靠性风险。因此，采用完全的间接式热泵可以大大降低高压部件的使用数量，并显著减少管路接头数量，以应对当前跨临界 CO₂ 热泵面临的问题。纯间接式热泵还有利于综合利用电池、电机等能量，并且热管理系统控制也更加简单。图 7-5 展示了典型的

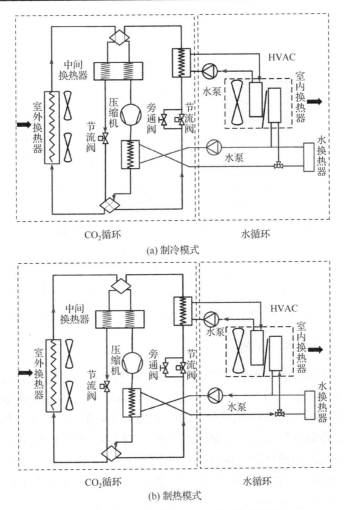

(a) 制冷模式

(b) 制热模式

图 7-4　半间接式跨临界 CO_2 热泵空调系统

间接式乘用车跨临界 CO_2 热泵空调系统，CO_2 侧只通过一个低压换热器和一个高压换热器来制取冷水和热水，而在水侧通过切换形式实现乘员舱的冷却和加热目的。需要注意的是，图 7-5 仅为示意图，实际使用中可能需要增加回热器或其他辅助部件。

对于纯间接式热泵而言，在制热模式下，室内换热侧的 CO_2-水换热器需要采用小流量-大温差的方式，以尽可能降低节流阀前的 CO_2 温度，从而提高系统性能。在制冷模式下，大流量的循环水路有利于提高制冷性能。因此，换热器需要创新的流程设计，以保障热管理系统的全工况性能。此外，纯间接式跨临界 CO_2 热泵空调还需考虑热迟滞对动态运行的影响，以及低温下载冷剂的黏度增加带来的综合性能影响。

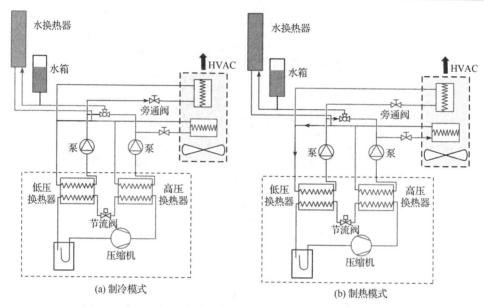

图 7-5　典型的间接式乘用车跨临界 CO_2 热泵空调系统工作原理

7.1.1.2　客车及轨道车辆

与乘用车不同，客车和轨道车辆的热泵空调系统通常采用焊接形式，整体机组安装在车顶或车底。图 7-6 展示了某款客车跨临界 CO_2 热泵空调系统的工作原理。系统包括两组室内换热器(代号 3)和一组室外换热器(代号 4)，通过阀件组合实现客舱的制冷和制热功能。在制冷模式下，仅使用一组室内换热器，而在制热模式下同时使用两组换热器。换热器 2 和换热器 5 用于电池的加热和冷却，而换热器 6 则是回热器。制冷模式和制热模式下的工作原理分别见图 7-6(a)和图 7-6(b)。

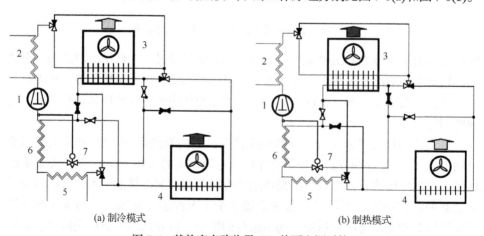

图 7-6　某款客车跨临界 CO_2 热泵空调系统

此外，客车和轨道车辆的跨临界 CO_2 热泵空调系统可以采用乘用车中的四通换向阀和阀件组合等形式实现，也可以选择直接式或间接式的实现形式，此处不再详述这些方案。

7.1.2　应用现状与发展前景

7.1.2.1　乘用车

乘用车领域对于跨临界 CO_2 热泵空调的研究应用可以追溯到乘用车发展的早期。早期的研究主要集中在燃油车领域，但仅限于单一的制冷模式，并未充分利用跨临界 CO_2 热力循环系统的高效低温制热特性。与传统的制冷系统相比，跨临界 CO_2 热泵空调在结构布局上有较大的变化，并且其部件的成熟度较低，因此未能得到广泛的应用。本小节主要讨论跨临界 CO_2 热泵空调在新能源汽车领域的应用和发展前景，因此不再详述早期 CO_2 热泵空调系统的情况。

随着纯电新能源汽车的快速发展，冬季续航里程严重衰减的问题为跨临界 CO_2 热泵空调系统提供了新的发展机会。大众 ID.4 车型是最早实现量产并搭载跨临界 CO_2 热泵空调系统的电动车型之一，该热泵空调采用半集成的阀组形式，以实现尽可能紧凑的布局。除了大众 ID.4 之外，其关联公司也计划推出可选装的跨临界 CO_2 热泵空调系统。此外，诸多其他欧洲汽车制造商及系统集成商也在进行跨临界 CO_2 热泵空调的装车预研究，以在新一代汽车热系统技术路线变革中积累创新技术。国内的东风汽车早期装载的新能源汽车跨临界 CO_2 热泵空调经过四代样机的迭代验证，已经证实了其性能和可靠性，并初步具备了推向量产的技术积累。在下一代汽车热系统技术路线尚不明确的背景下，国内主流车企和系统集成商、零部件供应商近几年进行了大量 CO_2 热泵空调的技术研发、工程实践，产业链初具规模，为电动汽车 CO_2 热泵空调的潜在产业化奠定基础。

受车型、需求、冬季续航、工质环保性等多方面影响，我国汽车热系统技术路线的发展呈现出百花齐放的态势。经过市场沉淀，下一代技术路线逐渐变得清晰，主要形成了以合成工质 R1234yf、天然工质 CO_2 和 R290、混合工质为代表的方案。R1234yf 与传统的 R134a(氟利昂)类似，易于替代，但其制热性能较差，制冷剂成本高，并且在工程化过程中存在受到美国企业专利限制的潜在风险。R290 制冷制热性能平衡，但易燃，在技术问题之外还面临更多的法规和市场等社会性因素的挑战。天然工质 CO_2 具有强劲制热特性，是解决低温制热问题的首选，但其高温制冷性能略逊于氟利昂类方案，并且工作压力较高，目前的应用可靠性还未经过大规模产业验证。混合工质综合考虑了环保性、可燃性、性能和成本等各方面的因素，但潜在的泄漏问题导致系统运行存在不确定性。

综合考虑各方案的优势和劣势，对于氟利昂类制冷剂来说，在全面自主研发的电动车领域受到国际形势的影响，且无法解决电动车的制热问题，其在我国的发展前景仍存在一些不确定性。对于易燃工质 R290 来说，首要问题是安全性，包括来自生产、保养、维修和报废等全链条的安全法规限制，以及终端用户对其的担忧和潜在的舆论风险，这使得其产业发展面临更多非技术性的挑战。至于天然工质 CO_2 的高压特性和可靠性，更多地依赖于技术发展和工程化的成熟度，可以通过关键技术的研发与电动车需求的迭代相互促进。

在《〈关于消耗臭氧层物质的蒙特利尔议定书〉基加利修正案》和欧盟推动的 PFAS 法规等多重影响下，越来越多的国内外机构投入跨临界 CO_2 系统在新能源汽车领域的应用研究，为天然工质 CO_2 热泵空调系统带来了更多的应用前景。在当前的新能源汽车 CO_2 热泵空调领域，主要零部件包括压缩机、换热器、阀件等的技术产业基础积累较为丰富，整车热管理系统技术也在不断发展，跨临界 CO_2 热力循环技术应用逐步适应汽车多变的需求。目前，在新能源汽车上，研究较多的方案是采用直接式热泵空调系统，技术发展主要集中在以下几个方面：考虑跨临界 CO_2 热力循环特性的热管理系统一体化架构设计方案优化；考虑超临界 CO_2 换热温度滑移的多热源热管理系统多换热器匹配设计；跨临界 CO_2 系统压力变化带来的充注和动态迁移特性研究；源于跨临界运行特性的最优新风比、最优风量、跨临界-亚临界衍化、结霜除霜与无霜运行机理探讨与技术研发。以上技术发展有望实现跨临界 CO_2 热泵空调性能提升的关键零部件技术突破，如压缩膨胀一体机、喷射器、涡流管等。

此外，新能源汽车 CO_2 热泵空调技术能否实现规模产业化还有待于可靠性和稳定性的进一步提高。除了系统的高压运行特性，CO_2 是直链小分子结构，系统长时间疲劳工作会导致泄漏风险增加，给跨临界 CO_2 热力循环系统的实车应用可靠性带来挑战。因此，产业化技术的发展更多依赖于解决泄漏等可靠性问题，集成度高的纯间接式跨临界 CO_2 热力循环系统有望成为主流发展方向。虽然间接式系统势必会因二次换热带来性能衰减，但是制冷剂回路较为简单，大幅减少了潜在泄漏风险点，依靠成熟的水路循环能够实现热管理系统的多功能切换，更可靠的二次回路也为跨临界 CO_2 热力循环技术在新能源汽车的应用提供了更大可能性。

7.1.2.2　客车及轨道车辆

跨临界 CO_2 热泵空调在电动客车领域的应用主要以欧洲为主。欧洲作为电动客车跨临界 CO_2 热泵空调的先驱，相关车企已针对不同车型开发了不同系列的跨临界 CO_2 热泵空调样机，并进行了小规模的路试实验，运行里程已超过 10 万公里。这些系统具备调节客舱温度和精确控制电池温度的功能，能够在提高冬季行驶里程的同时延长电池寿命。2019 年，客车空调展览会上已展示出了系列电动客车 CO_2 热泵空调样机，实现了多台原型机的小批量生产，其可以满足 $-20\sim$

44℃的环境温度下的热管理需求，适用于电动和混合动力客车，并能够满足全年的制冷和制热需求。电动客车 CO_2 热泵空调的路试表明，通过耦合热管理方式对电池等需要散热的设备进行温度控制，显著减少了电池的能量消耗，增加了可行驶里程。相较于传统技术，整车的能源效率提高了约 40%。

与乘用车类似，新能源客车和电动轨道交通也面临着冬季制热和制冷系统中环保工质的替代问题。不同的是，下一代热泵空调技术路线中除了天然工质 CO_2，几乎很难找到其他替代方案。由于客车和电动轨道交通的空间较大，热泵空调系统所需的充注量比乘用车高得多，这直接限制了易燃工质 R290 的推广应用，同时也基本限制了价格较高的人工合成工质 R1234yf 的产业应用。跨临界 CO_2 热力循环系统不仅满足了客车和电动轨道交通的环保和强劲制热需求，而且天然工质 CO_2 的单位容积制冷/制热量较高，能够充分满足客车和电动轨道交通的多样化需求。因此，在客车和电动轨道交通领域跨临界 CO_2 热泵空调技术具有更广泛的产业前景，是客车和电动轨道交通下一代热管理技术路线的最佳选择之一。然而，鉴于零部件供应体系的成熟度及环保工质强制性政策的进展相对缓慢，跨临界 CO_2 热力循环技术的产业应用仍需稳步推进。

7.2　跨临界 CO_2 热泵热水器

跨临界 CO_2 热泵系统高压侧的巨大温度滑移能够良好匹配热水生产的温升曲线，不管是加热能力还是换热效率都能够实现对于传统制冷剂的上位替代。随着对于 CO_2 热力学特性和在高压条件流动与换热性能研究的不断深入，系统设计不断迭代优化，排气压力控制更加高效精确，跨临界 CO_2 热泵开始成为商用热水器的成熟方案。

7.2.1　工作原理

图 7-7 为典型的跨临界 CO_2 热泵热水器系统原理图及温熵图。需要注意的是，由于超临界 CO_2 在放热冷却过程中存在近似线性的温度滑移(详情可参考本书第 2 章)，因此循环水可以从较低温度一次性加热至较高温度。在热泵热水器应用中，通常将自来水(室温 20℃左右)接入跨临界 CO_2 热泵的气体冷却器中，可直接被加热至 80℃以上并供给实际应用。CO_2 工质在热泵热水器或热泵供暖领域已经得到了充分的发展，能够在几乎所有环境条件下稳定制备 80℃以上的生活和工业热水，以及 55~75℃的供暖热水。无论是在严寒地区(-25~-10℃)、寒冷地区(-10~7℃)、温暖地区(7~20℃)还是炎热地区(20~35℃)，CO_2 热力循环系统都能稳定运行并满足热水和供暖需求。

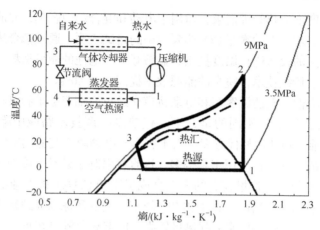

图 7-7　跨临界 CO_2 热泵热水器系统原理及其温熵图[3]

7.2.2　应用现状与发展前景

21 世纪初，日本等发达国家开始商业化跨临界 CO_2 热泵热水器技术，目前该技术的应用已经相对成熟。据日本制冷与空调行业协会(JRAIA)统计，2021 年日本空气源热泵市场年增长率达到 11.6%。日本热泵和蓄热技术中心(HPTCJ)积极推动热泵的部署。2001 年全球首个商业化跨临界 CO_2 热泵热水器(被命名为 Eco Cute，采用双级滚动转子压缩机，如图 7-8 所示)问世以来，制造商已经开发出许多备受追捧的功能，如地板采暖、根据客户需求供应家用热水(DHW)及缩小安装空间。根据最新统计数据，截至 2022 年 3 月底，使用 CO_2 的 Eco Cute 热泵热水器的累计发货量已达到 801.7 万台。2021 年 10 月，日本修订了《基本能源计划》，计划到 2030 年将 Eco Cute 的累计销量从 1400 万台增加到 1590 万台。21 世纪 10 年代以后，在欧洲和北美市场，跨临界 CO_2 热泵技术凭借其高效能和环保特性在商业和住宅水暖加热市场上逐渐获得认可。

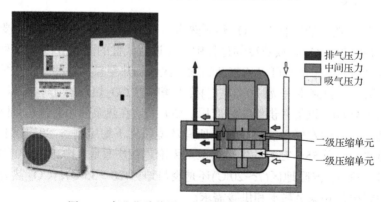

图 7-8　商业化跨临界 CO_2 热泵热水器 Eco Cute[4]

研究表明，跨临界 CO_2 热泵热水器及热泵供暖系统在效率和可靠性方面已经有了显著提升。例如，通过改进换热器设计和采用变频压缩机，提高了系统的 COP 和全季节性能系数；同时，通过集成先进的控制系统，如智能温控和远程监控，提高了用户体验和系统的可管理性。随着对可再生能源的集成，如组建太阳能辅助跨临界 CO_2 热泵热水器系统，使得该技术的环境效益进一步提升，因此在众多供热领域，相较于传统的基于化石燃料的热水系统，跨临界 CO_2 热泵热水器的全生命周期碳排放显著降低。

虽然与其他技术方案相比，跨临界 CO_2 热泵热水器的单机成本仍然相对较高，这使得它目前在市场上的应用仍然较为有限，但是在一些新建和改造的公共建筑、商业建筑和住宅小区中，跨临界 CO_2 热泵热水器正在逐渐得到广泛应用。并且，随着产业化的进程，跨临界 CO_2 热泵热水器的单机成本将逐步降低。预计在我国的采暖、热水供应等行业中，跨临界 CO_2 热泵热水器将取得更为广泛的应用。

近年来，我国的欧洲天然气供应量出现大幅下降，因此对热泵的需求更加迫切。欧洲的能源政策和环保政策也在推动跨临界 CO_2 热泵热水器的应用。例如，德国政府在明确提出，从 2045 年起，德国将全面禁止石油和天然气供暖，这将为跨临界 CO_2 热泵热水器的应用提供更广阔的市场。

在未来的技术创新方面，行业的研究可能会集中在进一步提高系统效率和降低成本上，通过改进热泵设计、开发更高效零部件、集成智能技术，如物联网(IoT)和人工智能(AI)，以优化性能和用户体验。在应用扩展方面，跨临界 CO_2 热泵技术在未来可能不仅限于家用和商业热水加热，还可能扩展到工业加热和冷却、大规模供热系统等。同时，与太阳能、风能、地热等可再生能源技术的结合将是未来的重要发展方向。例如，使用太阳能作为能量源，以进一步提高系统的能效和减少环境污染。

7.3　跨临界 CO_2 热泵烘干

干燥工业是工农业生产中广泛使用且能耗巨大的加工工艺。在发达国家，干燥工业平均能耗约占国家工业能耗总量的 7%～15%。我国干燥工业的能耗约占全国整个加工产业能耗的10%，存在巨大的能耗节省空间。在众多工商业及民用烘干场景中，由于农作物、衣物、食品、污泥等对口感、颜色、保质、气味等有特殊要求，需要采用低温烘干技术，即烘干温度不宜超过 100～120℃，十分适合跨临界 CO_2 热力循环技术的制热温度范围，因此烘干及除湿行业也成为跨临界 CO_2 热泵技术的理想应用行业之一。

7.3.1　工作原理

　　跨临界 CO_2 热泵烘干系统通常由制冷剂回路与循环风回路组成，其中制冷剂系统与跨临界 CO_2 热泵热水器十分类似，而循环风回路较为复杂，大体上可以分为开式循环与闭式循环两类。图 7-9 为跨临界 CO_2 热泵烘干系统的闭式循环，在该系统流程中，通过使空气经过跨临界 CO_2 热泵的气体冷却器被加热到高温状态(一般为 80℃以上)，然后进入干燥箱对物料进行加热并吸收物料中的水分，同时循环风的温度逐渐下降；随后，中温高湿状态的湿空气经过热力循环系统的蒸发器降温析湿，排出水分并重新降低至较低温度的循环风再次进入气体冷却器，完成下一次循环。值得指出的是，在闭式的烘干系统循环流程中，热力循环系统的制热量与制冷量分别得到了不同程度的应用，其中制热量起到了加热空气的作用，而制冷量起到了对近乎饱和的湿空气进行析湿除水的作用，因此其循环效率普遍较高；同时，进入蒸发器的循环风一般还具有较高的温度，因此跨临界 CO_2 热力循环系统的压比通常不高。

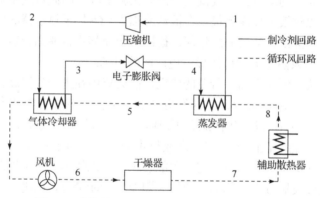

图 7-9　跨临界 CO_2 热泵烘干系统闭式循环流程图

　　开式循环的烘干系统与闭式循环的不同点在于：开式循环中的空气并不循环利用，引入气体冷却器的空气均为环境大气中的新风，而经过加热、烘干、除湿之后的湿空气，经过蒸发器降温、除水之后又被排放至大气环境中，即开式循环。由于蒸发器只能通过降温的方式实现湿空气的析湿，蒸发器出口的低温空气虽然含水量少，但相对湿度很高，因此采用开式循环往往有助于降低干燥室进口的空气湿度，从而提升烘干效果、增大系统能效；然而，某些特定的烘干场景由于气味、纯净度等要求，必须采用全封闭烘干流程。

　　值得指出的是，在闭式循环中，烘干系统流程中还需要增设一个辅助散热器，这是因为热力循环系统气体冷却器的制热量一定大于蒸发器的制冷量，如果不增设辅助散热机构，烘干流程内的空气及干燥室内的物料温度均会不断上升，最终超过系统可以耐受的极限，但在开式循环中，往往不需要增设辅助散热器。

7.3.2　应用现状与发展前景

　　烘干领域是跨临界 CO_2 热泵技术一个新兴的应用场景，近年来才逐渐开始受到重视，相关的学术与产业发展也几乎都在起步阶段。跨临界 CO_2 热泵烘干技术的研究出现于 21 世纪初，主要集中在理论分析和实验室规模的测试上。早期的研究关注于 CO_2 系统在跨临界条件下的热力学性能，以及将跨临界 CO_2 热力循环的特性与烘干系统流程进行耦合，并实现高效烘干。随着对 CO_2 压缩机和换热器技术的改进，烘干领域中的跨临界 CO_2 热泵技术开始从实验室走向实际应用，初始阶段多集中在木材干燥和食品加工等特定工业领域，这些领域对烘干温度、质量和能效有较高要求。到了 21 世纪 10 年代中期，跨临界 CO_2 热泵技术在烘干领域开始实现小规模的商业化应用。

7.3.2.1　工商业和农业烘干

　　干燥工业在工商业和农业领域扮演着重要的角色，而干燥工艺和方法的选择直接影响产品质量，对于热泵烘干技术的需求，在日渐大型化、规模化的工业生产条件下日益增加。因此，近年来跨临界 CO_2 热泵烘干技术在污泥、农副产品、药材、纺织品、印染等工商业烘干领域得到了迅速发展，图 7-10 为污泥烘干系统所适用的跨临界 CO_2 热力循环系统示意图。

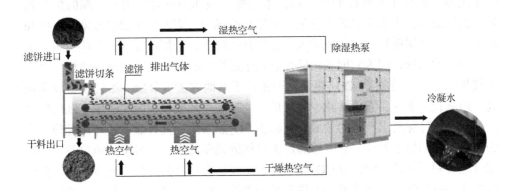

图 7-10　基于跨临界 CO_2 热力循环系统的污泥烘干系统流程示意图

　　跨临界 CO_2 热力循环技术在烘干领域中的表现几乎全面优于传统的 R134a 等高温热力循环系统。例如，跨临界 CO_2 热力循环系统可以提供更高的出风温度，有助于适应更高湿度的物料、并将其烘干至更低的湿度状态；同时，CO_2 工质的低温适应性良好、一次加热能力强，可以在较低环境温度下实现高效率的开式烘干循环等，这些独特性质也体现出了跨临界CO₂热泵烘干技术在节能、环保、高效和稳定性方面的优势。不过，需要指出的是，由于烘干产业大多仍停留在农户、个体等小型、分布化应用的状态，大规模热泵烘干设备在行业推广方面仍存在限制。

7.3.2.2　家用烘干

在家庭使用范围内，跨临界CO₂热泵烘干技术在干衣机领域的应用被视为一个新兴的研究和发展方向。为了满足环保和节能的迫切需求，跨临界CO₂热泵干衣机技术的初步研究始于21世纪00年代中后期。最初集中在进行CO₂作为工质的小规模实验和理论模拟，以验证其在家用干衣机中应用的潜在可能性。由于跨临界CO₂干衣机系统能够轻松提供更高温度给干燥室和衣物，从而显著缩短干燥时间，同时CO₂热力循环系统的COP和整个干衣机的单位能耗除水率也得到显著提高。21世纪10年代初，一些公司和研究机构开始研发跨临界CO₂热泵干衣机的原型机，进行小规模生产和市场测试，主要面向欧洲市场消费者。近年来，跨临界CO₂热泵干衣机在能效和操作性能方面取得了显著进步。例如，通过改善烘干室内的温度和湿度分布，实现更快的烘干时间和更低的能耗；改进压缩机和换热器设计，提高系统整体效率和可靠性等。随着技术的成熟和生产规模的扩大，跨临界CO₂热泵干衣机的成本开始下降，提高了其在消费市场上的竞争力。

尽管跨临界CO₂热泵在工商业和民用烘干领域已经取得了显著的产业发展和技术进步，但由于其较高的成本和技术门槛，短期内主要应用于高端的烘干领域。具体而言：①对于对烘干质量要求较高的场合，需要精确控制温度、湿度和出风温度，并保持持续的新风输入。在这种情况下，采用跨临界CO₂热泵烘干是一个理想的选择，因为它能够精确控制烘干过程，确保产品质量的一致性。②在大规模烘干中，跨临界CO₂热泵烘干相对于其他方法更节能。尽管设备成本较高，但从长远来看，它能够减少能源成本，提高生产效率，因此适用于规模化生产。③在对环保要求严格的领域，跨临界CO₂热泵烘干具有显著的环保优势。作为低碳排放的烘干方式，它能够满足更严格的减碳要求，并带来其他收益。④在综合能源利用领域，跨临界CO₂热泵烘干系统具有更大的优势。当需要同时提供冷热或回收余热时，跨临界CO₂热泵烘干能够实现综合效益。它是一种高效、环保、节能的烘干方式，适用于多种需求。

作为高效、环保的烘干解决方案，跨临界CO₂热泵烘干技术具有广阔的发展前景。随着技术进步、成本降低和市场接受度提高，该技术有望在各种工业和农业烘干应用中发挥重要作用。未来的挑战在于优化技术性能、降低成本、提高市场渗透率，并确保环境的可持续性。跨临界CO₂热泵烘干技术的成功应用将是迈向更高效、更环保工业过程的重要一步。

7.4　跨临界 CO_2 商超制冷

目前，商超制冷领域中 CO_2 的应用主要从三个方面进行总结：首先，CO_2 作为一种载冷剂，主要用于分配制冷量。由于 CO_2 在载冷回路中经历相变过程，其换热效率明显高于传统的乙二醇等载冷剂，能够提供更大的载冷量，有效提高能源利用效率。其次，CO_2 可作为低温级制冷工质，与其他中温或高温制冷剂组成复叠式制冷系统。在这种系统中，CO_2 辅助循环系统的冷凝温度通常低于临界点，形成亚临界循环，这种系统在冷库中得到广泛应用。最后，CO_2 也可以作为商超制冷系统中唯一的制冷工质，通过跨临界运行方式进行制冷。近年来，欧洲的商场、超市和便利店广泛推广和应用了跨临界 CO_2 制冷系统，本节将重点介绍跨临界 CO_2 制冷系统在商超领域的应用情况。

7.4.1　工作原理

由于食品储存和保鲜需要，商超制冷通常需要中低温两个不同的蒸发温度。然而，对于 CO_2 来说，中低温两个蒸发温度对应的蒸发压力差较大，采用混合后再压缩的方式会导致能量耗散并且降低系统性能。为了解决这个问题，欧洲的发达国家开始在商超制冷设备中采用新型增压制冷系统，其流程图和压焓图如图 7-11 所示。

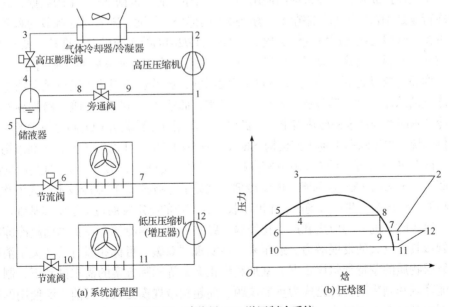

图 7-11　跨临界 CO_2 增压制冷系统

对比传统跨临界 CO₂ 制冷系统，跨临界 CO₂ 增压制冷系统增加了包括低压压缩机(增压器)、储液器和旁通阀在内的系统组件。低压压缩机将低温蒸发器出口的制冷剂增压至中温蒸发压力，以解决两个蒸发器之间的压力差异。超临界 CO₂ 从气体冷却器出口经过高压膨胀阀减压变为气液两相，随后进入储液器进行气液分离。液体流向制冷设备，而气体则通过旁通阀进入中温压缩机的吸气管道，与中温蒸发器出口和增压器出口的 CO₂ 混合后进入中温压缩机。储液器的作用类似于闪蒸罐，它可以减小蒸发器入口制冷剂的焓，从而提高系统的性能。相对于不带储液器的增压系统，带储液器的增压系统最多能够将性能系数提高 35%～40%。

选择适当的中间压力对于跨临界 CO₂ 增压制冷系统的设计具有极其重要的影响。中间压力的选择主要取决于低温压缩机与中温压缩机排气量之比。除此之外，由于跨临界 CO₂ 热力循环的特殊性，存在最优排气压力。对于带有回热器的中温压缩循环的跨临界 CO₂ 增压系统而言，最优排气压力与回热器效率、压缩机效率和环境温度密切相关，而受蒸发器出口过热度等其他热力学参数的影响较小。除了上述参数优化，平行压缩系统、机械过冷、喷射器、冷热联供系统等均经研究证实是能够提升增压系统制冷能效的主要方案，相关技术方案不再赘述。

7.4.2　应用现状与发展前景

商业食品零售部门在能源消耗方面一直居高不下，其中超市的能源消耗占据了很大比例，大约占工业化国家年用电量的 3%～4%。2010 年数据显示，约 40% 的温室气体排放是食品零售部门使用的制冷剂导致的。根据 2015 年的数据，商超制冷行业是 HFC 类制冷剂销售市场中最大的部分。然而，随着对能源节约和环保的重视，欧盟《氟化温室气体法规》(F-Gas 517/2014)的实施极大地推动了低 GWP 工质在商业制冷领域的应用，自然工质的使用已成为该行业发展的主流趋势。

商超需要满足同时冷藏和冷冻的蒸发温度，还需要利用热水进行杀菌消毒和冷冻室的除霜、除冰等过程。此外，在冬季，商业超市还需要供暖。跨临界 CO₂ 制冷技术能够满足这种冷热需求，欧洲已广泛应用基于跨临界 CO₂ 制冷技术的冷热联供系统。根据欧洲市场研究机构 Shecco 发布的 2022 年欧洲天然制冷剂市场报告，截至 2021 年底，约有 19000 家商超采用跨临界 CO₂ 制冷技术，其中超过 10000 家商超完全采用 CO₂ 作为唯一的制冷剂。这显示跨临界 CO₂ 制冷技术已成为欧洲商超的主流选择，并且市场份额不断增长，为产业的稳定发展奠定了坚实基础。

鉴于欧洲的成功应用和产业化经验，跨临界 CO₂ 制冷技术在我国商超冷冻冷藏领域具有巨大的发展潜力。近年来，在实现"双碳"目标和履行《〈关于消耗臭氧层物质的蒙特利尔议定书〉基加利修正案》等国际方案的需求推动下，制冷节能降碳和制冷剂替代已成为重要议题。商超领域规模庞大，目前广泛使用的制冷剂对环境造成了影响，因此存在巨大的降碳潜力，为跨临界 CO₂ 制冷技术的发展和产业化提供了重要机遇。我国部分地区在秋冬季节较为寒冷，因此将制冷系统与采暖系统相结合可以提高能源利用效率，提升全年综合能效。然而，发展跨临界 CO_2 增压系统仍需依赖新技术的研发，包括提升系统性能、能效性能、高压安全性和系统稳定性等方面，核心组件的国产化替代推进在当前国际生态中也是无法避免的议题。

7.5　跨临界 CO_2 热力循环在冰雪制冷场馆的应用

跨临界 CO_2 热力循环制冰技术具有制冰速度快，冰面温度均衡，冰面质量稳定的优势。同时，跨临界 CO_2 热力循环制冰可以在制冷的同时产生高品质的余热，将这部分余热加以回收可以用于冰场浇冰及其他需要用热的场景，在制取高质量冰面的同时保证场馆能源的高效综合利用。以"冰丝带"场馆的跨临界 CO_2 热力循环系统为例，本节对跨临界 CO_2 热力循环制冰技术(跨临界 CO_2 制冰)进行介绍。

7.5.1　工作原理

图 7-12 为北京冬奥会-国家速滑馆跨临界 CO_2 制冰及热能综合利用技术的流程示意图[5]，系统中 CO_2 作为唯一制冷剂，无须配合载冷剂一同使用。采用桶泵

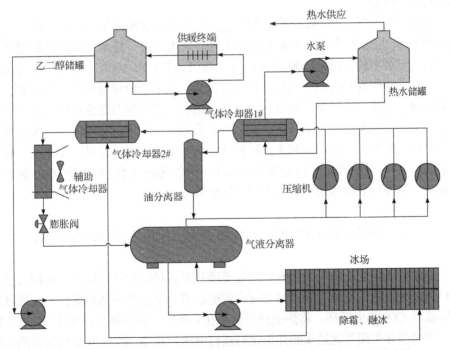

图 7-12　北京冬奥会-国家速滑馆跨临界 CO_2 制冰及热能综合利用技术[5]

的技术方案，流动阻力损失小，实现 CO_2 直接蒸发制冷和快速制冰，保证冰层温度高均匀性。多重余热回收利用方案综合开展，满足生活热水供应，除霜融冰，空间供暖等多样用热需求，实现冷热能量的综合利用，场馆能源利用效率大幅提升。

7.5.2 应用现状与发展前景

目前，大部分冰雪运动场馆采用 R717、R507 和 R404A 等制冷介质，辅以乙二醇或 CO_2 作为载冷剂，以实现制冷效果的均匀分布和系统的安全性提升。然而，为了全面贯彻《奥林匹克 2020 议程》和"新规范"，北京冬奥会决定首次在国家速滑馆的"冰丝带"制冷系统中采用跨临界 CO_2 热力循环技术。作为全球最大的跨临界 CO_2 制冷系统之一，国家速滑馆的冰面面积达到约 $12000m^2$，具备 3000kW 的冷负荷能力。相较于传统的乙二醇载冷系统，采用跨临界 CO_2 制冷系统的国家速滑馆冰面温差更小，从而提升了整体冰面效果。实现冷热能量的综合利用的基础上，与传统冰场相比，跨临界 CO_2 制冷系统的综合能效可提高30%以上。与使用 R507 制冷剂的乙二醇载冷系统相比，尽管采用跨临界 CO_2 制冷系统的初投资高出 1.5 倍，但由于跨临界 CO_2 制冷系统无须二次换热设备，蒸发温度较高且能回收大量高品质余热，从长远来看跨临界 CO_2 制冷系统在环保和节能方面具有巨大优势。

目前，跨临界 CO_2 制冰技术在欧美，尤其是北欧地区得到广泛应用。在国内，2022 年北京冬奥会的主场馆国家速滑馆采用了这一技术。相较传统制冰系统，它每年可节约电量近 200 万 $kW \cdot h$，相当于北京市 6000 个家庭一个月的用电量。由于跨临界 CO_2 制冷及制冰技术的优势，国家速滑馆也成为冬奥历史上最快的冰面。承担"冰丝带"项目的国家速滑馆将成为中国乃至全球同类项目的典范，为整个行业提供了发展方向。北京冬奥会之后，我国也陆续有项目采用这一技术，如上海耀雪冰雪世界和大连冰熊冰上运动中心。可以预见，在未来，越来越多的项目将采用跨临界 CO_2 制冷技术这一绿色低碳技术。跨临界 CO_2 制冷系统在冰雪制冷行业的应用已成为不可逆转的趋势。

7.6 跨临界 CO_2 热力循环在电站储能方面的应用

在面对气候变化和可持续发展的能源挑战时，科技创新是推动变革的关键。电热储能技术是一项备受瞩目的大规模蓄电技术，基于热泵和热机技术，通过采用跨临界 CO_2 热力循环，将热端热量储存在介质中。这一概念最早于 1924 年提出，当时倡导采用可逆热泵和热机运行进行储能。在 20 世纪 70 年代的石油危机后，这一理念再次引起关注，并在最近以不同形式又一次受到广泛关注。

7.6.1　工作原理

简单跨临界 CO_2 热力循环电热储能系统布置如图 7-13 所示，温熵图如图 7-14 所示，在高压侧和低压侧分别采用热水和冰作为储能介质。充电模式下，压缩机消耗电能将 CO_2 加压至超临界状态，并且将来自储冷罐中的冷水加热并且输送到储热罐中进行储存；气体冷却器出口的高压低温 CO_2 经膨胀机后成两相态，经蒸发器从储冰罐中的水吸收热量后变成气态 CO_2 进入压缩机，完成工质循环。在放电模式下，经气体加热器后的高压高温 CO_2 进入透平做功向电网输出电能，出口的低压高温 CO_2 经由冷凝器向储冰罐中释放热量，经冷却后经泵增压后回到气体加热器，完成循环。

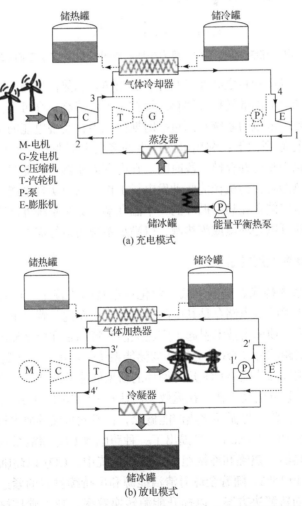

图 7-13　基于跨临界 CO_2 热力循环的电热储能系统图[6]

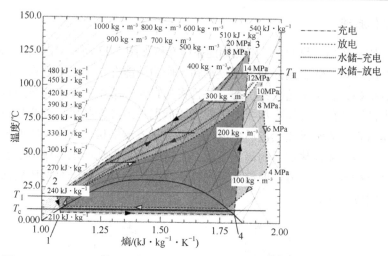

图 7-14　电站储能-跨临界 CO₂ 热力循环温熵图[6](扫描前言二维码查看彩图)

　　电热储能技术的独特之处在于其综合利用热泵和热机原理，通过跨临界 CO₂ 热力循环实现能源的高效转换和储存。该技术不仅能够提高可再生能源的利用效率，而且能有效缓解电力系统在高负荷时期的压力，实现电能的平衡供应。电热储能系统的运行原理如下：利用电网产生的多余电能驱动压缩机，提高热源品位，将电能转化为热能并存储一段时间。在电网需要额外电能时，系统通过驱动热机，将存储热能转化为机械能驱动发电机工作，从而实现电能供应。值得注意的是，如果热量仅储存在热泵循环的一个温度端，那么系统外部需配备额外的热源或散热器，这可以是环境或废热源，以满足系统的运行需求。

7.6.2　应用现状和发展前景

　　采用储能系统替代燃烧器以减少对化石燃料的依赖是一项有前途的替代技术，广泛而大规模的电力储存是其中的重要组成。在这一背景下，跨临界 CO₂ 热力循环技术作为一项前沿技术引起了广泛关注，特别是在电站储能领域，目前许多学者致力于对跨临界 CO₂ 热力循环的储能系统性能进行深入研究。Cahn 等[7]提出了一种采用等温跨临界 CO₂ 热力循环的新型储能系统概念，由于其等温压缩和膨胀过程以及较低的功率比，往返效率高达 65%～70%。Desrues 等[8]提出基于热力学循环的 CO₂ 跨临界循环地热储能概念，在不同阶段的放电过程中，系统效率为 42.8%～55.5%。Hemrle 等[9]提出了一种跨临界 CO₂ 储能系统，其储能系统由冷却器、加热器、热罐和冷罐组成。在该系统中，CO₂ 以超临界液态储存，系统效率高达 49.15%。随着全球对清洁能源和可持续发展的紧迫需求，能源行业正积极追求创新解决方案，以提升能源转换效率、减少碳排放，并实现更可持续的电力生产。

通过优化循环设计、改进材料及减少系统损失，未来的跨临界 CO_2 热力循环系统有望实现更高水平的能量转换效率，从而为更可持续的电力生产提供支持。此外，由于跨临界 CO_2 热力循环系统能够更快速地响应电力需求的波动，未来的储能系统将更加灵活，能够更有效地整合不断波动的可再生能源。这种灵活性对于电力系统的稳定运行至关重要，特别是在日益增多的可再生能源集成并网的迫切需求下。跨临界 CO_2 热力循环技术与其他能源系统的融合也是未来发展的重要方向。例如，将跨临界 CO_2 储能系统与太阳能和风能发电相结合，可以形成全面的清洁能源解决方案。这种综合应用有望实现能源的协同效应，提高整体能源系统的可持续性。此外，与热电联产系统的深度集成也能够最大限度地提高能源系统的综合效益。

然而，需要注意的是，跨临界 CO_2 热力循环技术在电站储能方面的未来发展也面临一些挑战。相关技术成本仍然较高，需要进一步的研发和商业化来实现规模化应用。此外，系统的长期稳定性、可靠性和安全性等问题也需要深入研究和解决。随着科技不断进步和可持续能源紧迫需求的推动下，可以期待跨临界 CO_2 热力循环技术在电站储能领域发挥越来越重要的作用，成为推动清洁、高效、可持续电力发展的关键技术之一。

7.7 跨临界 CO_2 热力循环在其他领域的应用前景

(1) 碳捕集。在碳捕集过程中，热能的需求和回收是极为重要的，热效率对整个过程的经济性和环境影响具有重要意义。CO_2 热泵可以提高热效率并降低能耗。CO_2 热泵的工作原理是利用 CO_2 作为工作介质，在不同的压力和温度下进行循环，从而在一个热源和一个冷却源之间传输热量。这种热泵在碳捕集工艺中的应用可以实现低品质热源的热量升级和回收，从而减少整个过程的能源消耗。在碳捕集工艺中，CO_2 热泵可以应用于以下几个方面：回收溶剂再生过程中产生的热量。在化学吸收法中，捕集后的 CO_2 与吸收剂结合，需要通过加热来实现脱附。这个过程产生的热量可以通过热泵进行回收，以降低能源消耗。利用低品质热源。热泵可以利用来自低品质热源(如废热、地热或太阳能)的热量，将其升级为适用于碳捕集过程所需的高品质热量。提高整体热效率。通过将 CO_2 热泵与其他换热器和设备相结合，可以提高整个碳捕集过程的热效率，降低能源消耗和操作成本。尽管 CO_2 热泵在碳捕集工艺中具有潜在优势，但其应用仍面临技术和经济挑战。然而，随着热泵技术的不断发展，预计未来会在碳捕集过程中看到更广泛的应用。

(2) 航空散热。随着我国航空航天事业的发展，航空芯片散热需求愈发强烈，需要更大的空间辐射器以满足散热需求，跨临界 CO_2 热力循环技术可以将主动冷却系统中的散热工质温度提高至较高温度，缩小辐射换热器尺寸，有助于设备轻量化。同时，该技术增加了额外的系统设备，需要综合优化设计。在我国未来航空航天事业发展中，跨临界 CO_2 热力循环技术也将适应高热流芯片散热需求，展现较大应用空间。

参 考 文 献

[1] MATSUMOTO S, TAGUCHI T, HERRMANN O E. The new denso common rail diesel solenoid injector[J]. Auto Tech Review, 2013, 2(11): 24-29.

[2] DUAN Z, ZHAN C, ZHANG X, et al. Indirect evaporative cooling: Past, present and future potentials[J]. Renewable and Sustainable Energy Reviews, 2012, 16(9): 6823-6850.

[3] 马一太, 刘圣春. CO_2 空气源热泵热水器的研究现状及进展[C]. 杭州:中国制冷学会 2007 学术年会, 2007.

[4] MUKAIYAMA H, MASUDA T, MIZUKAMI K, et al. Development of CO_2 compressor and its application system[C]. Beijing: 7th International Energy Agency Heat Pump Conference, 2002.

[5] 刘楷, 李敏霞, 田华, 等. CO_2 跨临界直冷冰场在 2022 年北京冬奥会首都体育馆的运用[J]. 制冷技术, 2022, 42(5): 68-72.

[6] MERCANGOZ M, HEMRLE J, KAUFMANN L, et al. Electrothermal energy storage with transcritical CO_2 cycles[J]. Energy, 2012, 45(1): 407-415.

[7] CAHN R P, NICHOLSON E W. Thermal energy storage by means of reversible heat pumping utilizing industrial waste heat: US19770773705[P]. 2024-04-24.

[8] DESRUES T, RUER J, MARTY P, et al. A thermal energy storage process for large scale electric applications[J]. Applied Thermal Engineering, 2010, 30(5): 425-432.

[9] HEMRLE J, KAUFMANN L, MERCANGOZE M. Thermoelectric energy storage system having two thermal baths and method for storing thermoelectric energy: US8584463[P]. 2013-11-19.